普通高等学校计算机类一流本科专业建设系列教材

软 件 工 程

（第二版）

主　编　阎朝坤
副主编　杜　莹　辛　明
参　编　房彩丽　王建林
　　　　罗慧敏　张　戈

科 学 出 版 社
北　京

内 容 简 介

本书全面系统地讲述软件工程的概念、原理和典型的方法学；并介绍软件项目管理和软件配置管理，主要内容包括软件生命周期各阶段的任务、过程和方法，软件项目管理的相关技术及工具等；着重介绍系统分析和设计的面向过程和面向对象这两种方法。

本书在介绍面向过程和面向对象的方法时，紧密围绕实例进行阐述，可以作为学生综合实验前的练习，本书内容对读者深入理解软件工程学有很大帮助。

本书可作为高等学校“软件工程”课程的教材或教学参考书，也可作为软件开发人员和业余软件开发爱好者的参考书。

图书在版编目（CIP）数据

软件工程 / 阎朝坤主编. -- 2 版. -- 北京 : 科学出版社, 2024. 6

（普通高等学校计算机类一流本科专业建设系列教材）. -- ISBN 978-7-03-079038-5

Ⅰ. TP311.5

中国国家版本馆 CIP 数据核字第 2024VH0157 号

责任编辑：于海云　滕　云 / 责任校对：王　瑞

责任印制：师艳茹 / 封面设计：马晓敏

科学出版社 出版

北京东黄城根北街 16 号

邮政编码：100717

http://www.sciencep.com

涿州市般润文化传播有限公司印刷

科学出版社发行　各地新华书店经销

*

2024 年 6 月第　一　版　开本：787×1092　1/16

2024 年 6 月第一次印刷　印张：15 3/4

字数：394 000

定价：59.00 元

（如有印装质量问题，我社负责调换）

前　言

党的二十大报告强调："推动战略性新兴产业融合集群发展，构建新一代信息技术、人工智能、生物技术、新能源、新材料、高端装备、绿色环保等一批新的增长引擎。"作为信息技术创新的重要成果，软件是新一代信息技术的灵魂，是数字经济发展的基础。今天，软件在我们工作生活中扮演着十分重要的角色。软件工程作为计算机学科中一个年轻并且充满活力的研究领域，自 20 世纪 60 年代以来，不断发展，已逐渐形成了系统的软件开发理论、技术和方法，在软件开发实践中发挥了重要作用，成为信息社会高技术竞争的关键领域之一。

"软件工程"是高等学校计算机教学计划中的一门核心课程，主要包括支持软件开发和维护的理论、方法、技术、标准以及计算机辅助工具和环境。这些内容对于软件研制人员、软件项目管理人员都是必需的。本书比较全面、系统地反映了"软件工程"课程的全貌，既兼顾了传统的、实用的软件开发方法，又阐述了这一领域中新兴的技术和方法。全书共 14 章：第 1 章是软件工程概述；第 2～13 章讲述软件生命周期各阶段的任务、过程、结构化方法和面向对象方法，其中，第 5 章和第 9 章着重介绍结构化分析和设计方法，第 6、7 章和第 10 章介绍面向对象的分析和设计方法；第 14 章介绍软件项目管理。

本书由阎朝坤任主编，杜莹、辛明任副主编，房彩丽、王建林、罗慧敏、张戈任参编。具体分工如下：阎朝坤编写第 1 章；罗慧敏编写第 2 章；杜莹编写第 3、6、9 章；张戈编写第 4、13、14 章；辛明编写第 5、10 章；房彩丽编写第 7、8 章；王建林编写第 11、12 章；杜莹对书中的案例做了梳理和校对，阎朝坤对全书进行统稿及定稿。

在本书编写过程中引用了国内外众多学者的研究成果与相关资料，在此对他们表示崇高的敬意和感谢。

由于编者水平有限，书中难免有疏漏之处，敬请读者批评指正。

编　者

2023 年 4 月

目　　录

第 1 章　软件工程概述

随着计算机技术的发展与应用需求的增加，计算机从主要用于科学和工程计算发展到用于数据处理、辅助设计与制造、过程控制以及人工智能等，已经渗透到人类社会的各个方面。相对于计算机硬件技术的迅猛发展，软件技术的发展明显滞后且存在“瓶颈”，例如，软件开发费用不断上升，软件开发进度难以控制，软件的可靠性也常常无法得到保障，因此一些软件项目以失败告终。人们用“软件危机”一词来形容软件开发行业所面临的这种情况。为了应对这种情况，人们期望用类似工程的方法来解决软件开发中碰到的各种困难，于是软件工程学应运而生。

1.1　软 件 概 述

1.1.1　软件的定义

软件是计算机系统中与硬件相互依存的一个重要部分，是包括程序、数据及其相关文档的完整集合，这是早期对软件的一种普遍解释。其中，程序是依据事先设计的功能和性能要求研制执行的一组指令序列；数据是使程序能正常操纵信息的数据结构；文档是与程序开发、维护和使用相关的一系列图文材料。

IEEE 软件工程词汇标准给出的软件定义：软件指由计算机程序、数据和文档组成的集合，这些集合具有满足用户需求或解决特定问题的能力。其中，计算机程序是计算机设备可以接收的一系列指令和说明，为计算机执行提供所需的功能和性能；数据是事实、概念或指令的结构化表示，能被计算机接收、理解或处理；对计算机程序研制的过程、方法和规则等相关图文材料主要在文档中说明并在程序中实现。

计算机科学家尼古拉斯·沃斯(Niklaus Wirth)在结构化程序设计中指出：程序=算法+数据结构。在软件工程中，可以认为：软件=程序+文档。

虽然以上对软件定义的表述不同，但它们在本质上是一致的，只是各自的侧重点不一样而已。

1.1.2　软件的特点

软件是计算机系统中与硬件相互依存的重要部分。相对于硬件来说，软件自身也有一些特点。

(1) 软件与硬件形态不同，软件不是看得见摸得着的物理实体，而是一种逻辑实体，具有抽象性。可以将软件记录并存储在不同的物理介质中，但无法直接看到其具体形态，必须通过观察、分析、思考、判断，利用抽象思维能力去了解其功能、性能等特征。

(2) 硬件一旦研制成功就可以批量重复制造，在制造过程中需要控制硬件产品的质量。但软件的生产不存在明显的制造过程，软件需要通过人们的智力活动，把知识与技术转化成信息，在研制、开发的过程中被创造出来。软件故障往往就是在开发阶段产生的而在测试阶段没有被检测出来的问题。

(3)软件在运行和使用过程中不存在硬件那样的设备磨损、老化问题。在任何机械、电子设备的运行和使用过程中，其失效率的趋势大都遵循一种U形曲线的形态，一开始制造出来的新设备往往具有较高的失效率，但随着设备不断运行、磨合调整，失效率逐步降低，随后处于相对稳定状态。但是当硬件设备使用年限过久时，由于存在设备磨损和老化的问题，失效率又大幅度上升。软件虽然不存在设备磨损及老化的问题，但存在“退化”问题，软件在真正投入使用后的一段时间内还需要进行修改以满足用户新的需求，这种修改是多次反复发生的，一直到软件彻底不用为止。由于在每次修改后可能会引入一些新的问题，因而软件的失效率曲线往往表现为一种“锯齿状”的走势。

(4)软件的开发和运行往往受限于具体的计算机系统，对计算机系统有着各种不同程度的依赖性，这对软件的通用性造成了一定影响。

(5)大部分软件产品都属于“定制”类型，还不能完全采用组装的方式进行软件开发。伴随着软件技术的发展，一些提高软件开发效率和质量的新方法应运而生，如软件复用、设计模式等。然而，由于软件开发工作本身就是一种高强度的脑力劳动，开发人员必须依靠自己的智力去理解需求、满足需求，并综合运用软件技术来提高开发效率和质量，无法完全自动化软件开发过程。

(6)软件作为一种提高人类工作效率的逻辑产品，本身是非常复杂的。软件开发，特别是应用软件的开发，常常涉及多个领域的知识，这对软件开发人员的素养提出了较高的要求。另外，软件的复杂性需求与软件开发技术的发展越来越不相适应，具体表现为软件开发技术的发展远远落后于软件复杂性需求的发展，且随着时间的推移，这种差距日趋明显。

(7)软件成本相当高。对于软件的研发，需要投入大量的、高强度的智力劳动，成本比较高，相对而言，计算机硬件技术的不断发展使得在一个计算机系统中硬件成本的比例逐步下降，而软件成本的比例逐步提高，即软件的价值比例在不断提高。

(8)相当多的软件工作涉及社会因素。许多软件的开发和运行涉及机构、体制及管理方式等问题，甚至涉及人们的观念和心理，直接影响项目的成败。

1.1.3　软件的分类

事实上，很难对软件进行科学有效的分类，但在实际生活中，不同类型的软件在开发过程、方法和工具的选择上确实存在一些差异，有必要对各类软件的特征有一定了解。下面从不同的角度对软件类型进行划分。

1. 按功能划分

(1)系统软件。系统软件是指控制和协调计算机及外围设备，支持应用软件开发和运行的系统，是无须用户干预的各种程序的集合。在计算机实际运行过程中，系统软件需要频繁与硬件交互，负责各资源共享、进程管理及复杂数据结构的处理等工作。系统软件使得计算机使用者和其他软件将计算机当作一个整体而不需要顾及底层每个硬件是如何工作的。典型的系统软件有操作系统、数据库管理系统等。

(2)支撑软件。支撑软件是在系统软件和应用软件之间，提供应用软件设计、开发、测试、评估、运行检测等辅助功能的软件，也称为工具软件或软件开发环境。在软件开发过程中，支撑软件支持软件开发各阶段的各项活动，为具体领域的应用软件开发提供接口，提高应用软件开发的质量和效率。

(3)应用软件。应用软件是针对特定领域，为满足用户特定需求而开发的一类软件。目前，计算机已经渗透到各个领域，这些领域的应用软件种类繁多，如商业数据处理软件、计算机辅助设计/制造(CAD/CAM)软件、中文信息处理软件、人工智能软件等。应用软件的不断开发极大地拓宽了计算机系统的应用领域。

2. 按规模划分

软件开发所面临的问题领域是各不相同的，比如，科学计算软件(如天气预报软件、材料分析软件)与一般应用软件(酒店管理系统、学生管理系统等)在问题复杂性、计算数据量、可靠性需求等方面都是不一样的。相应地，软件的开发过程、人员财力的投入等也会有较大的区别。根据软件开发所需的人力、时间以及最终软件程序包含的源代码行数，可以将软件划分成六种不同的规模，如表 1-1 所示。

表 1-1　软件规模的分类

类型	参与人员数	开发周期	产品规模(源代码行数)
微型	1	1～4 周	0.5k
小型	1	1～6 月	1k～2k
中型	2～5	1～2 年	5k～50k
大型	5～20	2～3 年	50k～100k
甚大型	100～1000	4～5 年	1M(≈1000k)
极大型	2000～5000	5～10 年	>1M

对于产品规模大、开发周期长、参与人员多的软件项目，其开发工作必须得有软件工程的理论知识做指导；而产品规模小、开发周期短、参与人员少的软件项目也必须有软件工程的概念，并遵循一定的开发规范。人们熟悉的 Windows 7 操作系统大约有 5M 行源代码。Windows 7 开发仅核心团队就涉及 23 个小组，近 1000 人，为其做出贡献的其他人员更是数不胜数。

3. 按工作方式划分

(1)实时软件。实时软件是指处于实时状态的系统，即系统应在指定的时间限制内保证响应，或者系统应在指定的期限内完成响应，如飞行控制系统、实时监控器等。基于时间约束的实时软件又可以分为硬实时和软实时两类。硬实时类型的软件永远不会错过其最后响应期限，错过最后响应期限可能会造成灾难性的后果。硬实时软件在延误后产生的结果的有用性会下降，并且如果延误时间增加，可能会产生负面结果。飞行控制系统就属于硬实时软件。软实时类型的软件偶尔可接受错过其最后响应期限的情况，错过最后响应期限不会造成灾难性的后果。但软实时软件产生的结果的有用性随着延误时间的增加而逐渐降低，如电话交换机。

(2)分时软件。分时软件是在 20 世纪 50 年代末期开发的，主要在多任务、多程序操作系统中应用，允许多个用户同时进行交互访问，以有效提高计算机利用率。分时软件将处理器时间划分成一个一个的时间片，将这些时间片轮流分配给各任务，每项任务都感到只有自己完全占用计算机。

(3)交互式软件。交互式软件是指能够实现人机对话的软件。这类软件往往通过一定的操作界面接收用户输入的信息，并由此进行数据操作；其在时间上没有严格的限定，但在操作上给予了用户很大的灵活性，如商业数据处理软件系统中的客户端程序。

(4)批处理软件。批处理软件能够把一组作业或一批数据按照输入顺序或优先级进行排队处理，并以成批加工方式处理作业中的数据，如汇总报表打印程序。

4. 按应用范围划分

(1)通用软件。通用软件是指由一些专门的软件开发机构或组织开发并直接提供给市场的软件，如办公系统软件、杀毒软件、绘图软件包和项目管理工具等。对于这类软件，通常由软件开发机构自主进行市场调查与市场定位，并由此确定软件规格，大多通过一定的商业渠道进行软件销售。

(2)定制软件。定制软件是由某个特定客户委托，由一个或多个软件开发机构在合同的约束下开发出来的软件，如某企业的业务管理系统、城市交通指挥系统等。

1.2 软件危机

1.2.1 软件危机的定义

在 20 世纪 60 年代，许多软件项目都未能按照预期计划实施或完成，甚至最终以失败告终。很多软件项目的开发时间大大超出了预期，导致了资源的浪费，部分软件项目甚至导致了人员伤亡。日益加剧的软件复杂度使得软件开发难度越来越大。

IBM/360 系统的生产就是软件危机的一个很典型的例子。当时年仅 29 岁的布鲁克斯(首届计算机先驱奖、1999 年图灵奖获得者)是这个项目的主持人。1964 年春季，该项目开发任务开始时大约有 70 名程序员参与，但后来由于进度缓慢，不得不雇用更多的程序员，一度增加到 150 名。尽管增加了大量的程序员，但开发工作仍然遇到很多难题。此外，开发过程中通过对该系统的一次测试运行发现系统运行非常缓慢，必须对已经完成的工作进行返工，这意味着工作进度需要进一步延迟。到 1965 年底，人们发现该项目存在底层缺陷，并且找不到简单的方法来处理它们。于是 IBM 公司重新规划开发计划，并宣布该软件要晚 9 个月问世。该系统是史上最大、最复杂的软件，拥有超过 100 万行的代码，初期投资为 12500 万美元，在系统开发的高峰期，员工人数为 1000 人，累计投入了超过 5000 人年的工作量。最终，到 1967 年中，IBM/360 系统在规定的最初发布日期之后的一年内问世，该系统一经推出就以系列化、通用化、标准化的特点受到追捧，被认为是划时代的杰作。但据统计，该系统每次发行的新版本都是对前一版本中上千个程序错误修正的结果。后来布鲁克斯在他的《人月神话》一书中对这个项目的开发研制过程进行分析及总结，承认由于软件管理方面的原因，该项目在某些方面来说是失败的。

软件的错误可能导致不可弥补的巨大的损失。1996 年 6 月 4 日，第一枚 Ariane 5 火箭在法属圭亚那库鲁航天中心发射升空。37s 后，火箭向错误的方向翻转了 90°，随后助推器在空中撕裂，自毁机制触发，火箭被巨大的液态氢火球吞噬。在爆炸发生的瞬间，工程师甚至还在用法语汇报："所有设置正常，轨道正常"。故障被迅速识别为火箭惯性参考系统中的软件错误，原因是由一段死代码引起的浮点数溢出，属于 Ariane 4 火箭的遗留产物。Ariane 5 火箭的事故被广泛认为是历史上最昂贵的 bug 之一，造成高达 3.7 亿美元的损失，不仅导致火箭搭载的卫星损毁，对地球磁层运作的科学研究也被推迟了近 4 年，这次事故给欧洲航天局带来了沉重的打击。

伴随着计算机软件在医疗等与生命息息相关的行业中的广泛应用，软件错误还可能导致人员的伤亡。在工业生产中，某些嵌入式系统的故障会导致机器无法正常运转，降低了生产效率。

在 20 世纪 60 年代末到 20 世纪 70 年代初，"软件危机"一词在计算机界得以流传。软件危机是计算机科学的早期术语，它表示难以在要求的时间内编写有用且高效的计算机程序。软件危机是由计算机功能的快速增长和无法解决的问题的复杂性所致。随着软件复杂性的增加，由于现有方法不足而引起许多软件问题。1968 年在联邦德国举行的第一届北约软件工程会议上，一些与会者提出了"软件危机"(Software Crisis)一词，荷兰计算机科学家迪杰斯特拉(Dijkstra)在 1972 年的 ACM 图灵奖演讲中也提到了相同的问题。软件危机主要有以下表现。

(1) 对软件开发成本和进度的估计常常不准确。软件开发工作的开始，开发人员主观盲目地制订计划，但在执行过程中发现计划与预期有较大差距，这会造成经费的过多增加。另外，当对软件开发的工作量估计不足时，开始制订的进度计划根本无法遵循，造成开发工作的完成期限一拖再拖，这严重降低了开发组织的信誉。有时候，一些项目组为了能按期交付软件或加快软件开发的进度而增加人手，结果常常适得其反，为赶进度和节约成本所采取的权宜之计往往又降低了产品的质量。

(2) 用户对"已完成"系统不满意的现象经常发生。对软件来说，其需求在开发的初期阶段往往不够明确，或是不能准确表达。开发工作开始后，若软件开发人员和用户不能及时交换意见，使得一些问题无法得到及时解决，则会造成软件开发后期涌现大量问题，这种"闭门造车"的状态必然导致最终产品不满足用户的实际需求。

(3) 软件产品的质量往往不能得到保证。软件作为一种逻辑产品，其质量问题很难用统一的标准去度量，因而造成对质量的控制比较困难。软件产品不可能是完美的，总会存在一些错误，但是盲目检测是很难发现错误的，而最终隐藏下来的错误往往是造成重大软件故障的隐患。

(4) 软件的可维护程度非常低。程序中的错误很难改正，实际上不可能使这些程序适应新的硬件环境，也不可能根据用户的需求在原有程序中增加新的功能。

(5) 软件通常没有适当的文档资料。文档资料是软件必不可少的重要组成部分。缺乏必要的文档资料或者文档资料不合格，将给软件开发和维护带来许多严重的困难和问题。

(6) 软件成本在计算机系统总成本中所占比例逐年上升。软件开发的生产率每年只以 4%～7%的速度增长，远远落后于硬件的发展速度；而且软件开发需要大量的人力，软件成本随着软件规模的不断扩大和软件数量的不断增加而逐年上升。

1.2.2　产生原因及解决途径

由于软件本身的特点以及软件开发周期长、成本高、维护困难等表现，20 世纪 60 年代末爆发了软件危机。总的来说，导致软件危机爆发的主要原因可以归纳为以下几点。

(1)用户需求不明确。在软件被开发出来之前，用户对软件需求的描述常常是不精确的，可能存在遗漏、二义性或错误。即使在软件开发过程中，用户也可能会提出修改软件功能、界面等方面的要求。软件开发人员对用户需求的理解与用户本来的需求之间有差异，这将导致开发出来的软件产品不满足用户的需求。

(2)软件开发的规模大。一个大型的软件项目需要组织一定的人力合力完成，然而实际开发团队中，多数管理人员缺乏管理方面的经验，许多软件开发人员又缺乏开发大型软件的经验，致使团队中各类人员的信息交流不及时、不准确，有时还会产生误解。软件开发人员往往不能有效地、独立自主地处理好大型软件的全部关系以及其中的各个分支，容易产生一些疏漏和错误。

(3)缺乏正确的理论指导。不同于其他工业产品开发，软件开发过程是复杂的逻辑思维过程，其产品在很大程度上依赖于开发人员的智力投入。软件开发过程缺乏有力的方法学和工具支撑，过分依靠程序设计人员的技巧和创造性，加剧了软件产品的个性化，以及软件危机的发生。

(4)软件复杂度增高。除了软件开发规模的不断扩大，软件产品的复杂性也在不断增加。而软件产品是人类智力活动的一种表现，软件产品的特殊性和人类智力的局限性导致人们无力进行更复杂的软件开发。

为了解决软件危机，许多计算机专家和软件学家尝试着将其他工程领域中有实效的工程学知识应用到软件的研发过程中。经过不断实践和总结，他们最后得出一个结论：按工程化的原则和方法组织软件开发工作是有效的，是摆脱软件危机的一个主要出路。要解决软件危机，既要有一些技术措施(方法和工具)，也要有必要的组织管理措施。一方面，先进的软件开发方法和工具不仅可以提高软件开发及维护的效率，也能在一定程度上保证软件的质量。另一方面，由于软件开发活动并不是简单的个体行为，要保证软件开发活动顺利地、有效地、高质量地完成，必须严密组织、管理和协调各类人员，这是必不可少的重要工作。尤其是大型软件的开发，软件的复杂性、人员的流动性都会对软件开发的组织和管理带来困难。这种情况下，经验丰富的组织管理人员以及行之有效的原理、概念、技术和方法的应用，都在软件开发中扮演着至关重要的角色。

1.3 软件工程

1.3.1 软件工程的定义

1968年10月，NATO的科技委员会召集了近50名人员，包括一流的程序工程师、计算机科学家和工业界巨头，一起开会讨论和制定摆脱“软件危机”的对策。在那次会议上软件工程(Software Engineering)这个概念第一次被提出，即研究如何以系统化的、规范化的、可定量的过程化方法去开发和维护软件，以及如何把经过时间考验而证明正确的管理技术和当前能够得到的最好的技术方法结合起来的学科。

之后，人们对软件开发是否符合工程化思想这一核心问题进行了长达数十年的探索，针对软件工程这一学科及其自身特点等开展了一系列的讨论和研究，从而形成了软件工程的各种各样的定义。

P. Wegtner和B. Boehm认为，软件工程是运用现代科学技术知识来设计并构造计算机程序及开发、运行和维护这些程序所必需的相关文件资料。这里的“设计”是一个广义的概念，它不仅包括软件的设计，还包括软件的需求分析以及对软件修改维护时所进行的再设计活动。

F.L.Baner 认为，为了经济地获得软件，且这个软件是可靠的，并能在实际的计算机上工作，需要确立健全的工程原理(方法)和过程。

1993 年，IEEE 计算机学会(IEEE Computer Society)定义软件工程是将系统化、规范化、可度量的方法应用于软件的开发、运行和维护过程，即将工程化方法应用于软件。

随后，又有一些人提出了许多更为完善的软件工程定义，但主要思想都是强调在软件开发过程中应该以工程化思想为指引。总之，为了解决软件危机，既要有技术措施(包括方法和工具)，又要有必要的组织管理措施。软件工程正是从管理和技术两方面研究如何更好地开发和维护计算机软件的一门新兴学科。

1.3.2 软件工程的研究内容

软件工程主要研究软件生产的客观规律，并致力于建立与系统化软件生产相关的概念、原则、方法、技术和工具。这些研究和实践成果旨在指导并支持软件系统的生产活动，确保软件能够以高效、高质量的方式被开发、部署和维护。软件工程属于一种层次化的技术模式，如图 1-1 所示，过程、方法和工具是软件工程的三个要素。位于底层的质量焦点这一块内容表明软件工程要以质量为关注的焦点、重心，全面的质量管理和质量需求是促进软件过程不断改进的原动力，也就是这种动力导致更加成熟有效的软件工程方法可以不断涌现出来，为软件工程奠定强有力的根基。

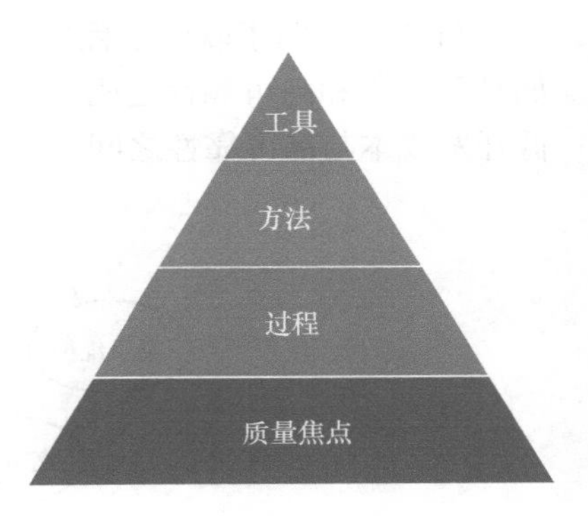

图 1-1 软件工程的层次

软件工程过程是为获得软件产品，在软件工具的支持下完成的一系列软件工程的活动。过程层将方法和工具结合起来，定义了一组关键过程区域的框架，并定义了方法使用的顺序、要求交付的文档资料、为保证质量和协调变化所需要进行的管理以及软件开发各个阶段完成的里程碑。其最终目的是保证软件工程技术被有效地应用，使得软件能够被及时、高质量和合理地开发出来。

方法层为软件开发的各个阶段提供所需的各种方法。方法这一概念本质上包含了许多内容，如项目计划与估算方法、需求分析和设计方法、编程和测试方法及维护方法等。软件工程方法依赖于一组基本原则，这些原则控制了每一个技术区域，包括建模活动和其他方面的各种描述技术。

工具层为软件工程方法提供了一种自动或半自动的软件支撑环境。目前，已经出现了多种软件工具，这些软件工具集成起来建立了称为计算机辅助软件工程(Computer Aided Software Engineering, CASE)的软件开发支撑系统。CASE 将各种软件工具、开发机器和一个存放开发过程信息的工程数据库组合起来形成一个软件工程环境。使用软件工程工具可以有效地改善软件开发过程，提高软件开发的效率，降低开发成本。

由此可见，软件工程是一门涉及内容广泛的学科，所依据的基础理论也非常广泛，包括数学、计算机科学、经济学、工程学、管理学和心理学等其他学科，所研究的内容包括软件开发技术和软件管理技术。其中，软件开发技术包括软件开发方法学、软件工具和软件工程环境。软件管理技术包括软件度量、项目估算、进度控制、人员组织、配置管理、项目计划等。

1.3.3 软件工程的目标和原则

软件工程的目标是组织实施软件工程项目，最终希望达到项目的成功。除了实现所需的软件功能以外，还要完成以下几个主要目标：

(1)付出较低的开发成本；

(2)取得较高的软件性能；

(3)可靠性高；

(4)易于维护；

(5)能按时完成开发工作，及时交付使用。

在具体项目的实际开发中，企图让以上几个目标都达到理想的程度往往是非常困难的。

图 1-2 表明了软件工程各目标之间存在的相互关系。其中，有些目标之间是互补关系，如易于维护和高可靠性之间、低开发成本与按时交付之间，还有一些目标是彼此互斥的，如低开发成本与高可靠性之间。

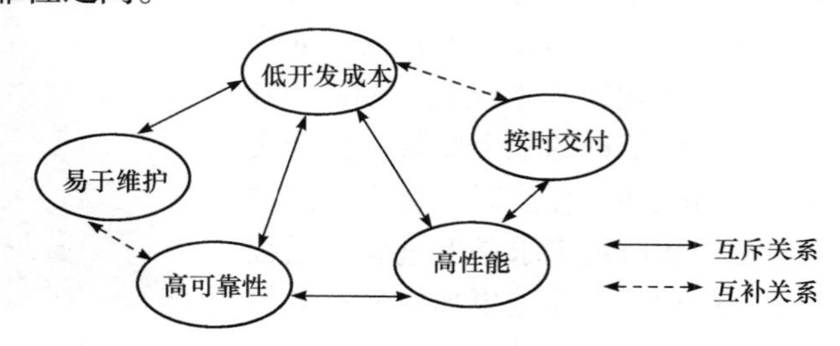

图 1-2　软件工程各目标之间的关系

以上的主要软件工程目标适用于所有的软件工程项目。为实现这些目标，在软件开发过程中必须遵循下列软件工程原则。

(1)抽象：抽取事物最基本的特性和行为，忽略非基本的细节。采用分层次抽象(即自顶向下、逐层细化)的办法控制软件开发过程的复杂性。

(2)信息隐蔽：将模块设计成“黑箱”，并将实现的细节隐藏在模块内部，只通过模块的接口与外部进行交互，目的是使模块具有更好的独立性，减少不同模块之间的耦合，同时也增加了软件的可靠性和可维护性。

(3)模块化：模块是程序中在逻辑上相对独立的成分，是独立的编程单位，应有良好的接口定义，如 C 语言程序中的函数过程、C++语言程序中的类。模块化有助于信息隐蔽和抽象，还有助于表示复杂的系统。

(4)局部化：要求在一个物理模块内集中在逻辑上相互关联的计算机资源，保证模块之间具有松散的耦合，模块内部具有较强的内聚。这有助于控制解的复杂性。

(5)确定性：软件开发过程中所有概念的表达应是确定的、无歧义的、规范的。这有助于人们在交流时不会产生误解、遗漏，保证整个开发工作协调一致。

(6)一致性：整个软件系统(包括程序、文档和数据)的各个模块应使用一致的概念、符号和术语。程序内部接口应保持一致。软件和硬件、操作系统的接口应保持一致。系统规格说明与系统行为应保持一致。用于形式化规格说明的公理系统应保持一致。

(7)完备性：软件系统不丢失任何重要成分，能够完全实现所要求的功能的程度。为了保证软件的完备性，需要在软件开发和运行过程中进行严格的技术评审。

(8)可验证性：开发大型的软件系统需要对系统自顶向下逐层分解。系统分解应遵循易于检查、测试、评审的原则，以确保系统的正确性。

使用一致性、完备性和可验证性的原则可以帮助人们实现一个正确的软件系统。

1.3.4　软件工程的基本原理

自从 1968 年“软件工程”这一术语被提出以来，研究软件工程的专家陆续提出了许多关于软件工程的准则或信条。美国著名的软件工程专家 Boehm 根据自身多年开发软件的经验，同时结合一些专家的意见，于 1983 年提出了软件工程的 7 条基本原理。Boehm 认为，这 7 条原理组成了确保软件产品质量和开发效率的原理的最小集合。这 7 条原理是相互独立、缺一不可的，同时又是相当完备的。虽然不能用数学方法严格证明它们是完备的，但是可以证明，在此之前已经提出的 100 多条软件工程准则都可以由这 7 条原理的任意组合、蕴含或派生。下面简要介绍软件工程的 7 条原理。

(1)用分阶段的生命周期计划进行严格管理。这一条是在吸取前人的教训的基础上提出来的。相关的统计数据表明，50%以上的软件项目失败是由计划不周造成的。在软件开发与维护的漫长生命周期中，需要完成许多不同的工作。这条原理表明，应该把软件生命周期分成若干阶段，并相应制订出切实可行的计划，然后严格按照计划对软件的开发和维护进行管理。Boehm 认为，在整个软件生命周期中应制订并严格执行 6 类计划：项目概要计划、里程碑计划、项目控制计划、产品控制计划、验证计划和运行维护计划。

(2)坚持进行阶段评审。软件的质量保证工作不能等到编码阶段结束之后再进行。这样说至少有两个理由：第一，大部分错误是在编码之前造成的，例如，根据 Boehm 等的统计，设计错误占软件错误的 63%，编码错误仅占 37%；第二，错误发现与改正得越晚，所需付出的代价越高，相差大约 2～3 个数量级。因此，软件的质量保证工作应坚持进行严格的阶段评审，以便尽早发现错误。

(3)实行严格的产品控制。开发人员最痛恨的事情之一就是对软件需求的变动。但是需求的变动却是不可避免的。这就要求开发人员采用科学的产品控制技术来顺应这种变动，也就是要采用变动控制技术，又称为基准配置管理技术。当需求变动时，其他各个阶段的文档或代码随之相应变动，以保证软件的一致性。绝对不能想修改软件(包括尚在开发过程中的软件)就随意进行修改。

(4)采用现代程序设计技术。从 20 世纪六七十年代的结构化软件开发技术到最近的面向对象技术，从第一代语言到第四代语言，人们已经充分认识到：方法比气力更有效。采用先进的技术既可以提高软件开发的效率，又可以减少软件维护的成本。

(5)结果应能清楚地审查。软件产品不同于一般的物理产品，它是看不见摸不着的逻辑产品。软件开发人员(或开发小组)的工作进展情况可见性差，难以准确度量，从而使得软件产品的开发过程比一般产品的开发过程更难评价和管理。为了提高软件开发人员工作进展情况的可见性，以便更好地进行管理，应该根据软件开发项目的总目标及完成期限，规定开发组织的责任和产品标准，从而使得所得到的结果能够清楚地审查。

(6)开发小组的人员应少而精。开发人员的素质和数量是影响软件质量和开发效率的重要因素，开发人员应该少而精。这一条基于两点原因：高素质开发人员的效率比低素质开发人员的效率要高几倍到几十倍，其在开发工作中犯的错误也要少得多；当开发小组中有 N 个人时，可能的通信信道为 $N(N-1)/2$，可见随着人数 N 的增大，通信开销将急剧增大。

(7) 承认不断改进软件工程实践的必要性。遵从上述 6 条基本原理，就能够较好地实现软件的工程化生产。但是，上述 6 条原理只是对现有经验的总结和归纳，并不能保证赶上技术不断前进发展的步伐。因此，Boehm 提出应把承认不断改进软件工程实践的必要性作为软件工程的第七条原理。根据这条原理，不仅要积极采用新的软件开发技术，还要注意不断总结经验，收集进度和消耗等数据，进行出错类型和问题报告统计。这些数据既可以用来评估新的软件开发技术的效果，也可以用来指明必须着重注意的问题和应该优先进行研究的工具和技术。

1.4 软件开发方法

软件工程中的开发方法又称为软件工程方法论，是指软件开发过程中所应遵循的方法和步骤。到目前为止，已经形成了几种成熟的软件开发方法，但是没有一种方法能够满足所有软件开发的需要，不同的开发方法适用于开发不同类型的系统，当需要选用一种开发方法时，可以考虑如下 4 个因素。

(1) 对于软件开发方法，是否已具有经验，或是否有已受过训练的人员。

(2) 为软件开发提供的软件硬件资源及可使用的工具的情况。

(3) 开发方法在计划、组织和管理方面的可行性。

(4) 对开发项目所涉及领域的知识的掌握情况。

本节简要介绍 3 种软件开发方法，即结构化（面向过程）方法、面向数据结构方法和面向对象方法，后面的章节将对结构化方法和面向对象方法进行详细的阐述。

1.4.1 结构化方法

结构化方法也称为面向过程方法或 Yourdon 方法，是由 E.Yourdon 和 L.Constantine 提出的，是 20 世纪 80 年代使用最广泛的软件开发方法。

结构化方法是先采用结构化分析（Structured Analysis, SA）方法对软件进行需求分析，然后用结构化设计（Structured Design, SD）方法进行总体设计和详细设计，最后进行结构化编程（Structured Programming, SP）。

结构化分析的主要工作是按照功能分解的原则，自顶向下逐步求精，直到实现软件功能为止。在分析问题时，系统分析员一般利用图表的方式描述用户需求，使用的工具有数据流图、数据字典、问题描述语言、判定表和判定树等。结构化设计是以结构化分析为基础，将分析得到的数据流图推导为描述系统模块之间的关系的结构图。结构化编程也称为结构化程序设计，是一种传统的编程典范，采用子程序、程序码区块、for 循环以及 while 循环等结构来取代 goto 语句。在结构化编程中，程序流程主要由三种基本的控制结构组成：顺序、选择和循环。这三种结构提供了清晰、有层次的程序流程架构，是构建更复杂程序的基础。

1.4.2 面向数据结构方法

面向数据结构方法有两种：一种是 1974 年由 J.D.Warnier 提出的结构化数据系统开发（Data Structured System Development, DSSD）方法，又称为 Warnier 方法；另一种是 1975 年由

M.A.Jackson 提出的 Jackson 系统开发(Jackson System Development, JSD)方法，又称为 Jackson 方法。

面向数据结构方法的基本思想是，从目标系统的输入/输出数据结构入手，导出程序的基本框架结构，在此基础上，对细节进行设计，得到完整的程序结构图。

面向数据结构方法的最终目标是得出对程序处理过程的描述，这种方法最适合在详细设计阶段使用，也就是说，在完成了软件结构设计之后，可以使用面向数据结构方法来设计每个模块的处理过程。

1.4.3　面向对象方法

面向对象方法较其他的软件开发方法更符合人类的思维方式。它通过将现实世界问题向面向对象解空间映射的方式，实现对现实世界的直接模拟。由于面向对象的软件系统的结构是根据实际问题域的模型建立起来的，它以数据为中心，而不是基于对功能的分解，因此，当系统功能发生变化时，不会引起软件结构的整体变化，往往只需要进行一些局部的修改，相对来说，软件的重用性、可靠性、可维护性等特性都较好。采用面向对象方法使得软件开发在需求分析、可维护性和可靠性这 3 个关键环节和质量指标上有了实质性的突破，较好地解决了在这些方面存在的严重问题。20 世纪 90 年代以来，出现了很多种面向对象的分析或设计方法，比较流行的有十几种。这些方法中，有较大影响的有 Booch 方法、对象模型技术(Obiect Modeling Technigue, OMT)、面向对象软件工程(Obiect-Oriented Software Engineering, OOSE)方法、Coad-Yourdon 方法和 UML。

1.5　CASE 工具

CASE 是一组工具和方法的集合，用于辅助软件开发、维护、管理过程中的各项活动，促进软件过程的工程化和自动化，实现高效率和高质量的软件开发。如今，CASE 工具已经朝着从支持单一任务的单个工具到支持整个开发过程的集成化软件工程环境的方向发展，同时重视用户界面的设计，不断采用新理论和新技术，成为软件工程领域的一个重要分支。

根据所支持活动的范围不同，CASE 系统可以分为工具、工作台和环境 3 个层次。

CASE 工具支持单个过程的任务，如设计的一致性检查、文本编辑、程序编译等。软件工具是一类最简单的 CASE 工具，它可用于软件生命周期中的每一个阶段，只在软件生产的某一方面起帮助作用。例如，Rose 工具可用来帮助构建软件产品的图形表示，如流程图以及静态模型、动态模型等。另一类重要的 CASE 工具——数据字典以列表的形式定义了产品中的所有数据。数据字典记录的最重要的部分是对产品中所包含的数据词条的描述。一致性检查器对数据字典起辅助作用，它检验规约文档中的每个数据项是否反映在设计中，反过来也检验设计中的每一项在规约文档中是否有定义。

CASE 工作台支持某一过程阶段的活动，如需求分析、设计、测试等，通常是一系列 CASE 工具的集成。这些工具共同支持一项或者多项活动。其中，每一项活动是一个相关任务的集合，任务甚至可以跨越生命周期模型的边界。例如，一个项目管理工作平台可用于项目的每个阶段；而一个编码工作平台可用于需求分析阶段创建快速原型，也可用于实现、集成和维护阶段；一个测试平台则可以用于项目从需求分析到交付使用的整个生命周期。

CASE 环境是用于支持软件开发的集成工具环境，它提供了一系列自动化和半自动化的工具来支持软件开发的全过程，包括需求分析、设计、编码、测试和维护等阶段。CASE 环境可以帮助开发人员快速构建高质量的软件系统，提高开发效率和质量。目前，市场上有很多商业化的 CASE 工具，表 1-2 中列举了一些有代表性的产品。

表 1-2　代表性 CASE 工具

类型	工具	所属公司名称	说明
分析设计工具	Rose	IBM	一种软件开发环境，用于使用模型描述和模式语言来驱动代码开发
	Visio	Microsoft	用于绘制各种图表，包括流程图、数据流图、架构图、类图、时序图、部署图、结构组织图等
	RequisitePro	IBM	一种基于团队的需求管理工具，它将数据库和 Word 结合起来，可以有效地组织需求、排列需求优先级以及跟踪需求变更
	Together	Micro Focus	用于软件体系结构设计的可视化建模，是与 Eclipse 以及 MS VS.NET 集成的 UML 建模工具，支持 UML 2.0 和 MDA、OCL、MOF
	Enterprise Architect	Sparx Systems	一种基于 OMG UML 的可视化模型与设计工具，提供了对软件系统的设计和构建、业务流程建模和基于领域建模的支持，在企业和组织中不仅用于对系统的建模，还用于推进模型在整个应用程序开发周期中的实现
	ArgoUML	开源	一种领先的开源 UML 模型工具，它支持 UML 1.4 的所有标准，可以运行于任何 Java 平台上
测试工具	JUnit	JUnit Team	一种开放源代码的 Java 测试框架，用于编写和运行可重复的测试，主要用于白盒测试、回归测试
	Selenium	开源	一种用于 Web 应用程序测试的工具，已经成为 Web 自动化测试工程师的首选。Selenium 的主要功能包括测试与浏览器的兼容性、测试系统功能
	JMeter	Apache	一种基于 Java 的压力测试工具。它可以用于测试静态和动态资源，如静态文件、Java 小服务程序、CGI 脚本、Java 对象、数据库、FTP 服务器等
	WebBench	Lionbridge	一种轻量级的网站测压工具，最多可以对网站模拟 30000 个左右的并发请求，可以控制时间、是否使用缓存、是否等待服务器回复等
	Robot Framework	开源	一个用 Python 编写的功能自动化测试框架，具备良好的可扩展性，支持关键字驱动，可以同时测试多种类型的客户端或者接口，可以进行分布式测试执行，主要用于轮次很多的验收测试和验收测试驱动开发
	Appium	Sauce Lab	一种移动端自动化测试开源工具，支持 iOS 和 Android 平台，支持 Python、Java 等语言
	LoadRunner	Inflectra	一种预测系统行为和性能的负载测试工具，它通过模拟上千万个用户实施并发负载及实时性能监测的方式来确认和查找问题
	HP QuickTest Professional	Micro Focus	提供符合所有主要应用软件环境要求的功能测试和回归测试的自动化服务
配置管理工具	SolarWinds Server Configuration Monitor	SolarWinds	提供了一个服务器配置监视器，以检测对服务器和应用程序的未经授权的配置更改。帮助用户确定 Windows 和 Linux 上服务器和应用程序配置的基准
	CFEngine	CFEngine	一种配置管理工具，可为大型计算机系统提供自动配置服务，包括服务器、系统、用户、嵌入式网络设备、移动设备和系统的统一管理
	Puppet	开源	一种开源软件配置管理工具，用于部署、配置和管理服务器。它使用主从结构

续表

类型	工具	所属公司名称	说明
配置管理工具	Chef	Opscode	一个自动化平台，可以帮助用户创建、部署、变更和管理基础设施运行时的环境和应用，用于实现基础设施自动化
	CVS	开源	一种版本管理与控制工具，用来管理代码或文档
项目管理工具	Basecamp	Basecamp	一款非常流行的基于云服务的项目管理软件，提供了消息板、待办事宜、简单调度、协同写作、文件共享服务
	Trello	Atlassian	一种灵活度很高的团队协同工具，用于管理个人或者团队的任务清单、工作进度、待办事项等
	Redmine	开源	用 Ruby 开发的一款基于 Web 的项目管理软件。它集成了项目管理所需的各个功能，可以同时处理多个项目。需要重点关注问题、甘特图、日历三个功能模块
	Scoro	Scoro	一个综合解决方案，结合了项目管理软件中可能需要的所有功能：项目和任务、联系人管理、报价、团队协作、计费和报告
	ProofHub	ProofHub	替代了传统的电子邮件和许多其他工具，将多个项目管理功能集成在一起。ProofHub 具有一个简单且经过精心设计的用户界面，可帮助团队进行更有效的协作

1.6　软件工程师职业素养和道德规范

1.6.1　软件工程师职业素养

软件工程师是从事软件开发相关工作的人员的统称，包括软件设计人员、软件架构人员、软件工程管理人员、程序员等。软件工程师的主要工作内容包括：指导程序员的工作，参与软件系统的设计、开发、测试等过程，协助工程管理人员以保证项目的质量，解决软件开发过程中的关键问题和技术难题，协调每名程序员的工作，并与其他软件工程师协作。

软件工程师不仅需要扎实的计算机基础理论知识，还应具有以下业务能力。

1. 规范化、标准化的编码能力

虽然软件工程师的工作不同于程序员，但是软件工程师应该具备优秀程序员的基本素养。软件工程师的一个重要职责就是用某种程序设计语言来满足用户的功能需求，这就要求软件工程师能够掌握几种程序设计语言，熟悉它们的基本语法和技术特点，并具有良好的编码能力。

2. 认识和运用数据库的能力

信息都是以数据为中心的，几乎所有软件都少不了与数据库打交道。了解数据库操作和编程也是软件工程师必备的素质之一。软件工程师应该熟悉数据结构和数据库，有一定的算法基础，能够设计出问题求解的数据结构或数据库。

3. 较强的动手实践能力和解决实际问题的能力

软件开发过程是软件理论和实践相结合的过程。软件开发的最终目的是满足不同领域中用户的各种实际需求，这就要求软件工程师具有较强的动手实践能力和独立解决实际问题的能力。

4. 持续的学习能力，掌握最新的 IT 实用技术

软件业已经成为当今社会不可或缺的重要产业，也是一个不断变化和创新的行业。面对层出不穷的新技术，软件工程师应具有较强的学习能力、用户需求理解能力。此外，软件工程师要对新技术比较敏感，在行业领域要与时俱进，适应软件的开发工具和环境，并不断适应客户的需求变化。

5. 较强的英文阅读和写作能力

编写程序、了解软件行业最新动向、阅读技术文献等往往都需要较强的英文阅读能力，有时候编写程序开发文档和开发工具帮助文件也离不开英文。具有一定的英文基础对于软件工程师自身的学习和工作极有帮助。

6. 较强的沟通表达能力

软件行业的沟通主要体现在两个方面。①对客户：软件工程师的产品都是围绕客户而开发的，只有通过深入的沟通和交流，才能够真正了解客户的需求，从而在开发过程中使客户满意并获得客户的信任。②对团队成员：通过深入的沟通和交流，可以促进团队合作精神的建设，只有团队和睦，才能产生 1+1>2 的效果，从而提高工作效率。

1.6.2 软件工程师道德规范

遵守法律法规是计算机人员职业道德的最基本要求。软件工程师应致力于使软件的分析、规范、设计、开发、测试和维护成为一种有益和受人尊敬的职业。根据对公众的健康、安全和福利的承诺，软件工程师应从以下方面遵守八项准则。

(1) 产品。软件工程师应尽可能地确保他们开发的软件对于公众、雇主、客户以及用户是有用的，在质量上是可接受的，在时间上能按期交付并且费用合理。

(2) 公众。从职业角色来说，软件工程师应该按照与公众的健康、安全和福利要求相一致的方式发挥作用。

(3) 判断。软件工程师应该尽可能地维护他们职业判断的独立性并保护判断的声誉。

(4) 客户或雇主。软件工程师的工作应该始终与公众的健康、安全和福利要求保持一致，他们应该总是以职业的方式担当他们的客户或雇主的忠实代理人和委托人。

(5) 管理。具有管理和领导职能的软件工程师应该公平行事，使得并鼓励他们所领导的人履行自己的和集体的义务。

(6) 职业。软件工程师应该在职业的各个方面提高他们的正直性和声誉。

(7) 同事。软件工程师应该公平地对待所有与他们一起工作的人，应该积极参与并支持社团的活动。

(8) 本人。软件工程师应该在他们的整个职业生涯中努力增强自身应该具有的能力。

1.7 小　　结

本章对软件工程学的整体情况做了一个简单的概述，介绍了软件的有关概念，包括软件的定义、特点，并从不同的角度对软件进行分类。

随着计算机的使用越来越广泛，人们对软件的需求也越来越复杂，但是，软件开发技术的进步严重滞后于软件需求，造成供求关系失调，从而出现软件危机。本章介绍了软件危机出现的原因，并列举了解决软件危机的各种方法。结合软件工程专家的研究和一些软件公司的开发经验，美国著名的软件工程专家 Boehm 于 1983 年提出了软件工程的 7 条基本原理，这些原理对软件开发的质量和收益都有重要的意义。之后，本章对软件开发中的三种典型的方法进行了介绍，即结构化方法、面向数据结构方法和面向对象方法。软件开发方法是指导软件研制的某种标准规程，它告诉开发人员“什么时候做什么”。随后，本章对软件工程三要素之一的 CASE 工具进行了阐述。最后，本章讲述了合格的软件工程师应具备的职业素养和应遵守的道德规范。

习　题　1

1. 什么是软件危机？该如何应对？
2. 软件工程的目标和原则是什么？
3. 结合自己的亲身经历，谈谈软件工具在软件开发过程中的作用。
4. 查阅相关资料，谈谈软件发展所经历的几个阶段。
5. CASE 的研究和 CASE 产品的开发是近年来软件工程领域的特点之一。请调研软件开发过程中的 CASE 工具或环境，综述它们的概念和优缺点，并分析其实现方法。
6. 如何才能胜任软件工程师这一职业？

第 2 章　软件生命周期和过程模型

软件工程概念的提出标志着软件工程作为一门学科正式出现。软件工程的根本在于提高软件的质量与生产率，在软件工程概念提出后的几十年内，各种软件技术、方法和概念不断被提出。本章介绍软件开发过程的基本概念，包括软件生命周期以及软件过程模型。

2.1　软件生命周期

软件生命周期是指软件产品从概念到交付使用直至最终退役的整个过程。软件工程采用的生命周期方法学是从时间角度对软件开发和维护的复杂问题进行分解，将软件漫长的生命周期依次划分为多个阶段，每个阶段具有相对独立的任务，然后逐步完成每个阶段的任务。

虽然划分软件生命周期阶段的方法有许多种，但总体而言，软件生命周期可以划分为软件定义、软件开发和软件运行维护三个时期，每个时期又可进一步划分为若干个阶段。

2.1.1　软件定义

软件定义时期的任务是确定待开发的软件系统要做什么，即软件开发人员必须确定系统要处理什么信息、实现哪些功能、具有什么样的性能、界面风格如何、存在什么样的设计限制；确定系统开发成功与否的标准，搞清楚系统的一些关键需求。这个时期的工作又称为系统分析，主要由系统分析员负责完成。软件定义时期可进一步划分为问题定义、可行性研究和需求分析三个阶段。

1. 问题定义

问题定义阶段的任务是要确定解决什么问题。在不了解要解决什么问题的时候就盲目开工，只会浪费时间和金钱。尽管大家都认可问题定义的必要性，但在具体实践中却常常忽视这项工作。

通过调研，系统分析员应该得到关于问题性质、软件目标和软件规模的书面报告，与用户沟通并得到用户对这份报告的确认。

2. 可行性研究

可行性研究阶段的主要任务是确定“上一个阶段所确定的问题是否有行得通的解决方法”。现实生活中，有许多问题不可能在预定的系统规模或时间期限之内得到解决。对于这类问题，应该谨慎对待，避免在这类问题上花费时间、资源和经费。

由此可见，可行性研究的目的就是用最小的代价在尽可能短的时间内确定问题是否能够解决。必须记住，可行性研究的目的不是解决问题，而是确定问题是否值得去解决。在具体实施过程中，系统分析员必须进一步了解用户的需求，在此基础上提出若干种可能的系统实现方案，对每种方案都从技术、经济、社会因素等方面分析可行性，从而确定工程的可行性。

3. 需求分析

需求分析阶段的任务不是确定目标系统怎样完成工作，而是确定系统必须完成哪些工作，也就是对目标系统提出完整、准确、清晰、具体的需求。在项目实施过程中，需求分析是一项艰巨且重要的工作。

在项目实施过程中，尽管用户非常了解他们所面对的领域问题，知道问题所在，但是并不能向系统分析员完整准确地表达出他们的具体需求，更不知道怎样利用计算机解决他们所面临的问题；相对而言，软件开发人员知道怎样构建一个软件来满足用户的需求，但是往往不熟悉具体的业务领域，因而对特定用户的具体需求并不十分清楚。因此，系统分析员在需求分析阶段必须和用户充分交流，以获得经用户确认的具体需求。

这个阶段的另一项重要任务是用正式文档准确地记录目标系统的需求，称该文档为需求规格说明书。

2.1.2　软件开发

软件开发时期的任务是设计和实现软件，即在软件定义时期的基础之上，由开发人员确定对所开发的软件采用怎样的数据结构和体系结构，如何把设计转换成程序代码，如何对代码进行测试等。该时期通常由概要设计、详细设计、编码和单元测试、综合测试四个阶段组成。其中，前两个阶段称为系统设计，后两个阶段称为系统实现。

1. 概要设计

概要设计阶段的任务是确定怎样实现目标系统。在具体实施过程中，应该首先设计出实现目标系统的多种可行方案。软件工程师需要用适当的表达工具描述各种方案，并分析各种方案的优缺点，在充分权衡各种方案的利弊之后，推荐一个最佳方案。此外，还应该制订出实现所推荐方案的详细计划并被用户接受。

上述设计工作可以确定解决问题的策略及目标系统中应该包含的程序，还没有涉及如何设计程序的问题。“程序应该模块化”是软件设计的一个基本原理。因此，概要设计的另一项任务就是设计程序的体系结构，即确定程序由哪些模块组成及模块间的关系。

2. 详细设计

概要设计阶段只是以一种比较抽象的概括方式给出了解决问题的办法，在详细设计阶段，需要确定应该怎样具体实现这个系统。

这个阶段的任务不是编写程序，而是设计出程序的详细规格说明书。这种规格说明书的作用类似于其他工程领域中的工程蓝图，应该包括必要的细节。程序员依据这个工程蓝图，就可以写出实际的代码。

详细设计阶段只是对每个模块进行设计，确定要实现的模块功能实际需要的一些算法及数据结构。

3. 编码和单元测试

编码阶段的任务很容易理解，也就是在前面阶段的基础之上，写出正确的、易理解的、易维护的程序。在这一阶段，程序员应该根据最终要实现的目标系统的性质和所处的实际环境，选取一种恰当的程序设计语言，把详细设计的结果用选定的程序设计语言实现，并对每一个模块进行仔细测试。

4. 综合测试

综合测试阶段的任务是通过各种类型的测试及调试，发现功能、逻辑和实现上存在的缺陷，使软件达到预定的要求。这个阶段主要包括集成测试和验收测试。

集成测试就是根据设计出的系统结构，把单元测试检验的模块按某种策略装配起来，在装配过程中对程序进行测试。验收测试则是按照规格说明书中的规定，由用户(或在用户参与下)对目标系统进行验收。为了使用户能够积极参与验收测试，并且在系统投入生产性运行以后能够正确有效地使用这个系统，通常需要以正式的或非正式的方式对用户进行培训。

在综合测试阶段，应该用正式的文档资料把测试计划、详细测试方案以及实际测试结果保存下来，作为软件配置的一个组成部分。

2.1.3 软件运行维护

软件运行维护时期的主要任务是解决软件运行中的问题，使系统能持久地满足用户的需要。当软件在使用过程中出现错误时，应该对其进行改正；当环境改变时，应该对其进行修改以适应新环境；当用户有新要求时，应该更新软件功能以满足用户的新要求。总的说来，维护活动可以归纳为 4 类，即改正性维护(诊断和改正在使用过程中发现的软件错误)、适应性维护(修改软件使之能适应环境的变化)、完善性维护(根据用户的新要求扩充功能和改进性能)以及预防性维护(修改软件为将来的维护活动预先做准备)。

在软件工程中的每一个阶段实施完成之后，为了确保质量，必须加以评审，并辅以详细文档以保证系统信息的完整性和软件使用的方便性。

综上所述，软件生命周期可以划分为 8 个阶段，即问题定义、可行性研究、需求分析、概要设计、详细设计、编码和单元测试、综合测试和软件运行维护。在从事软件开发实际工作时，软件规模、种类、开发环境及开发时使用的技术方法等因素都会影响阶段的划分。事实上，承担的软件项目不同，应该完成的任务也有差异，没有一个适用于所有软件项目的任务集合。适用于大型复杂项目的任务集合对于小型简单项目而言往往就过于复杂了。

2.2 软件过程模型

软件过程模型是软件开发的全过程、活动和任务的结构框架，它直观地表达了软件开发的全过程，明确规定了要完成的主要活动、任务和要实施的开发策略。软件过程模型也称为软件开发模型、软件工程范型。建立过程模型并讨论它的子过程有助于开发小组理解理论和实际的差距。几十年来，软件过程模型得到了极大的发展，出现了一系列模型以适应软件开发的需要，如瀑布模型、原型模型、螺旋模型、增量模型、喷泉模型、统一软件开发过程模型、敏捷过程模型等。

2.2.1 瀑布模型

在软件开发早期，开发只是被简单地分成编写代码和修改代码两个阶段。软件开发人员往往在拿到项目后立刻编写代码，在代码调试通过后便直接交付给用户。如果在代码应用中出现错误，或者有新的要求，就需要重新修改代码。这种小作坊式的软件开发方法有明显的弊端，常常导致软件项目的失败。

在吸取早期软件开发的教训的基础上，Winston Royce 于 1970 年提出了“瀑布模型”。从被提出到 20 世纪 80 年代早期，瀑布模型一直被广泛采用。

瀑布模型包含了各项软件工程活动，即计划、需求分析、设计、编码、测试及运行维护，如图 2-1 所示。它规定了各项软件工程活动自上而下、相互衔接的固定次序，如同瀑布流水，逐级下落。瀑布模型中的每一项开发活动都具有以下特征：

(1) 上一项活动接收本阶段活动的工作对象作为输入；

(2) 利用这一输入实施该项应完成的工作内容；

(3) 将本阶段活动相关的产出作为输出传给下一项活动；

(4) 对本阶段活动执行情况进行评审。如果活动执行得到确认，则继续进行下一项活动；否则返回上一项活动甚至更前项的活动进行返工。

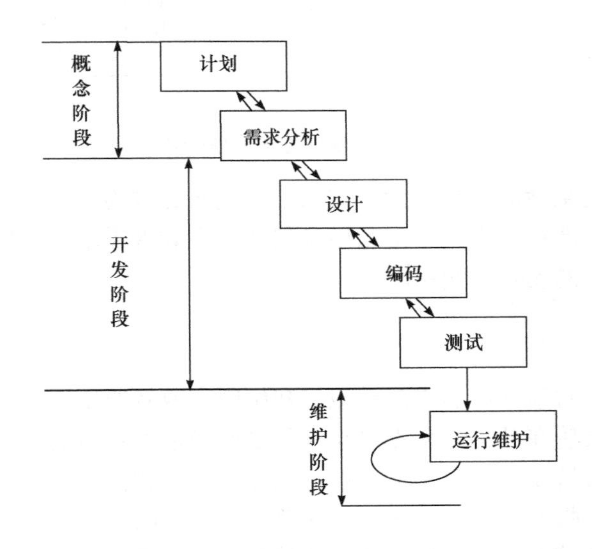

图 2-1　瀑布模型

通常情况下，瀑布模型中的运行维护活动是一个具有最长生命周期的阶段。每一次维护中对软件的变更都要经历瀑布模型中的各项活动，而且具有循环往复性。如果把这些活动一并表达，就构成了软件生命周期循环，如图 2-2 (a) 所示。

事实上，有人把维护称为软件的二次开发。正是出于这种考虑，软件在投入使用以后可能经历多次变更，为把开发活动和维护活动区别开来，便有了如图 2-2 (b) 所示的软件生命周期表示。它与图 2-2 (a) 所示的软件生命周期循环一样，都是软件生命周期瀑布模型的变种。

(1) 在软件开发的初始阶段要明确用户的全部需求是非常困难的。瀑布模型在需求分析阶段要求系统分析员完全明确用户的全部需求，然后在此基础上开展后续阶段的工作，其不能很好地应对需求的变化。

(2) 一旦确定需求，用户和软件项目负责人就需要等一段时间(经过设计、实现、测试、运行各阶段)才能得到一份软件的最初版本。如果此时用户对这个软件提出了比较大的修改意见，那么整个项目将会蒙受巨大的人力、财力和时间方面的损失。

(3) 瀑布模型中的软件活动是文档驱动的，当阶段之间规定过多的文档时，会大大增加软件开发的工作量；而且当管理人员以文档的完成情况来评估项目完成进度时，往往会产生错误的结论，因为后期测试阶段发现的问题会导致返工，前期完成的文档只不过是一个未经返工修改的初稿而已。

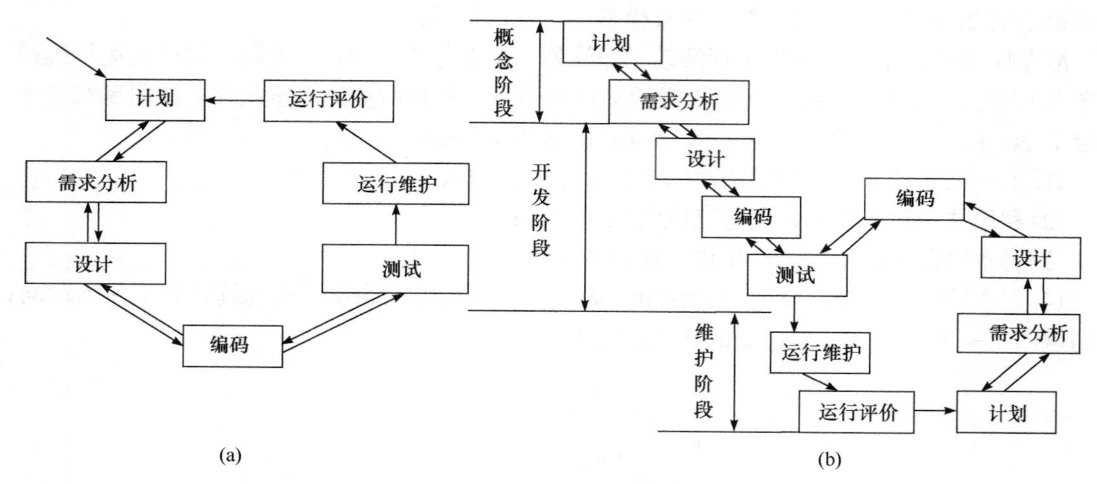

图 2-2　软件生命周期循环

随着软件规模和复杂性的不断增大，需求不稳定已经成为一种司空见惯的事情，瀑布模型的上述缺点变得愈发严重。因此，瀑布模型仅适合在软件需求比较明确、开发技术比较成熟、工程管理比较严格的场合下使用。

2.2.2　原型模型

原型模型一般是指对某种产品进行模拟的初始版本或者原始模型，在工程领域中具有广泛应用，例如，一座大桥在开工之前需要建立很多原型模型：风洞实验原型模型、抗震实验原型模型等，以检验大桥设计方案的可行性。同样地，在软件开发过程中，原型模型表示软件的一个早期可运行的版本，反映最终系统的部分重要特征。

由于软件规模越来越大且越来越复杂，软件开发在需求获取、技术实现手段选择、应用环境适应等方面面临巨大考验。为了应对早期需求获取的不易以及后期需求的变化，人们选用原型模型构造软件系统。当获得一组基本需求之后，通过快速分析构造出一个小型的满足用户基本需求的原型模型，用户使用这个原型模型并做出评价，给出反馈意见。随后，开发人员根据用户的反馈意见对这个原型模型加以改进，过程如图 2-3 所示。随着不断构造、交付、使用、评价、反馈和修改，不断迭代产生新的版本，不断使原本模糊的各种需求细节变得清晰。对于需求的更改，也可以在后面的原型模型中做出适应性调整，从而提高最终软件产品的质量。

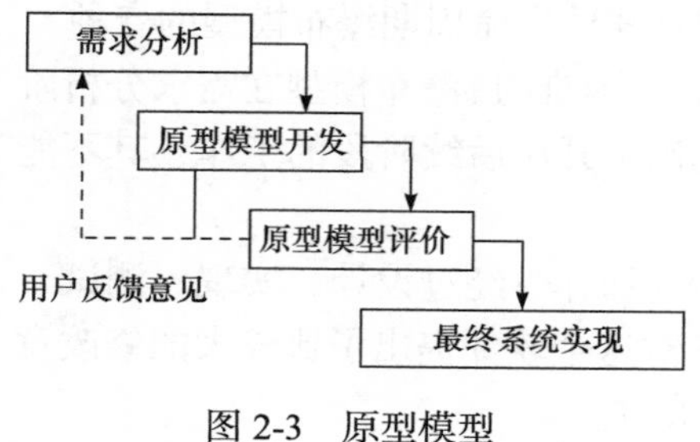

图 2-3　原型模型

在使用原型模型时，可以采取以下两种不同的策略。

(1) 废弃策略：先构造一个功能简单且性能要求不高的原型模型，针对用户使用这个原型模型后的评价和反馈意见，反复进行分析和改进，形成比较好的设计思想，据此设计出较完整、准确、一致、可靠的最终系统。系统构造完成后，原来的原型模型被废弃不用。

(2) 追加策略：先构造一个功能简单且性能要求不高的原型模型作为最终系统的核心，然后通过不断地进行扩充修改，逐步追加新要求，形成满足需求的最终系统。

原型模型能够逐步明确用户需求，可以适应需求的变化；而且由于用户参与了软件开发过程，能够及早发现问题，降低软件开发风险，加快软件产品形成，减少软件开发成本。

然而，原型模型也有一定的局限性，主要表现在以下几方面。

(1) 对于大型软件项目，如果不经过系统分析并对系统进行整体划分，直接用原型模型来模拟系统功能是十分困难的。

(2) 对于计算量大、逻辑性较强的程序模块，原型模型很难真正构造出来供用户评价。

(3) 对于批处理系统，其大部分处理是在内部进行的，应用原型模型有一定的困难。

(4) 原型模型的快速构造特点导致项目文档容易被忽略，给原型模型的后期改进和维护造成困难。

(5) 在原型模型建立中的许多工作会被浪费掉，特别是对于废弃策略。这在一定程度上增加了系统的开发成本，降低了系统的开发效率。

为快速开发原型模型，应该尽量采用软件重用技术，暂时不在算法的时空开销方面细究，以尽快向用户提供原型模型。另外，原型模型应充分展示出软件的可见部分，如数据的输入方式、人机界面、数据的输出格式等。

2.2.3　螺旋模型

软件风险是由某些不确定或难以确定的因素造成的。实践表明，项目规模越大，问题越复杂，资源、成本、进度等因素的不确定性越大，承担项目所冒的风险也越大。为了消除或减少风险对软件开发的影响，以保证软件质量，应该及时对风险进行识别、分析，并采取对策。

Boehm 于 1988 年提出了螺旋模型，如图 2-4 所示。螺旋模型的基本思想是使用原型模型

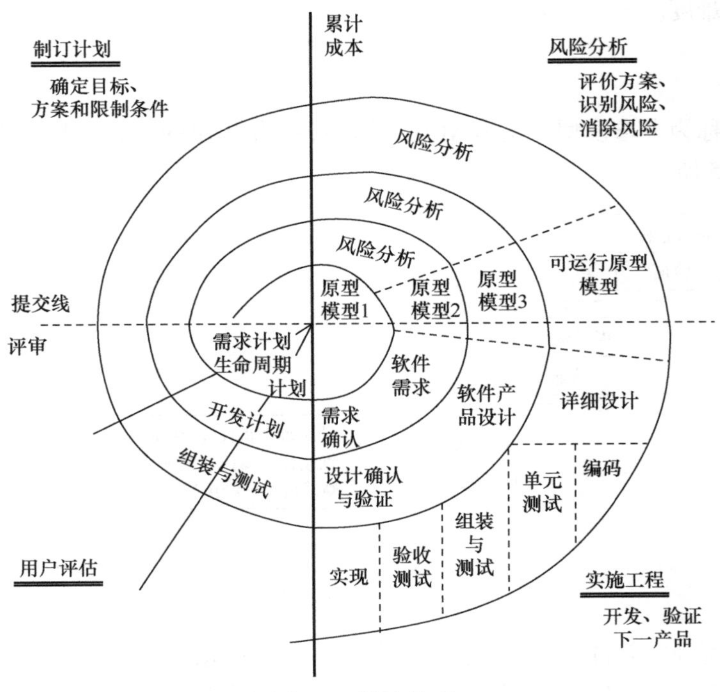

图 2-4　螺旋模型

及其他方法来尽量降低风险。螺旋模型中的每个回路被分在四个象限上，分别表达了 4 个方面的活动。

(1) 制订计划。确定软件项目的目标，制订详细的项目管理计划，根据软件需求和风险因素制定实施方案并进行可行性研究。在此基础上，选定一个实施方案进行规划。

(2) 风险分析。明确软件项目中的每一个风险，估计风险发生的可能性、频率、损害程度，并制定风险管理措施以规避这些风险。例如，针对需求不清晰的风险，就需要开发一个原型模型来明确需求；针对可靠性需求较高的风险，可以开发一个原型模型来测试技术方案能否达到要求；针对时间性能要求较高的风险，需开发一个原型模型来测试算法性能能否达到要求。

(3) 实施工程。使用原型模型对风险进行评估之后，针对每一个开发阶段的任务执行本开发阶段的活动，也就是根据选定的开发模型进行软件开发。

(4) 用户评估。通过用户对原型模型的使用，收集反馈意见，根据这些反馈意见，对产品及其开发过程进行评审以决定是否进入螺旋线的下一个回路。

从图 2-4 可知，沿螺旋线自内向外每旋转一圈便诞生一个更为完善的软件版本。例如，在第一圈中，确定了初步的目标、方案和限制条件之后，转入右上象限，开始对风险进行识别和分析；如果风险分析表明需求有不确定性，那么在右下的工程象限内，建立原型模型以帮助开发人员和用户，考虑到其他开发模型，对需求做进一步修正；在此基础上再次制订计划，并进行风险分析。在每一圈螺旋线上，风险分析的终点是判断是否继续下去的标准。假如风险过大，开发人员和用户无法承受，项目有可能终止。多数情况下沿螺旋线的活动会继续下去，自内而外，逐步延伸，最终得到所期望的系统。

螺旋模型适用于大型软件的开发，应该说它是最为实际的方法，它吸收了软件工程“演化”的概念，使得开发人员和用户对每个演化层出现的风险有所了解，继而做出应有的反应。然而，风险分析需要相当丰富的评估经验，风险的规避又需要深厚的专业知识，这给螺旋模型的应用增加了难度。

2.2.4　增量模型

增量模型也称为渐增模型，是由 Mills 等于 1980 年提出的，它有利于让用户的需求逐步提出来，如图 2-5 所示。

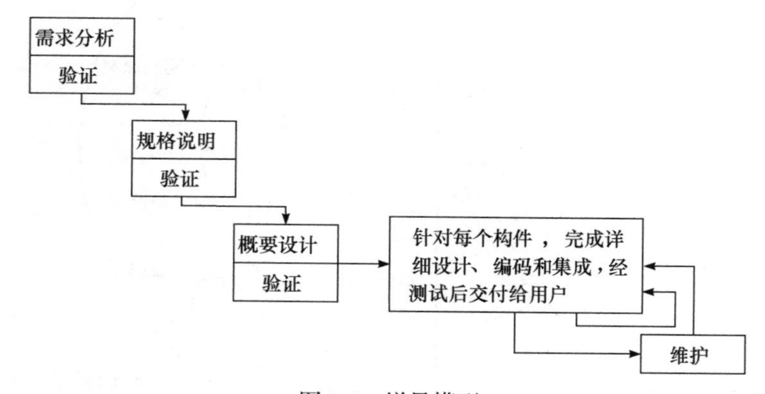

图 2-5　增量模型

使用增量模型开发软件时，把软件产品作为一系列的增量构件来设计、编码、集成和测试。每个构件由多个相互作用的模块构成。使用增量模型时，第一个增量构件往往满足软件的基本需求，提供最核心的功能，后面的增量构件会逐步增加软件的功能，提高软件的质量和性能。每一个增量的开发和测试都建立在前一个增量的基础上，逐步完善软件的功能和性能，直到软件最终完成并交付给用户使用。例如，使用增量模型开发字处理软件时，第一个增量构件提供基本的文件管理、编辑和文档生成功能；第二个增量构件提供更完善的编辑和文档生成功能；第三个增量构件提供拼写和语法检查功能；第四个增量构件提供高级的页面布局功能。把软件产品分解为增量构件时，应该使构件的规模适中，规模过大或过小都不好。分解时必须遵守的约束条件：当把新构件集成到现有软件中时，所形成的产品必须是可测试的。

一旦一个增量构件完成开发，用户就可以使用满足核心需求的部分产品，并对其进行评价，反馈需求修改和补充意见。下一个增量构件的内容包括这些反馈意见，同时可以包括下一个优先级的增量需求。当新的增量构件开发完成时，系统的功能就随着每个增量构件的集成而改进，从而实现最终系统，经系统测试和验收测试后将其交付用户使用。

增量模型的一个优点是能在较短时间内向用户提交可完成部分工作的产品；另一个优点是逐步增加产品功能，可以使用户有较充裕的时间学习和适应新产品，从而减少一个全新的产品可能给用户组织带来的冲击。

使用增量模型的困难在于把每个新的增量构件集成到现有软件体系结构中时，必须不破坏原来已经开发出的产品，要求软件体系结构必须是开放的，便于扩充。另外，增量构件的规模选择也很难把握，有时候很难将用户的需求映射到适当规模的增量构件上。

2.2.5　喷泉模型

喷泉模型也称为迭代模型，如图 2-6 所示，它认为，软件开发过程具有以下两个固有的本质特征。

(1) 迭代性。在瀑布模型中其实就已经体现出各开发阶段迭代进行的特点。一旦在后面的阶段发现了前一阶段遗留的错误，就应该返回到前一阶段纠错。

(2) 无间隙性。将软件开发过程划分为多个开发阶段，并对每个阶段的活动以及阶段之间的衔接进行规范管理，可以提高开发效率和质量。但是严格的阶段划分破坏了开发活动的无间隙性，即后一阶段的活动能够自然复用前一阶段的活动成果，例如，设计能够复用分析的结果，实现能够复用设计的结果。

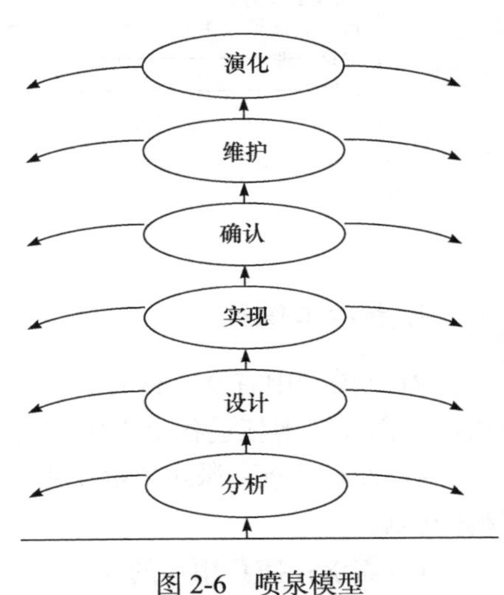

图 2-6　喷泉模型

喷泉模型认为软件开发过程的各个阶段是相互重叠、多次反复的，就像喷泉一样，水喷上去又可以落下来，既可以落在中间，也可以落到底部。各个开发阶段没有特定的次序要求，完全可以并行进行，可以在某个开发阶段中随时补充其他任何开发阶段中遗漏的需求。喷泉模型的优点是可以提高软件项目开发效率，节省开发时间。但是，由于各个开发阶段的重叠性，开发人员的管理和阶段生成的工件的管理存在困难，因此，在应用喷泉模型时需要结合其他模型，例如，结合瀑布模型在文档控制方面的优点，严格控制每一个迭代周期应该产生的文档，并进行评审，对于在本周期没有完成的任务，不应该像瀑布模型那样不允许进入下一阶段，而是纳入下一个迭代周期。

2.2.6　统一软件开发过程模型

统一软件开发过程(Rational Unified Process, RUP)模型是由 Rational 公司(现被 IBM 公司收购)开发的一种软件过程框架，是一个面向对象的基于 Web 的程序开发方法论，在各个方面和层次对软件开发提供了指导，是一种用以分配和管理任务与职责的规范化方法，它可以提高开发队伍的开发效率，能给所有开发人员提供最佳的软件开发实践。因此，RUP 模型既是一种软件生命周期模型，又是一种面向对象的软件开发工具。

RUP 模型是一个二维的软件生命周期模型，如图 2-7 所示。横轴在时间上将生命周期展开成四个阶段，每个阶段特有的里程碑是该阶段结束的标志，每个阶段又划分为不同的迭代，体现了软件开发过程的动态结构；纵轴按照活动的内容进行组织，包括活动、活动产生的工件、活动的执行角色以及活动执行的工作流，体现了软件开发过程的静态结构。

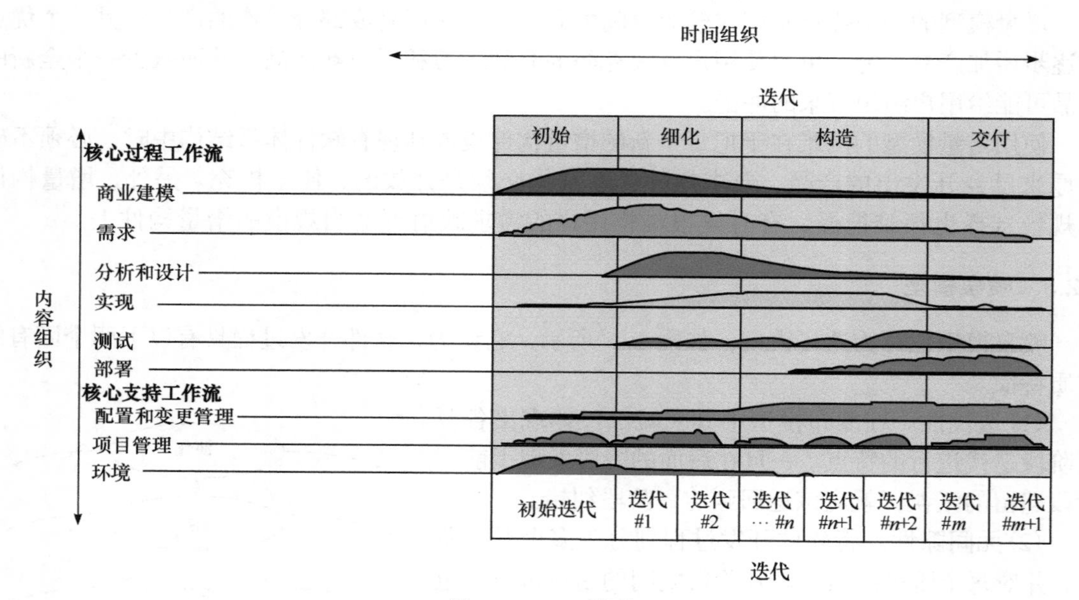

图 2-7　RUP 模型

1. 核心工作流

RUP 模型中有 9 个核心工作流，其中前 6 个为核心过程工作流，后 3 个为核心支持工作流。下面简要地叙述各个工作流的基本任务。

(1)商业建模：深入了解使用目标系统的机构及其商业运作，评估目标系统对使用它的机构的影响。

(2)需求：捕获用户的需求，并且使开发人员和用户达成对需求描述的共识。

(3)分析和设计：把需求分析的结果转化成分析模型与设计模型。

(4)实现：把设计模型转换成实现结果(形式化地定义代码结构；用构件实现类和对象；对开发出的构件进行单元测试；把不同开发人员开发出的模块集成为可执行的系统)。

(5)测试：检查各个子系统的交互与集成，验证所有需求是否都被正确地满足了，识别、确认缺陷并确保在软件部署之前消除缺陷。

(6) 部署：成功地生成目标系统的可运行的版本，并把其移交给最终用户。

(7) 配置和变更管理：跟踪并维护在软件开发过程中产生的所有制品的完整性和一致性。

(8) 项目管理：提供项目管理框架，为软件开发项目制订计划，以及人员配备、执行和监控等方面的实用准则，并为风险管理提供框架。

(9) 环境：向软件开发机构提供软件开发环境，包括过程管理和工具支持。

2. 工作阶段

RUP 模型把软件生命周期划分成 4 个连续的阶段。每个阶段都有明确的目标，并且定义了用来评估是否完成了这些目标的里程碑。每个阶段的目标通过一次或多次迭代来完成。

(1) 初始阶段：建立业务模型，定义最终的产品视图，并且确定项目的范围。

(2) 细化阶段：设计并确定系统的体系结构，制订项目计划，确定资源需求。

(3) 构建阶段：开发出所有构件和应用程序，把它们集成为用户需要的产品，并且详尽地测试所有功能。

(4) 交付阶段：把开发出的产品交付给用户使用。

3. RUP 模型的迭代增量开发思想

RUP 模型的每一个阶段可以进一步划分为一个或多个迭代过程。在每次迭代中只考虑系统的一部分需求，针对这部分需求进行分析、设计、实现、测试和部署等工作，每次迭代都是在系统已完成部分的基础上进行的，每次给系统增加一些新的功能，如此循环下去，直至完成最终产品。每一次迭代内容的制定是风险驱动的，即根据业务需求重要性、技术风险等级来决定迭代内容的安排，因此，RUP 模型具有较强的风险控制能力。

事实上，RUP 模型每次循环都经历一个完整的生命周期，每次循环结束都向用户交付产品的一个可运行的版本。每个生命周期包含 4 个连续的阶段，每个阶段结束前通过一个里程碑来评估该阶段的目标是否实现，如果评估结果令人满意，则可进行下一阶段的工作。

目前，全球已有上千家软件公司在使用 RUP 模型。这些公司分布在不同的应用领域，承担着或大或小的开发项目，这表明 RUP 模型的多功能性和广泛适用性。

2.2.7　敏捷过程模型

2001 年，17 位软件开发方法学家在美国犹他州召开会议，组成敏捷软件开发联盟（Agile Software Development Alliance），简称“敏捷联盟”，并共同制定签署了《敏捷软件开发宣言》（以下简称《敏捷宣言》），该宣言给出了 4 个价值观。

(1) 个人和交流重于过程和工具。人是软件项目获得成功最为重要的因素，合作、沟通能力以及交互能力比单纯的软件编程能力和工具更为重要，在软件开发中方法和工具只能用于提高工作效率和质量，团队成员之间的沟通和协作如果不好，即使拥有再强大的方法和工具，也无法充分发挥其作用。

(2) 可以运行的软件本身重于复杂的文档。过多的面面俱到的文档往往比过少的文档更糟，软件开发的主要和中心活动是创建可以工作的软件，直到迫切需要并且意义重大时，才进行文档编制，编制的内部文档应尽量短小并且主题突出。

(3) 与用户的沟通和交流重于使用合同约束用户。用户不可能做到一次性地将他们的需求完整清晰地表述在合同中，需要不断地与用户沟通和交流。能够为开发团队和用户的协同工作方式提供指导的合同才是最好的合同。

(4)对变化的快速响应重于跟随计划。变化是软件开发中存在的现实，计划必须有足够的灵活性与可塑性，短期的、迭代的计划比中长期计划更有效。

敏捷方法是为了克服传统软件工程中认识和实践的弱点而形成的。在现代经济生活中，通常很难甚至无法预测一个基于计算机的系统如何随时间推移而演化。市场情况变化迅速，最终用户的需求会不断变更，新的竞争威胁也会毫无征兆地出现。很多时候，在项目开始之前，无法充分定义需求，所以必须足够敏捷地去响应不断变化、无法确定的商业环境。因此，“敏捷”已经成互联网时代常用的名词。敏捷方法是一种轻量级的软件工程方法，相对于传统的软件工程方法，更加强调软件开发过程中各种变化的必然性。通过团队成员之间充分的交流与沟通以及合理的机制来有效地响应变化。

敏捷方法可以应用于各种快捷、小文档、轻量级的软件开发过程中，形成敏捷过程。Scrum模型和 XP 模型是最常见的两种敏捷过程模型。

Scrum 模型是 Jeff Sutherland 在 20 世纪 60 年代初提出的一种敏捷过程模型。Scrum模型来源于橄榄球运动，指橄榄球比赛过程中的“带球过人”，其原则和《敏捷宣言》是一致的，应用 Scrum 原则指导过程中的开发活动，过程由需求、分析、设计、演化和交付等框架性活动组成。特别是在 Scrum 框架中，“冲刺”(Sprint)是一个关键概念。冲刺是 Scrum中的一个时间盒，通常为 2～4 周。它代表一个迭代周期，在这个周期内，团队会集中精力完成特定的任务，以实现预定的目标。在橄榄球比赛中，队员在每次冲刺前都将有一个计划的过程，但冲刺开始后队员则在原计划的基础上随机应变。它强调在开发一个项目时，开发团队中的成员像打橄榄球一样迅速、富有战斗激情、你争我抢地完成项目，整个开发过程分为多次 Sprint。图 2-8 为 Scrum 模型的实施过程。

XP 模型(Extreme Programming Model)即极限编程模型，它属于轻量级开发模型，由一组简单规则(需求、实现、重构、测试、发布)组成，它既保持开发人员的自由创造性，又保持对需求变动的适应性，即使在开发的后期，也不怕用户需求的变更。XP 模型的迭代开发过程如图 2-9 所示，包括策划、设计、编码和测试几个阶段。

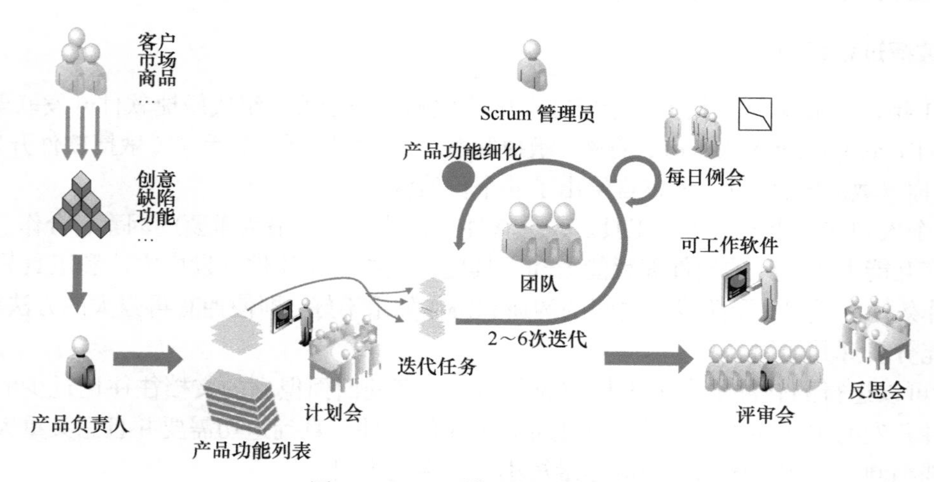

图 2-8 Scrum 模型的实施过程

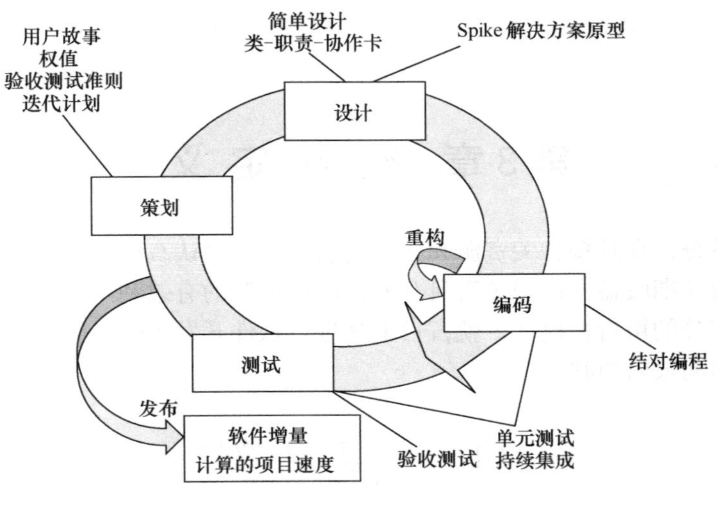

图 2-9　XP 模型的迭代开发过程

2.3　小　　结

按照在软件生命周期全过程中应该完成的任务的性质，在概念上可以把软件生命周期划分成问题定义、可行性研究、需求分析、概要设计、详细设计、编码和单元测试、综合测试、软件运行维护共 8 个阶段。本章对这 8 个阶段的任务进行了简单阐述。实际从事软件开发工作时，软件规模、种类、开发环境及开发时使用的技术方法等因素都影响阶段的划分。

软件过程是为了获得高质量的软件产品所需要完成的一系列任务的框架，它规定了完成各项任务的工作步骤。通常使用软件过程模型简洁地描述软件过程，本章介绍了 7 种典型的软件过程模型。

习　题　2

1. 什么是软件生命周期？它有哪些活动？
2. 每一种过程模型的优点和缺点分别是什么？
3. 软件瀑布模型为什么要划分阶段？各个阶段的任务是什么？
4. 什么是原型模型？试述原型模型在软件生命周期中的应用。
5. 举例说明哪些项目的开发适合采用原型模型或螺旋模型，哪些不适合采用这两种模型。
6. 思考《敏捷宣言》的内容，考虑敏捷过程模型适用于哪些软件系统的开发。
7. 查阅相关资料，调研还有哪些软件开发模型，对比评价这些模型的特点。

第3章 软件定义

对待开发的系统，在具备相关资源和条件的前提下，应认真评估其可行性，确保能够完成开发工作并获得预期收益，以避免盲目开发，确保资源的有效利用，并避免带来风险。未对一个项目进行充分的可行性论证，就盲目上阵进行软件开发工作，结果往往是不能在预定的系统规模或时间期限内顺利完成。

3.1 问题定义

软件生命周期的计划阶段包括问题定义、可行性研究、需求分析 3 个阶段，其中的可行性研究是重要组成部分。软件计划作为软件生命周期的第一阶段，其任务就是进行问题定义、可行性研究及制订软件计划。

1. 问题定义的基本任务

问题定义所围绕的主题是“要解决的问题是什么”。如果对要解决的问题了解甚少，只有一个总体的概念，就急于解决问题，结果往往是不能圆满解决甚至无法解决。

围绕问题定义的主题，软件系统问题定义的内容包括软件开发的背景、待开发软件的现状、软件开发的条件、问题求解的范围和类型、最终目标以及实现目标的可能方案。

在问题定义阶段，开发者与用户一起讨论待开发软件的类型(应用软件还是系统软件、通用软件还是专用软件)、待开发软件的性质(主要是区分该软件是新开发的软件还是原有软件的升级)、待开发软件的目标(软件最主要的使用功能)、待开发软件的大致规模以及软件开发项目的负责人等问题，最后用简洁、明确的语言将上述内容写入问题报告，并且双方对问题报告签字以使其生效。

2. 问题定义报告

问题定义阶段的持续时间一般比较短，形成的问题定义报告文本也相对简单。问题定义报告应该是对相关问题的性质、工程目标和规模的一个说明，主要包含以下内容：待开发软件的名称；软件使用单位和部门；软件开发单位；对问题的概括定义；软件的用途和目标；软件的类型和规模；软件开始开发的时间以及大致交付使用的时间；软件开发可能投入的经费；软件使用单位和开发单位双方的全称及其盖章；软件使用单位和开发单位双方的负责人签字。

此外，在问题定义报告中也可以加入对项目初步的设想、对可行性研究工作的建议等。

3.2 可行性研究

可行性研究阶段的工作是判断一个软件项目是否值得去开发，而不是实际去解决问题，实质上就是站在全局的高度以比较抽象的方式进行系统分析和设计的过程。

3.2.1　可行性研究的任务

为了能够实现可行性研究的目标，系统分析员首先要明确问题定义的实质，确保问题完全符合目标系统。一般地，首先由系统分析员描述出系统的逻辑模型，然后在现有的逻辑模型基础之上，为前面提出的问题寻找到一种或多种技术上可行且经济效益较高的解决方案。此后，分析员应该认真研究每一种方案的实施可行性，通过仔细判定待解决问题的规模、成本、效益等内容，最终选择一种可行性最好的方案，给出一份“可行性研究报告”。如果认为该项目可行，则制订出项目实施计划，以及人力、资源及进度计划，否则提出终止该项目的建议。

可行性研究通常从技术可行性、经济可行性、操作可行性和社会可行性等方面着手。

1. 技术可行性

技术可行性研究就是从技术的角度出发，根据系统的功能、性能及约束条件等，在现有的资源和技术条件下，分析实现现有系统功能和性能所需的各种设备、技术、方法的过程，主要分析项目开发在技术方面可能面临的风险，以及技术问题对开发成本的影响等。

在这个阶段，开发项目的各种阶段性目标、具体功能通常比较模糊，所以技术上的可行性是最难判断的，要考虑依照现有技术能否在预期时间内实现系统的功能；所选择的技术是否先进、合理；在开发过程中还存在哪些技术难点，能否在有限的时间内加以解决；参与开发项目的人员所能达到的水平；最终实现的系统可否具备必需的功能和性能等。概括地说，技术可行性研究可以从以下 5 个方面去考虑。

(1) 开发的风险：在给定的限制范围内，是否可以设计出系统，并实现必需的功能和性能。

(2) 资源分析：用于开发项目的人员、资金、设备等资源是否可以随时到位。能否在限定的时间内有效调度各种资源是项目成败的一个关键因素。

(3) 技术分析：对使用现有的软硬件技术能否实现待开发项目的分析，主要工作包括对当前技术能否支持系统开发的各项活动进行分析。在技术分析过程中，系统分析员收集系统的性能、可靠性、可维护性和生产率方面的信息，分析系统实现所需的技术、方法、算法或过程，从技术角度分析可能存在的风险，以及这些技术带来的成本。

(4) 对建模的分析：判断是否能通过合理的数学建模、原型模型构建和模拟来反映出一些真实的系统结果以便于评审，从而论证出技术上的可行性和优越性。

(5) 对产品的执行效率分析：如果生产率低下，软件产品带来的利润就会减少，而且会在市场上逐渐丧失竞争力。在对软件总的开发时间进行统计时，不能漏掉用于维护的时间。软件维护其实是非常费时的，它能把前期获得的利润消耗殆尽。假如软件的质量不好，当处理不好时，代价会很高。

2. 经济可行性

简单地说，经济可行性研究就是对开发成本的论证，将估算的软件成本与预期的效益进行对比，确定开发项目的最终效益是否可以超过它的开发成本；如果可以，则长期的效益可否获得以及获得的比率如何。一般采用成本/效益分析法进行经济可行性研究，其目的是从经济的角度去分析开发一个特定的新系统是否合算，即估算开发系统的费用，然后与可能取得的效益进行权衡比较，从而做出是否投资这个开发项目的决定。这里简单介绍成本/效益分析法的估算方法。

首先是成本估算。成本估算是软件工程费用管理的核心内容，同时也是软件工程管理过程中最为困难、最易出错的问题之一。估算资源、成本和进度需要一定的经验、有用的历史信息、足够的定量数据，所以估算本身有一定的风险。而且项目的复杂性也增大了软件开发计划的不确定性，其影响也很大，项目复杂性越高，估算的风险越高。

影响软件开发的成本因素非常多，包括人、技术、环境以及政治因素等，其中的主要因素是人。至今，软件成本估算仍是一种很不成熟的技术，一般可以使用以下几种不同的估算方法来相互校验。

(1) 自顶向下的估算方法。

此方法是从软件项目的整体出发进行类推，也就是估算人员根据以前完成的同类项目所耗费的总成本(或总工作量)，推算当前将要开发的项目的总成本(或总工作量)，然后将其按比例分配到各开发任务中，再检验它是否满足要求。

这种方法的优点是估算工作量小，简洁而且速度快；缺点是误差大，对项目中的特殊困难估计不足，有时可能遗漏被开发软件的某些部分。

(2) 自底向上的估算方法。

自底向上的估算方法是将待开发的软件细分，分别估算出每一子任务所需的开发工作量，然后把它们累加起来，估算出软件开发的总工作量，常以代码行(LOC)为估算单位。

这种方法的优点是将每一部分的估算工作交给负责这部分工作的人来做，所以估算精确度较高；缺点是估算工作量中往往缺少与软件开发有关的系统级工作量，如集成、配置管理、质量管理和项目管理等，所以估算工作量往往偏低。

(3) 差别估算方法。

这种方法综合上述两种方法的优点，将待开发的软件项目与过去已经完成的软件项目进行类比，从其各个子任务中区分出类似的部分和不同的部分，类似部分按照已经完成的项目估算，不同部分另行估算。这种方法的优点是估算的精确度比较高，缺点是区分类比较困难。

通过众多实际软件项目的经验，人们总结出了一些有价值的用于软件成本和工作量估算的模型。这些模型对于软件项目管理具有一定的指导意义和验证效果。没有一种估算模型能够适用于所有类型的软件项目，所以对估算的结果应当慎重使用。因此在对实际软件项目进行估算时，人们通常使用综合方法，以便提高估算的准确程度。

然后是效益估算。因为成本估算的目的是确定是否对项目进行投资，投资是现在进行时，效益是将来获得时，要比较成本和效益，还应该考虑货币的时间价值等几个方面。下面学习几个衡量项目效益的经济指标。

(1) 货币的时间价值。

由于投资先于获得效益，因此要考虑货币的时间价值，货币的时间价值指同样数量的货币随时间的不同具有不同的价值。一般货币在不同时间的价值可用年利率来折算。设年利率为 i，现在存入 p 元，则 n 年后可以获得的钱数为 $F=p(1+i)^n$，这就是 p 元在 n 年后的价值。反之，如果 n 年后能收入 F 元，那么这些钱现在的价值是 $p=F/(1+i)^n$。

例 3-1　假设某软件生命周期为 5 年。现在投资 20 万元，平均年利率为 3%。从第一年起，每年年底收入 4.2 万元，问该项目是否值得投资？

结果分析如图 3-1 所示。

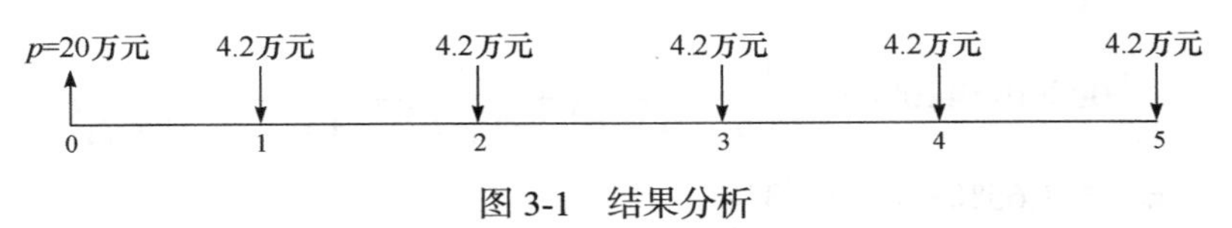

图 3-1　结果分析

其中，有 $F=p(1+i)^n$，p 为初始投资额，i 为年利率，n 为投资后第几年，F 为初始投资 n 年以后的价值。

到第 5 年年底结算时：投资额=200000×(1+3%)^5≈231855(元)，收入=42000×[(1+3%)^4+(1+3%)^3+ (1+3%)^2+ (1+3%)+1]≈ 222984(元)，因投资额大于收入，所以该项目不值得投资。

(2)投资回收期。

投资回收期就是项目累计经济效益等于初始投资额所需要的时间。显然，投资回收期越短，获得利润越快，项目就越值得投资。

图 3-1 中，该项目初始投资额是 20 万元，第 6 年年底可收回 $42000\times\dfrac{1}{1.03^6}\approx 35174$ (元)，回收期为 $\dfrac{7652}{35174}+5\approx 0.22+5=5.22$ (年)。

(3)纯收入。

这是衡量项目价值的另一个经济指标。纯收入是指在整个生命周期之内系统的累计经济效益(折合成现在值)与投资之差。

例 3-1 中，纯收入 = 折合现价的总收入−当前投资额 $=42000\times\left[\dfrac{1}{1.03^5}+\dfrac{1}{1.03^4}+\dfrac{1}{1.03^3}+\dfrac{1}{1.03^2}+\dfrac{1}{1.03}\right]-200000\approx -7652$ (元)。

纯收入可以方便地对比投资开发一个软件系统和把资金存入银行这两种方案的优劣。如果纯收入为零，则项目的预期效益和把资金存入银行一样，从经济观点来看，该项目可能是不值得投资的。如果纯收入小于零，那么该项目显然不值得投资。只有当纯收入大于零时，才能考虑项目的投资计划。

(4)回收率。

把资金存入银行或贷给其他企业能够获得利息，通常用年利率衡量利息的多少。类似地，也可以计算投资回收率，用它衡量投资效益的大小，并且可以把它和年利率相比较，在衡量项目的经济效益时，它是最重要的参考数据。

已知现在的投资额，并且已经估计出将来每年可以获得的经济效益，那么，给定软件的使用寿命之后，怎样计算投资回收率呢？设想把数量等于投资额的资金存入银行，每年年底从银行取回的钱等于系统每年预期可以获得的效益，在时间等于系统寿命时，正好把在银行中的存款全部取光，那么，年利率等于多少呢？这个假想的年利率就等于投资回收率。

根据上述条件不难列出下面的方程。

设现在的投资额为 P：

$$P=F_1/(1+j)+F_2/(1+j)^2+\cdots+F_n/(1+j)^n$$

其中，F_i 是第 i 年年底的效益($i=1,2,3,\cdots,n$)；n 是系统的使用寿命；j 是投资回收率，解这个方程就可以得到投资回收率 j。

例 3-1 中，

$$200000 = 42000 \times \left[\frac{1}{1+j} + \frac{1}{(1+j)^2} + \frac{1}{(1+j)^3} + \frac{1}{(1+j)^4} + \frac{1}{(1+j)^5} \right]$$

$$\Rightarrow j \approx 1.65\% < \text{年利率}3\%$$

由此可以看出，投资回收率小于年利率，还不如将资金存入银行，所以该项目不值得投资。如果仅考虑经济效益，只有项目的投资回收率大于年利率时，才考虑开发问题。当然投资与否还要考虑社会效益。

3. 操作可行性

操作可行性研究主要是分析目标系统的运行方式、操作规程在用户组织内能否有效、顺利实现等一系列的问题。软件研发工作应充分考虑用户的工作流程以及计算机操作水平等，尽可能提供更人性化、直观的界面，以满足用户要求并方便使用。

4. 社会可行性

社会可行性的研究至少包括两种因素：市场政策与法律问题。

从市场方面考虑，主要根据市场调查及预测的结果、有关的产业政策等因素，论证软件项目投资的必要性。评估工作一方面是要做好对投资环境的分析，对构成投资环境的各种要素进行全面的分析论证；另一方面是要做好市场研究，包括市场供求预测、竞争力分析、价格分析、市场细分、定位及营销策略论证。如果不进行这些工作就盲目进行开发，则开发出来的产品可能由于严重落后于市场的需求而失去了本身的价值。

从法律方面考虑，需要分析开发出来的软件是否会触犯法律(如存在侵权行为)，若是，则开发出来的软件无法得到社会的认可。

3.2.2 可行性研究的步骤

为了确保可行性研究的结果全面、客观、准确、有效，并尽量减少所需成本，可行性研究的步骤如下。

1. 确定系统规模和目标

在这一步中，系统分析员首先通过与用户交谈获得与系统有关的重要信息，然后帮助用户确定需求。分析员根据对关键人员的调查访问，仔细阅读和分析有关的材料，对问题定义阶段书写的关于规模和目标的报告进一步复查确认，改正含糊或不确切的叙述，清晰地描述对目标系统的一切限制和约束，进一步确保正在解决的问题确实是用户确切需要解决的问题。

2. 分析现有系统

现有的系统是获取信息的一个重要途径，系统分析员应该分析考察现有的系统及其文档资料，了解这个系统可以做什么、为什么这样做，还要了解使用这个系统的代价。但是，不能花费过多时间去分析现有的系统，要注意了解并记录现有系统和其他系统之间的接口情况，这是设计新系统时重要的约束条件。

3. 设计新系统的高层逻辑模型

一个优秀的设计过程通常是从现有的物理系统出发，逐步明确目标系统应该具有的基本功能、处理流程以及所有约束条件的基础，然后利用逻辑模型构造工具，导出现有系统的逻辑模型，建立目标系统的逻辑模型，最后根据目标系统的逻辑模型建造新的物理系统。

4. 定义问题

从本质上讲，新系统的逻辑模型表达了系统分析员对新系统做什么的看法。用户是否也有同样的看法呢？分析员应该和用户一起复查问题定义、工程规模和目标，这次复查应该把数据流图和数据字典作为讨论的基础，如果分析员对问题有误解或者用户曾经遗漏了某些需求，那么现在就可以进行改正或者补充。

可行性研究的前四个步骤其实构成一个循环，如图 3-2 所示。系统分析员先进行问题定义，确定系统规模和目标，分析现有系统，导出一个试探性的解，并设计新系统模型。在此基础上对比系统目标，判断新系统模型是否需要修改，如果需要，再次定义问题，再一次分析这个问题，继续这个循环过程，直到提出的系统模型完全符合系统目标。这里建立的模型是系统较高层次的逻辑模型。

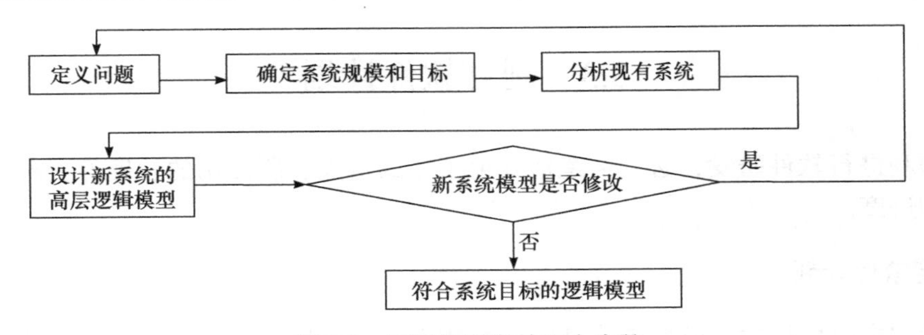

图 3-2 可行性研究前四个步骤

5. 导出和评价选择的问题解决方案

系统分析员从一组建议的系统逻辑模型出发，获得若干个较高层次的问题解决方案以便进一步进行比较和选择。通常，最简单的选择途径是从技术角度出发考虑不同的问题解决方案。

首先，根据技术可行性初步排除一些不现实的方案。例如，如果目标系统的响应时间不超过几秒，显然应该排除此处理方案。其次，考虑经济方面的可行性。系统分析员估计不同解决方案的开发成本和运行费用，并且估计相对现在的系统而言，新开发的系统可以节省的开支或增加的收入。在此基础上，对不同方案进行成本/效益分析。一般来说，只有预计能带来利润的系统才值得进一步考虑投资。

接下来，系统分析员应该根据使用部门用户的工作原则和习惯去检查哪些方案可行，去除用户不能接受的方案。

然后，系统分析员需要从法律和市场两个方面分析所要开发的系统是否符合当前社会生产管理经营体制的要求、生产安全可否保证以及系统与国家法律是否相违背的问题，在此基础上做出社会可行性的结论。

以上工作完成后，系统分析员为技术、经济和操作、社会可行性等方面都可行的系统制定实施进度表。

6. 推荐行动方针

根据可行性研究的最终结果，企业或部门应该做出一个关键性的决定，即是否继续进行这项开发。如果认为系统值得开发，那么系统分析员应该给出一种最好的解决方案，说明选择该解决方案的理由。通常客户主要根据经济上是否划算决定是否投资项目，因此分析员对其所推荐的方案必须进行仔细的成本/效益分析。

7. 草拟开发计划

系统分析员应该为系统草拟一份开发计划，其中包括项目进度表、对各种开发人员(系统分析员、程序员、资料员等)和其他资源(计算机硬件、软件工具等)的需要情况的估计。此外，系统分析员还应该估计系统生命周期中每个阶段的成本，最后给出下一个阶段需求分析的详细进度表和成本估算。

8. 书写计划任务书文档并提交审查

将上面的可行性研究涉及的各个步骤整理成清晰的文档，请客户和使用部门的负责人仔细审查，确定是否实施该项目以及是否接受系统分析员推荐的方案。

3.3　制订软件计划

为了顺利进行软件研发，必须清楚地知道工作的范围、所使用的软硬件资源，以及预期的工作量和进度。

3.3.1　确定软件计划

软件计划中以可行性研究报告为基础，由软件人员和用户共同确定软件的功能和限制，并提出软件计划任务书。软件计划任务书是对软件开发总体思想的一份文档说明，通常使用自然语言进行描述，必要时也辅以图表说明。文档的内容通常不涉及特别的专业知识，简洁明了，以便管理人员、技术人员和一般的用户都能很好地理解软件需求描述。一个典型的软件计划任务书的内容一般包括如下 3 个方面。

1. 软件的工作范围

软件计划的第一项任务就是确定工作范围，主要是确定对软件功能、性能、接口和可靠性等方面的需求，形成一个总体的任务说明，作为指导软件开发各个阶段的工作的依据。

功能需求说明中给出了整个软件系统所提供的服务的简短描述，主要由用户提出需求，并与软件人员一起商量，确定具体软件功能的内容。在对功能需求进行描述时，重点针对用户所关心的最终服务需求，尽量避免涉及与实现有关的概念和细节，必要时，可根据情况进行功能分解，并提供更多的子功能描述。

性能需求考虑系统提供的服务应遵循一些时间、空间上的要求，即对系统的执行效率和所需存储空间的要求，主要包括处理时间的约束、存储限制以及具体使用环境的特点，对功能和性能要同时考虑才能做出正确的估计。

由于软件将与计算机系统的其他部分交互作用，计划者必须考虑每一个接口的性质和复杂程度，以确定其对开发资源、成本及进度的影响。

最后，还要考虑对软件可靠性的需求，针对不同性质的软件，有不同的需求，特殊性质的软件可能要求特殊考虑，以确保其可靠性。

2. 软件开发中的资源计划

软件计划的第二项任务是分析软件开发所涉及的资源情况，包括支持软件开发的人力、硬件、软件资源的分配和使用情况。每种资源都应该从资源描述、资源需求日程以及使用资源的持续时间三方面来说明。

1) 人力资源

参与软件开发的人员主要包括项目负责人、系统分析员(高级技术人员)及相关专业的程序员等。对这些人员的分配和使用需要考虑软件开发的实际情况。对于一些规模较大的项目，在整个软件的生命周期，各类人员的参与情况是不一样的，人员组成的变动是不可避免的。在项目需求分析和总体设计阶段，主要是高级技术人员参与；在系统详细设计和编码阶段，主要由程序员承担设计和编码工作；在测试阶段，要求各层次技术和管理人员参与。因此必须考虑对人力资源的有效利用，合理规划各开发阶段的人员配置。

2) 硬件资源

硬件资源也是开发过程中必不可少的资源。软件计划中应该考虑开发环境和用户使用环境的硬件资源需求。

(1) 开发系统。开发系统是软件开发阶段使用的整个计算机系统，它应该能够支持系统开发要求的多种开发平台，满足用户信息存储与通信的不同要求，模拟用户使用环境。

(2) 目标硬件系统。目标硬件系统是指目标软件实际运行的硬件系统，是支持软件正常运行的配置，还包括支持系统运行的其他部件。从成本效益出发，目标硬件系统应该是在满足用户需求前提下的最小系统。

3) 软件资源

软件资源主要是满足软件开发、运行需求的支持软件，这些软件资源在软件开发中起辅助支持作用，如操作系统、程序设计开发环境、数据库系统或者重要的插件等。市场上支持软件的选择很多，有效地组合使用这些支持软件可以极大地提高软件开发效率与质量。因此选择这些软件时需要注意：

(1) 该软件是软件开发中必不可少的资源，是软件开发的前提，必须合法有效地获取；

(2) 使用该软件可以显著提高开发质量，减少开发工作量，且获得该软件的费用应该小于等于不使用该软件进行开发的费用；

(3) 如果获得的软件资源需要经过部分修改才能有效地使用，则需要确保修改的费用不大于开发同等软件的费用，否则应该考虑更换其他软件或自行开发。

3. 进度安排

项目的进度安排应该综合考虑各种情况，从各种开发资源得到最佳利用的角度估计各个开发阶段的工作量和所需时间，从而得出交付日期，其中必须充分考虑到软件系统测试时间。通常情况下，在实际工程中最后的交付日期由用户确定。

如果进度得不到保证，很可能导致用户不满意，开发方不得不增加额外成本，最终有可能导致项目失败。因此准确估计各个开发阶段的工作量是非常必要的。

计划软件开发进度时应该考虑的问题一般如下。

1) 开发进度与开发人员数量的关系

在做进度计划时，要正确处理软件开发进度与开发人员数量的关系。为了保证开发进度，开发人员既不能太多，也不能太少。人员太少不能保证进度的正常，人员太多只能说明每个人的任务明显减少，同时会使开发人员之间的信息交流变复杂，可能会影响进度，所以开发进度和开发人员数量之间并不是简单的正比关系。例如，单人开发的软件生产率是 4000 行/(人·年)，如果 4 人共同开发，要求 6 条通信路径，设每条路径的耗费率为 200 行/(人·年)，则每人的软件生产率为 4000–6×200/4[行/(人·年)]，如果开发人员数量增加 2，通信路径要求为 15 条，则软件生产率降为 3250 行/(人·年)，更说明了开发进度和开发人员数量之间并不是简单的正比关系。

2) 开发进度与开发人员的合理分配

目前通常采用的分配规则是 40-20-40 规则，也就是说在软件开发中，软件开发各个阶段的人员应该按照以下比例分配：编码前的工作占全部工作量的 40%，编码的工作占全部工作量的 20%，编码后的工作也占全部工作量的 40%。当然，40-20-40 规则也仅仅是个指导性的参考标准，这种分配强调了软件需求分析、设计以及软件测试的重要性。实际工作中，对于许多复杂的软件开发，测试往往占开发工作量的 50%以上。

3) 软件进度计划

软件进度计划中，必须明确各任务的人数、工作量和工作之间的衔接要求，每项任务的起止时间等。需要注意的是，每项任务的完成应该以交付的文档复审通过为标准。当估计出每个子阶段的工作量以及相应的时间要求以后，可以结合运筹学中的计划评审和关键路径法确定各任务的时间限制，编制开发进度时刻表，找出并确保最佳时间路径。

3.3.2 复审软件计划

在实施软件计划之前，应该对软件计划的主要内容(包括人员安排、进度安排、成本估算和开发资源保证)进行复审。当复审涉及有关软件工作范围和软件、硬件资源的问题时，应该邀请用户参加，用户也可提出建议，与开发人员协商以确定最终内容。复审内容可以分为管理和技术两个方面。表 3-1 给出了这两个方面的复审问题列表。

表 3-1 管理和技术方面的复审问题列表

复审内容	复审问题列表
管理方面	计划中的工作范围是否符合用户的需求
	计划中对资源的描述是否合法有效
	计划中开发成本与开发进度要求是否合理
	计划中人员的安排是否合理
技术方面	系统的功能复杂性是否与开发风险、成本、进度一致
	系统的任务划分是否合理
	系统规格说明中关于系统性能、可维护性等的要求是否恰当
	系统规格说明是否为后续的开发提供了足够的依据

经过复审，如果软件计划需要修改，则系统分析员需要重新审查最初的用户要求文档，然后评价修订，最后形成指导软件开发实施的计划文档。

3.4 小　　结

可行性研究的根本目的是用最小的代价，确定在问题定义阶段所提出的系统目标和规模是否有可行的解。通过可行性研究任务的界定和步骤，借助流程图对新的系统进行定义，导出高层逻辑模型，并进行成本/效益分析，然后反复修改，以评估方案的可能性。本章对目前常见的三种基本的软件项目估算方法即自顶向下的估算方法、自底向上的估算方法和差别估算方法进行了阐述。

项目的开发是一项复杂的综合性活动，不仅仅需要技术、资金、时间和开发工具，还需要对整个开发贯彻过程进行严格科学的管理。制订项目计划就是用书面文件的形式，对开发过程的人员、成本、进度、所需要的软硬件等问题做出合理的安排，以便对项目实施科学的监督与管理。

在实施软件计划之前，应该对软件计划的主要内容(包括人员安排、进度安排、成本估算和开发资源保证)进行复审。

习　题　3

1. 可行性研究的任务是什么?
2. 可行性研究有哪些步骤?
3. 成本/效益分析可用哪些指标进行度量?
4. 项目开发计划有哪些内容?
5. 某计算机系统投入使用后，5 年内每年可节省人民币 2000 元，假设系统的投资额为 5000 元，年利率为 12%，试计算投资回收期和纯收入。

第4章 需 求 工 程

需求分析专家 A.Davis 研究表明，软件产品中发现的缺陷有高达 40%～50%源于需求分析阶段埋下的“祸根”，其中包括信息搜集不正确、功能隐晦、对假设功能有理解上的分歧、需求指定不明确，以及变更过程不规范等。随着软件系统开发中出现诸多问题，人们逐渐认识到软件需求在整个软件开发中的重要性。

4.1 需求的概念与内容

需求分析阶段要完成的任务就是最终形成一份经开发方和用户认可或达成共识的软件需求规格说明书。需求规格说明书能清晰准确地说明“系统必须做什么”，并且能够制定出详细的技术需求，是进行系统设计的依据。同时，它也是开发方与用户之间的一份合同，开发方的软件产品只有满足了软件需求规格说明书中的所有需求才能交付给用户。

4.1.1 需求的问题

美国斯坦迪什集团(Standish Group)1994年的研究报告指出三种经常使项目“遇到困难”的因素。

(1)缺乏用户介入：占所有项目的 13%。

(2)不完整的需求规格说明：占所有项目的 12%。

(3)不断改变的需求规格说明：占所有项目的 12%。

同时，其指出项目最主要的“成功因素”如下。

(1)用户介入：占所有成功项目的 16%。

(2)高层管理的支持：占所有成功项目的 14%。

(3)需求陈述清晰：占所有成功项目的 12%。

通过比较可知，需求问题是人们在软件开发过程中面临的主要问题之一。

Waler Royce 指出了一些作为现代软件管理过程框架的 2-8 原则：80%的工程活动是由 20%的需求消耗的；80%的软件成本是由 20%的构件消耗的。由此可见需求在软件工程活动中占有重要的地位。

开发一个软件系统最为困难的部分就是清楚开发什么，最为困难的概念性工作便是编写出详细的技术需求说明书。在大多数的软件开发中，用户可能不清楚他的需求到底是什么。

需求的获取是比较难的工作，如果需求获取不成功或者存在严重问题，那么需求错误的代价会随着项目的进展而不断增加。如果需求错误能够被及时地修正，那么其代价就会被限制在一定范围内。如果不能及时发现并修正需求错误，让它遗留到后面的项目设计等阶段，那么其代价会越来越高。

以下列出了可能会提高软件成本的几个方面。

(1)重新进行需求规格说明。

(2)重新设计。

(3)重新编码。

(4)重新测试。

(5)改变订单——告诉用户将以一个修正后的版本来替代有缺陷的版本。

(6)纠正活动——消除由不准确的特定系统的错误造成的危害,可能涉及赔偿用户损失。

(7)报废——包括已经完成的代码、设计和测试，当发现它们根据的是不正确的需求的时候，这些工作成果不得不被丢弃。

(8)收回有缺陷的软件产品以及相关的用户手册。

(9)产品赔偿或保修的成本。

(10)安装新版本的成本。

(11)重新建档的成本。

在项目维护阶段去修复一个需求缺陷，相对于在需求工程阶段去修复它，成本可能会高出200倍以上。因此，需求分析阶段的工作应该引起所有相关人员的高度重视。

4.1.2 需求的定义和分类

1. 需求的定义

电气电子工程师学会(Institute of Electrical and Electronics Engineers, IEEE)在发布的《软件工程结构标准词汇表》中将软件需求定义如下。

(1)用户解决问题或达到目的所需的条件或能力。

(2)系统或系统部件为满足合同、标准、规范或其他正式文档所需具有的条件或能力。

(3)一种反映上述(1)和(2)两种条件或能力的文档描述。IEEE 公布的这个定义包括从用户角度(系统的外部行为)，以及从开发者角度(一些内部特性)来阐述需求。

Jones 在 1994 年将需求定义为用户所需要的并能触发一个程序或系统开发工作的说明。Alan Davis 认为，软件需求是从软件外部可见的，软件所具有的，满足于用户的特点、功能及属性等的集合。这些定义强调的是产品是什么样的，而并非产品是怎样设计、构造的。另外，Sommerville 和 Sawyer 在 1997 年将需求定义为指明必须实现什么的规格说明。它描述了系统的行为、特性和属性，是在开发过程中对系统的约束，该定义主要强调了系统特性。

2. 需求的分类

需求的种类多种多样，为了不遗漏用户需求，可以对需求进行分类。在统一过程中，将软件需求根据“FURPS+”模型来分类，其中 FURPS 是英文单词首字母的缩写，具体的含义如下。

(1)功能性(Functionality)：特性、能力、安全性。

(2)可用性(Usability)：人性化因素、帮助、文档。

(3)可靠性(Reliability)：故障频率、可恢复性、可预测性。

(4)性能(Performance)：响应时间、吞吐量、准确性、有效性、资源利用率。

(5)可支持性(Supportability)：适应性、可维护性、国际化、可配置性。

“+”是指一些辅助性的和次要的因素，具体如下。

(1)实现(Implementation)：资源限制、语言和工具、硬件等。

(2)接口(Interface)：为外部系统接口所加的约束。

（3）操作（Operations）：系统操作环境中的管理；对其操作设置的系统管理等。

（4）包装（Packaging）：提供什么样的部署、移交介质和形式等。

（5）授权（Legal）：法律许可、授权或其他有关法律上的约束。

其中，功能需求规定了系统无须考虑物理约束而必须能够执行的动作。功能需求之外的需求称为非功能需求。许多需求是非功能性的，它们仅仅说明系统或系统环境的属性。

“FURPS+”模型较为全面地覆盖了用户需求的各个方面，可以有效避免遗漏系统的某些重要方面，帮助系统分析员获得尽可能全面的用户需求。

4.1.3　需求的层次

软件需求包含多个层次，不同层次从不同角度与不同程度反映需求的细节问题。但实际工作中，人们更喜欢把它细化为三个层次，即业务需求、用户需求、功能需求和非功能需求。软件需求各层次之间的关系如图 4-1 所示。

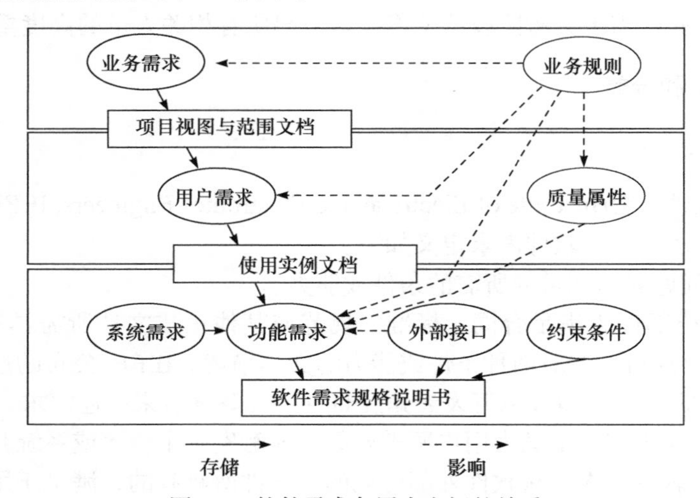

图 4-1　软件需求各层次之间的关系

1. 业务需求

业务需求（Business Requirement）反映了组织机构或客户对系统、产品高层次的目标要求，定义了项目的远景和范围，即确定了软件产品的发展方向、功能要求、目标用户和价值来源。业务需求通常由业务分析员或产品所有者来捕获，在项目视图与范围文档中予以说明。

通常，业务需求应该涵盖以下内容。

（1）业务：产品属于哪类业务范畴，应该完成什么功能，需要什么服务。

（2）客户：产品为谁服务。

（3）特性：产品和其他同类竞争产品之间有什么区别。

（4）优先级：产品各种功能特性之间的优先次序是什么。

（5）价值：产品的价值主要体现在什么方面。

2. 用户需求

用户需求（User Requirement）描述了用户使用的产品必须要完成的任务，是从用户角度对系统功能需求和非功能需求进行的描述，通常只涉及系统的外部行为，而不涉及系统的内部特性。它在使用实例(Use Case)文档或方案脚本(Scenario)说明中予以说明。

对用户需求的描述应该易于用户的理解，一般不采用技术性很强的语言，而是采用自然语言和直观图形相结合的方式进行描述。由于用自然语言描述用户需求容易产生含糊不清和不准确的问题，并且在一个描述中可能包含了多个需求信息，因此，描述用户需求时必须注意采用清晰的文档结构和适当的语言表达。

3. 功能需求和非功能需求

功能需求(Functional Requirement)规定了开发人员必须在产品中实现的软件功能，以利用这些功能来完成任务，满足业务需求。功能需求描述的是开发人员需要实现的内容，通常是通过对系统特性的描述来表现出来的。特性是指一组逻辑上相关的功能需求，表示系统为用户提供某个功能(服务)，使用户的业务目标得以满足。对商业软件而言，特性则是一组能被用户识别，并能决定他是否购买的需求。

功能需求记录在软件需求规格说明书中，它完整地描述了软件系统的预期特性。作为补充，需求规格说明书还应包括非功能需求，它描述了系统展现给用户的行为和执行的操作等。

非功能需求是从各个角度对系统的约束和限制，反映了应用对软件系统质量和特性的额外要求。在 ISO9126 说明中，指出了软件的 6 个质量特征，如图 4-2 所示。

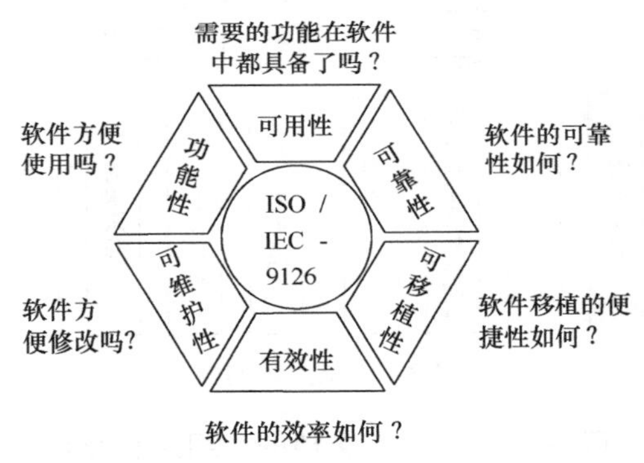

图 4-2 软件的 6 个质量特征

从图 4-2 可以看出，软件的非功能需求包括可靠性、可用性、有效性、可维护性和可移植性。其中，在可靠性方面可以考虑平均无故障时间(Mean Time Between Failures, MTBF)、平均修复时间 (Mean Time to Repair, MTTR)是多少，复制和故障转移的方案是什么，系统出现故障时是否需要手动干预，系统的安全性如何等。在可用性方面可以考虑系统是否为用户带来不适当的负担(如需要特殊浏览器等)，系统是否 24h(每天)、365d(每年)不间断提供服务等。在有效性方面可以考虑系统的运行情况有多好、能否完成响应时间目标和吞吐量目标、是否存在瓶颈等。需求工程师需要负责确保非功能需求是尽可能客观的以及可被验证的。通常而言，这需要对非功能需求进行一定量化。例如，关于系统效率的需求会要求系统应该在 2s 内处理 95%的查询，而且在任何时候处理查询都不能超过 4s。其他一些常见的描述如：页面必须在 2s 内加载；系统必须符合某种访问规范；数据库安全性必须满足 HIPPA 要求；加载新页面之前，应该提示用户提供电子签名。此外，可维护性是指软件系统在运行过程中能够被修改、扩展和改正的能力。可移植性是指软件系统从一个环境迁移到另一个环境的能力。这些都是很重要的软件非功能需求。

4.2 需求工程概述

伴随着软件系统规模的不断扩大，人们逐渐认识到需求分析活动关系到软件的成功与否，它不再仅仅局限于软件开发的最初阶段，而是贯穿于系统开发的整个生命周期。20 世纪 80 年代中期，形成了软件工程的子领域——需求工程。

4.2.1 需求工程的概念

需求工程是指应用已证实有效的技术、方法进行需求分析，以确定用户需求，帮助分析人员理解问题并定义目标系统的所有外部特征的一门学科，其目标是获取高质量的软件需求。软件需求工程是一门分析并记录软件需求的学科，它把软件系统需求分解成一些主要的子系统或任务，把这些子系统或任务分配给软件，并通过一系列重复的分析、设计、比较研究、原型模型开发过程把这些系统需求转换成软件的需求描述和一些性能参数。完整的软件需求工程包括需求开发和需求管理两个部分，如图 4-3 所示。

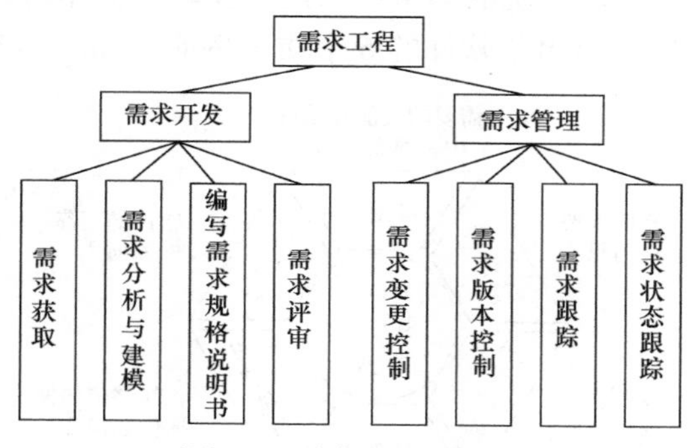

图 4-3　需求工程的内容

需求开发是用来导出、确认和维护需求文档的一组结构化活动。一个良好的需求开发过程应该包括需求获取、需求分析与建模、编写需求规格说明书和需求评审 4 个主要活动。需求管理是一种用于查找、记录、组织和跟踪系统需求变更的系统化方法，可用于获取、组织和记录系统需求，并使用户和项目团队在系统需求变更上保持一致。需求管理应该包括需求变更控制、需求版本控制、需求跟踪和需求状态跟踪 4 个主要活动。

需求获取是通过与用户的交流、对现有系统的观察及对任务的分析，发现、捕获和修订用户的需求的过程；需求建模是在分析的基础上为最终用户所看到的系统建立一个概念模型，作为需求的抽象描述；编写需求规格说明书就是将需求模型转换成精确的需求描述，即需求规格说明书，它将作为用户和开发者之间的一致协议；而对于需求分析的结果，应该通过评审、测试等手段验证它的正确性、完整性和一致性。需求管理贯穿于整个软件工程过程中，需求管理中最基本的任务是明确需求，并使所有相关人员达成共识；另外，需要建立需求跟踪能力联系链，确保所有用户需求被正确地应用，并且在需求发生变更时，能够完全地控制其影响范围，始终保持产品与需求的一致性。

4.2.2 需求工程的方法

需求工程的方法大致分为以下 4 类。

(1) 面向过程的分析方法。这种方法关注系统的功能过程和业务流程，通过分析和建模来理解需求。它通常采用结构化分析、面向过程的设计等方法，以数据流、控制流等为核心来描述系统。

(2) 面向数据的分析方法。这种方法侧重于数据的识别、分析和建模，以数据为中心构建系统的需求模型。它包括数据字典、数据流图、实体-关系图等工具，用于描述数据之间的关系和流动。

(3) 面向控制的分析方法。这种方法关注系统的控制逻辑和流程控制，通过控制流图、状态机等工具来描述系统的行为和动态特征。它主要用于系统行为的分析和设计。

(4) 面向对象的分析方法。这种方法基于面向对象的思想，通过对象、类、继承、封装等概念来分析和建模系统。它通常采用 UML（统一建模语言）等工具，以对象关系图、类图等手段描述系统的结构和关系。

4.3 需求开发

下面将详细介绍在需求开发过程中用户需求获取、对用户需求进行分析与建模、编写需求规格说明书、评审需求规格说明书 4 项活动，如图 4-4 所示。

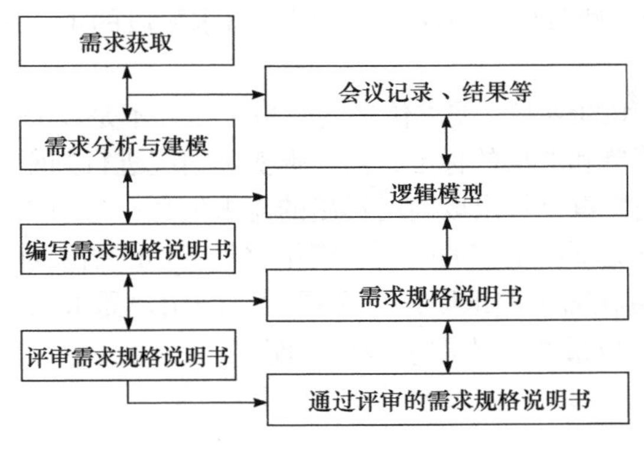

图 4-4　需求开发的过程

4.3.1 需求获取技术

需求获取的过程就是通过需求调研获得清晰、准确的用户需求的过程。需求调研应尽可能做得全面细致，通过需求调研可以对即将要实现的业务有深刻的了解，帮助人们更好地理解系统功能，清楚新老系统之间的差别。同时，在设计上也可以将系统做得更加灵活，以提高系统的可扩充性。

为了保证需求工程有充分的时间和经费，在安排需求工程的实施步骤、收集需求活动的进度和时间时，只能考虑与需求开发相关的工作，不能将软件开发其他阶段的事情纳入其中。在安排进度时候，应考虑困难性和灵活性，与用户预约时间，注意及时调整时间和计划。

需求分析与获取是一项枯燥繁杂的工作，需要反复进行，直到得到全面、准确的用户需求信息。选择合适的需求获取方法能大大提高需求获取的效率。常用的获取用户需求的方法有访谈、问卷调查、专题讨论会、建立快速原型模型、基于用例的方法。

4.3.2　需求获取中的注意事项

在项目中，需求工程师往往是被关注的焦点。他承担唯一直接接触系统相关用户的角色，并且要熟悉和理解需求所涉及的相关领域。需求工程师能够意识到系统开发人员将会面临的问题，并与他们无障碍地沟通，因此需求工程师在项目中具有核心作用。

在收集需求信息的具体过程中，一般需要注意下面几个问题。

(1)应能适当地调整收集范围。在收集需求信息的开始，开发人员并不知道用户需求信息量的大小，可以根据系统的范围适当扩大收集范围，但也不能过于扩大，因为在扩大的范围内收集的需求信息中有些可能不是真正的需求，否则将导致开发人员要花费大量的精力和时间来理解和分析这些需求信息。显然，收集的范围也不能太小，否则有些重要需求会被遗漏或排除在外。

(2)尽量把用户所做的假设解释清楚，特别是发生冲突的部分。这就需要根据用户所讲的话或提供的文字去理解，以明确用户没有表达清楚的但又想加入的需求信息。

(3)尽量理解用户用于表达他们需求的思维过程，特别是尽量熟悉和掌握用户具有的一些专业知识和术语。

(4)在收集需求信息时，应尽量避免受不熟悉细节的影响，如一些表格的具体设计等，这些可作为需求先记录下来，然后由设计去完成。

(5)应尽量避免讨论一些具体的解决方案，因为需求阶段的工作是要弄清楚软件系统做什么，而不是怎么做。

(6)需求信息收集工作的结束。需求信息的收集工作并不是没完没了的，但如何决定收集工作的结束并没有一个简单和严格的标准，需根据实际情况进行判断。例如，用户不可能再提供更多新的需求信息；用户重复提出以前已提出的需求信息；与用户的讨论开始进入设计方面的工作；开发人员本身已提不出更多的问题；安排收集工作的结束时间已到。

至此，软件开发人员在需求获取阶段已获得大量的用户需求信息，以后的工作就是分析和描述用户的真正需求，以最终形成需求规格说明书。

4.3.3　需求分析与建模

需求分析与建模的工作是导出目标系统(待开发系统)的逻辑模型(或需求模型)，以明确目标系统“做什么”的问题。在整个软件需求分析阶段，创建的模型着重于描述目标系统必须做什么，而不是如何去做。建模是一种文档化的行为，是对问题、对理解的一种专业化描述，它并不是指对问题的求解。通常模型可由文本、图形符号或数学符号以及组织这些符号的规则组成。软件需求建模就是把由文本表示的需求和由图形或数学符号表示的需求结合起来，绘制出对目标系统的完整描述，以检测软件需求的一致性、完整性和错误等。

在需求分析阶段创建的模型扮演了一系列重要的角色。

(1)模型帮助分析员理解系统的信息、功能和行为，使得需求分析任务更加容易实现，结果更加系统化。

(2)模型成为评审焦点，成为确定需求规格说明书的完整性、一致性和精确性的重要依据。

(3)模型也是设计的基础，为设计者提供了软件要素的表示视图，该表示视图可被转化到实现的语境中。

在长期的实践中，人们提出了许多种需求建模方法，当前较有影响的有结构化分析、面向对象的分析、面向数据的分析、多视点分析等。本书主要介绍两种在需求建模中占主导地位的方法：一种是结构化分析，这是传统的建模方法；另一种是面向对象的分析，这已逐步成为现代软件开发的主流。

结构化分析大多使用自顶向下、逐层分解的系统分析方法来定义系统的需求。在结构化分析的基础上，可以做出系统的规约说明，由此建立系统的一个自顶向下的任务分解模型。这种方法通常需要用到数据流图(Data flow Diagram, DFD)、数据字典(Data Dictionary, DD)、加工说明(Processing Specification, PSpec)、状态转换图(State Transition Diagram, STD)和实体-关系图(Entity Relationship Diagram, ERD)等系统逻辑模型描述工具。

直到20世纪90年代初期，随着面向对象方法的逐渐完善，面向对象的分析作为新的需求分析方法成为需求工程中的重要方法之一。面向对象的分析模型通常由三个独立模型组成。

(1)功能模型：描述了系统的功能需求和行为，通常由用例图和用例描述来表示。

(2)分析对象模型：描述了系统中的对象及其之间的关系，通常由类图和对象图表示。

(3)动态模型：描述了系统的动态行为和状态变化，通常由状态图和顺序图表示。

面向对象的分析与设计方法在20世纪80年代末～90年代中期发展到一个高潮。但是，诸多流派对其在思想、术语和概念上各不相同，统一是其继续发展的必然趋势。由此，统一建模语言(Unified Modeling Language, UML)应运而生。UML采用统一的符号来描述面向对象的分析和设计活动，获得了科技界、工业界和应用界的广泛支持，成为可视化建模语言事实上的工业标准。

4.3.4 编写需求规格说明书

在软件开发过程中，将用户需求转化为规范化的、准确的、可执行的需求规格说明是非常必要的。这个过程确保了开发人员和用户之间的共同理解被明确地记录下来，并为后续的开发工作提供了明确的方向和指导。需求规格说明书是需求开发的结果，它描述了一个软件系统必须实现的功能和性能，以及影响该系统开发的约束。需求规格说明书是软件开发过程中非常重要的文档，是软件系统的逻辑模型。

需求规格说明书需要用统一格式的文档进行描述。为了使需求规格说明书描述具有统一的风格，可以采用已有的且可满足项目需要的模板，也可以根据项目特点和软件开发小组的特点对标准模板进行适当的修改，形成自己的需求规格说明书模板。到目前为止，已有许多有关需求规格说明书的标准版本，其中又可分为国际标准、国家标准和军队标准等。图4-5是一个需求规格说明书模板的结构。

4.3.5 评审需求规格说明书

需求分析做得好坏直接决定项目的成败，如果需求不明确、不完整或者与用户的真实意图不符，可能会导致开发过程中的偏差、项目的延误和成本的增加。因此，对需求规格说明书进行彻底的检查是非常必要的。

一般来说，应该从一致性、完整性、现实性、有效性四个方面进行验证。一般还可根据软件系统的特点和用户的要求增加一些检验内容，如软件的可信特性，即安全性、可靠性、正确性以及活性等。目前除了形式化方法之外，主要靠人工技术评审和验证需求规格说明书。

技术评审可根据评审的方法分为正式评审与非正式评审。在需求规格说明书完成后，项目开发方需求组必须先自己对需求规格说明书做评审，即先对需求规格说明书进行非正式评审。此时，可以通过各种途径进一步和用户沟通以确认用户需求，如电子邮件、文件汇签甚

1. 引言
   1.1 目的
   1.2 文档约定
   1.3 预期读者与阅读建议
   1.4 产品范围
   1.5 参考文献
2. 综合描述
   2.1 产品前景
   2.2 产品功能
   2.3 用户类别及特征
   2.4 运行环境
   2.5 设计与实现约束
   2.6 假设与依赖
3. 系统特性
   3.1 说明与优先级
   3.2 功能需求
4. 数据需求
   4.1 数据逻辑模型
   4.2 数据字典
   4.3 报告
   4.4 数据获取、整合、保存与处理
5. 外部接口需求
   5.1 用户界面
   5.2 硬件接口
   5.3 软件接口
   5.4 通信接口
6. 质量属性
   6.1 可用性
   6.2 性能
   6.3 安全性
   6.4 保密性
   6.5 其他
7. 国际化与本地化需求
8. 其他需求
附录 A 词汇表
附录 B 分析模型
附录 C 待确定问题列表

图 4-5 需求规格说明书模板

至网络聊天等多种形式。在这一阶段要和用户充分沟通，尽可能多地发现问题，直到获得自己认为足够好的成果，然后才将需求规格说明书提交进行正式评审。非正式评审的好处是能培养其他人员对项目的认识，并可获得一些非结构化的反馈信息；其不足之处是不够系统化和彻底，或者在实施过程中不具有一致性，并且该评审不需要记录，完全可以根据个人爱好进行。

正式评审是指通过召开评审会的形式，组织多个专家，将需求涉及的人员集合在一起，并定义好参与评审的人员的角色和职责，对需求规格说明书进行正规的会议评审。各方仔细阅读需求规格说明书，对整体需求的一致性和完备性，功能的正确性、完整性和清晰性等认真分析，并指出问题。作为需求分析阶段工作的重要复查手段，在正式评审时，应该对表 4-1 中的各个指标进行重点检查。

表 4-1 需求规格说明书评审指标

评审指标	指标含义
正确性	指需求规格说明书对系统的功能、特性等的描述与用户的期望相吻合，代表了用户的真正需求
无二义性	指需求规格说明书中的描述不应该使不同的人有不同的理解。因为自然语言容易产生二义性，所以应该尽量用简明的语言准确地描述需求，避免出现二义性
完整性	指需求规格说明书中涵盖了需要完成的全部任务，没有遗漏用户需求
一致性	指需求规格说明书中对各种需求的描述不存在冲突
可变更性	指当需要进行需求变更时，需求规格说明书能够比较容易地进行调整，而不对系统造成大规模的影响
可检验性	指需求规格说明书中描述的需求能够通过一些可行的手段进行实际测试
可读性	指需求规格说明书中的描述容易被系统用户读懂
可跟踪性	指每个需求都能和它的来源、设计、源代码和测试用例联系起来，以更好地理解和管理需求变更对项目其他部分的影响

为保证软件需求定义的质量，评审应由专门指定的人员负责，并按规程严格进行。评审结束时应有评审负责人的结论意见及签字。除需求分析人员之外，用户、开发部门的管理者，以及软件设计、实现、测试人员都应当参加评审工作。通常评审的结果都包括一些修改意见，待修改完成后，需再次评审，评审通过后才可进入设计阶段。

在需求规格说明书评审后，需要根据评审人员提出的问题进行评价，以确定哪些问题是必须纠正的，哪些可以不纠正，并给出充分的、客观的理由与证据。

习 题 4

1. 什么是需求工程？需求工程包括哪些主要活动？
2. 指出下列需求描述的不当之处，并进行改写，使之符合好需求的特性。

(1) 产品应在不少于每 60s 的正常周期内提供状态信息。

(2) HTML 分析器可以产生 HTML 标记错误报告，帮助 HTML 入门者快速解决问题。

(3) 产品应瞬间在文本中的显示和隐藏不可打印字符之间进行切换。

3. 对于一个小型图书馆管理系统，试给出非功能需求的描述。
4. 有哪两种主要的需求分析模型？它们的主要思想是什么？
5. 试建立一张需求评审的检查表。
6. 为什么要进行需求跟踪？

第 5 章　结构化分析方法

结构化分析的概念最初由 Douglas Ross 提出，出现于 20 世纪 60 年代后期。一直到 70 年代末，Demarco 对其进行正式提出，给出了一些建模方法和描述工具，使结构化分析方法得以流行并广泛应用于软件开发中。80 年代中后期，实时系统分析机制被引入到结构化分析中，Harel 等还开发了针对复杂实时反应式系统的开发环境 STATEMATE，这些扩充性的工作使得结构化分析方法焕发出新的生命力。

5.1　结构法分析方法概述

结构化分析方法是经典的面向数据流的需求分析方法，一经提出就备受关注并得到了广泛应用。从内容上说，结构化方法主要包括结构化分析(SA)、结构化设计(SD)和结构化编程(SP)三个重要部分。

结构化分析方法主要以数据流分析作为需求分析的根本出发点，将任何信息处理的过程都视为把输入数据转变为最终所需的输出信息的黑盒。系统分析员在接手一个复杂问题时，如果采用结构化分析的策略，那么其核心思想就是问题的“分解与抽象”，主要用抽象模型概念，依据待开发软件内部存在的数据传递关系，采用自顶向下、逐步分解的方法，直至找到满足功能需求的可实现软件元素为止。

结构化分析方法主要对用户需求和现存类似系统进行一定的抽象、分析，最终得到要实现的目标系统的一个确切的逻辑模型。结构化分析的本质是对系统进行建模，图 5-1 所示为结构化分析的逻辑模型，从三个方面对整个系统进行了描述和建模。首先，要弄清楚系统的加工规约，也就是构建系统的功能模型，通常采用数据流图来构建，它描述系统的输入数据流如何经过一系列的加工逐步变换成系统的输出数据流；其次，要弄清楚系统的控制规约，也就是构建系统的行为模型，通常采用状态转换图来构建，它描述系统接收哪些外部事件，以及在外部事件作用下的状态迁移情况；最后，要对系统中所有数据对象以及它们之间的关系进行描述，也就是建立系统的数据模型，一般采用实体-关系图(E-R 图)来构建。数据字典是所有模型的核心，包含了软件使用和产生所有数据的描述。

图 5-1　结构化分析的逻辑模型

结构化分析方法向用户提供了一整套图形、表格和结构化应用等半形式化的描述方式。借助这些描述方式，系统分析员可以以一种简单清晰的方式表达用户需求。建立系统的功能模型时通常采用的是数据流图和数据字典这两个工具。总的来说，结构化分析方法包含的描述工具主要有数据流图、数据字典、E-R 图、状态转换图以及加工逻辑说明，由于 E-R 图和状态转换图在其他课程中用到过，这里不再赘述，下面介绍其余 3 种描述工具。

(1) 数据流图(DFD)——一种描绘系统逻辑模型的图形工具，可以清楚地描述系统的组成部分以及各部分之间的联系。通过对系统的逐层分解，可以得到一套自顶向下的分层数据流图，从各个层次对系统行为进行刻画。

(2) 数据字典(DD)——DFD 只描绘信息在系统中的流动和处理情况，而数据字典是对图中的元素进行定义。

(3) 结构化语言、判定表和判定树——详细描述数据流图中一些复杂处理的加工逻辑。

5.2 数据流图

一个计算机中的信息处理系统是由数据流和一系列的转换操作构成的，这些转换操作负责将输入数据流变换成所需的输出数据流。作为软件系统逻辑模型的一种图形化描述方式，数据流图反映了客观现实问题中的工作过程。它采用简单的图形符号分别表示数据流、加工、数据存储以及外部实体等，不涉及任何具体的物理元素，仅仅描述数据在系统中流动和处理的情况，更加直观、形象、容易理解。

5.2.1 数据流图的结构

数据流图以一种抽象的形式表示系统或软件，也具有一套数据流建模的机制。数据流图常用两种符号体系，每种符号体系都由 4 种符号组成，在常用绘图软件 Visio 中采用变形的 Gane-Sarson 符号，如图 5-2 所示。

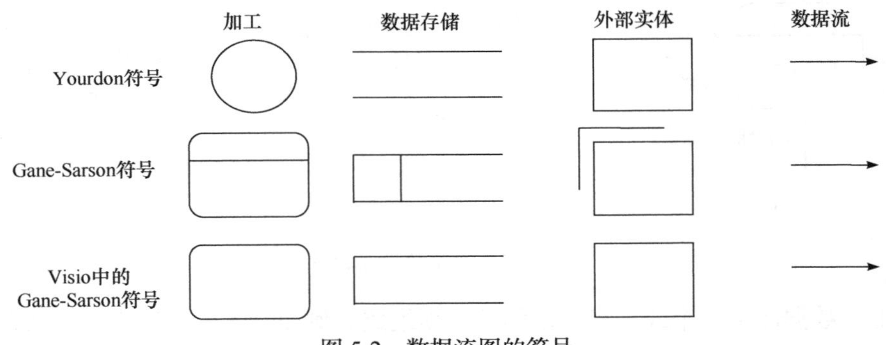

图 5-2　数据流图的符号

1) 外部实体

外部实体一般简称为实体，又可以称为数据源或终点、外部对象等，常以方框表示。外部实体表示数据的外部来源和去处，是系统之外的人、物、部门或者其他系统，不受本系统控制。实际上，外部实体显示了系统的边界以及系统是怎样和外部世界联系的。

2) 加工

加工也称为数据处理或数据变换，是对数据进行处理的逻辑单元，通常用圆圈或圆角矩形表示。加工名应反映加工的含义，通常是一个动词短语，简明扼要地表明完成的是什么加工，如“打印发票”、“计算总金额”和“验证订单”等。如果对于一个加工很难给出适当的命名，应该考虑该加工的处理功能是否恰当，是否应该重新分解。

一个加工可以有一个或多个输入数据流、一个或多个输出数据流，不能只有输入数据流而没有输出数据流，也不能只有输出数据流而没有输入数据流。

3) 数据流

数据流用于描述在系统中处理的数据对象和数据方向的流动，通常用带标识的有向弧表示。数据流的方向可以是从一个加工流向另一个加工；从加工流向数据存储或从数据存储流向加工；从源点流向加工或从加工流向终点。

在数据流图中，数据流符号用于连接其他 3 种符号。对数据流的表示有以下约定。

(1) 数据流不能从外部实体直接流向外部实体，也不能从数据存储直接流向数据存储，也不能在外部实体和数据存储之间直接流动，数据流至少有一个端点必须与数据处理符号连接。

(2) 对流入或流出数据存储的数据流可以不标注名字，因为数据存储本身就足以说明数据流，而别的数据流则必须标注名字，名字应能反映数据流的含义。

(3) 数据流不允许同名，两个数据流在结构上相同是允许的，但必须体现人们对数据流的不同理解。例如，图 5-3 (a) 中的合理领料单与领料单两个数据流，它们的结构相同，但前者增加了合理性这一信息。

(4) 两个加工之间可以有几个不同的数据流，这是由于它们的用途不同，或它们之间没有联系，或它们的流动时间不同，如图 5-3 (b) 所示。

(5) 数据流图描述的是数据流而不是控制流。图 5-3 (c) 中，“月末”只是为了激发数据处理“计算工资”，是一个控制流而不是数据流，所以应从图中删去。

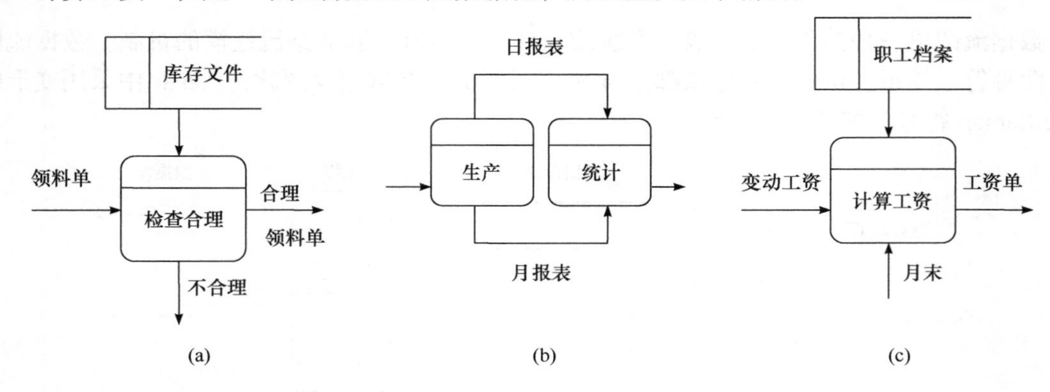

图 5-3　数据流图示例

本质上，数据流由一个或一组确定的数据项组成。例如，“发票”为一个数据流，它由品名、规格、单位、单价、数量等不能再分的数据项组成。在数据流图中不能显示数据流的具体的结构和内容，这些将在数据字典中定义。

4) 数据存储

数据存储在数据流图中起保存数据的作用。物理上，DFD 中的数据存储可以是计算机系统中的外部或者内部文件、文件的一部分、数据库的元素或记录的一部分等，还可以是一个人工系统中的表册、账单等。数据存储是系统的重要组成部分，在分层数据流图中，通常是局部于某一分解层次的。数据存储可用名词或名词短语命名，还需要在数据字典中说明其逻辑或者物理组织要求以及存储介质等。

如果数据流从加工流向数据存储，表示该加工对文件执行写操作；如果数据流从数据存储流向加工，表示该加工对文件执行读操作。如果加工到数据存储之间的数据流是双向的，表示加工对文件的操作包括读、写和修改。流入、流出数据存储的数据流通常和数据存储同名，可以不标注。

5.2.2　数据流与加工之间的关系

在数据流图中，两个加工之间可以有多个数据流。如果有两个以上的数据流指向同一加工，或一个加工引出两个以上的数据流，则这些数据流之间往往存在一定的逻辑联系。为表达数据流之间的逻辑联系，可以附加说明标记符号。图 5-4 给出所用符号及其含义。其中“*”表示相邻的一对数据流同时出现；“⊕”表示相邻的两个数据流只取其一。

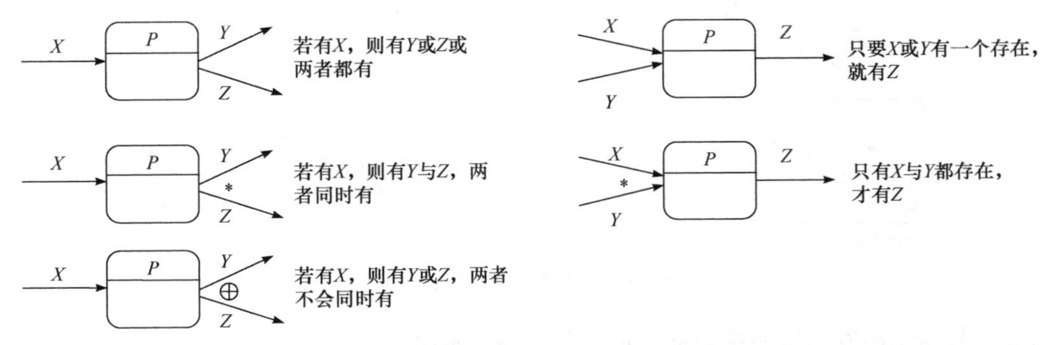

图 5-4　数据流和加工之间关系的符号及其含义

5.2.3　数据流图的分层

对于一个大型而复杂的软件系统，如果仅用一个 DFD 是不可能将全部的加工和数据流放在一幅图中的。为了表达复杂的实际问题，需要按照问题的层次结构逐步进行分解，从简单到复杂，以分层的数据流图反映出这种关系。分层体现了抽象和信息隐藏，即上层不考虑下层的细节，暂时掩盖了下层加工的功能以及它们的复杂关系。

一个软件系统的分层 DFD 包括顶层 DFD(0 层图)、中间层 DFD 和底层 DFD。

顶层 DFD 一般只有一个，它描绘整个系统的作用范围，可以将整个系统看作一个加工，加工名就是系统名，它的输入和输出数据反映系统与外界环境的接口。中间层的 DFD 是对上层父图的分解，它的每个加工还可继续分解细化。当分解一直进行到每个加工的功能独立、简单明确，数据流被严格定义时，即得一组底层 DFD。每个底层 DFD 是由一些不能再分解的加工和简单数据流组成的，这些加工称为基本加工。显然，这种自顶向下、逐层理解和表达系统的分层 DFD 是一个可用于控制复杂度、保证分析质量的很好的系统分析方法。

图 5-5 给出了分层数据流图的一种表示。L0 表示顶层的数据流图，其中加工 X 包括三个子系统 1、2、3。顶层下面的第一层数据流图为 DFD/L1。第二层数据流图 DFD/L1.1、DFD/L2.1、DFD/L3.1 分别是子系统 1、2、3 的细化。对任何一层数据流图来说，称它的上层图为父图，在它下一层的图则称为子图。

5.2.4　数据流图的绘制

对软件的需要，我们可以绘制出 DFD，其基本步骤应是由外向里，自顶向下，逐层细化，完善求精，其具体实行时可按下述步骤进行。

(1) 找外部实体，确定系统边界、数据源点和数据终点。以项目开发计划确定的目标为基础，经过需求获取工作，可以比较容易划定系统的边界。系统边界确定后，越过边界的数据流就是系统的输入或输出，进而可画出顶层数据流图。

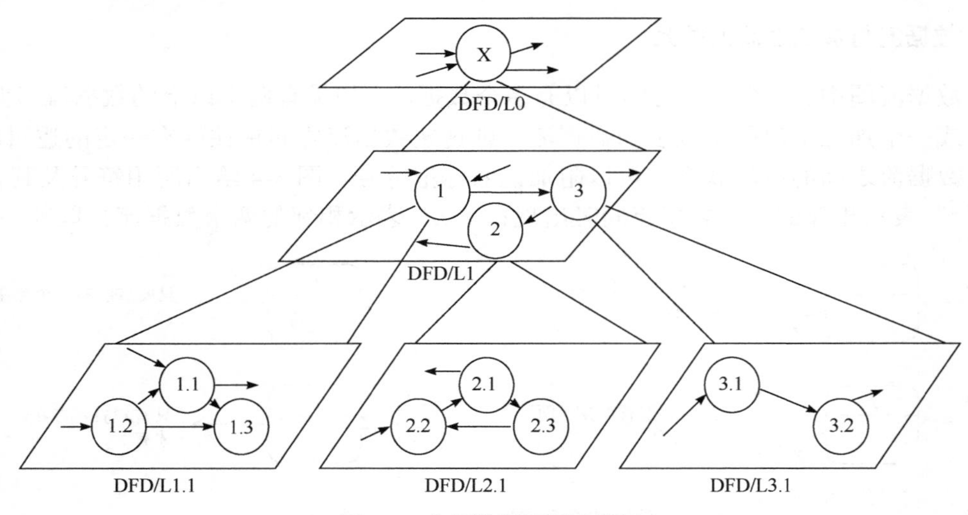

图 5-5　分层数据流图示意图

(2)从数据源出发，按照系统的逻辑需要，逐步画出一系列逻辑加工框，直至数据终点。自顶向下，对每个加工进行内部分解，画出分层数据流图。

(3)对数据流图进行复审求精。复审求精应由分析员和用户共同参与，分析员借助数据流图及数据字典，向用户阐述系统输入数据如何一步一步转变为输出结果。这些阐述集中反映了分析员当前对目标系统的认识，用户应该认真听取分析员的报告，考察处理是否正确、功能是否完整，并及时纠正和补充，分析员据此对数据流图进一步求精。

5.3 数据字典

尽管 DFD 能够描述数据流在系统中的流向和加工的分解，但是不能够体现数据流的内容和加工的具体含义，其中数据的明确含义、结构和组成并没有给出具体的说明。因此，在数据流图的基础上，还需对其中的每个数据流、数据存储、数据处理和外部实体加以定义，把这些定义所组成的集合称为数据字典。

5.3.1 数据字典的作用和内容

数据字典作为分析阶段的工具，有助于改进分析人员和用户间的通信，进而消除很多的误解，同时也有助于改进不同的开发人员之间的通信。数据字典的内容主要是对数据流图中的数据项、数据流、加工逻辑、数据存储和外部实体等方面进行具体的定义。一般来说，系统分析员把不便在数据流图上注明，但对于系统分析应该获得且在整个系统开发甚至将来系统运行与维护过程中所必需的信息尽可能地放到数据字典中，如关于数据流与数据处理的发生频率、出现时间、高峰期、低谷期，以及加工的优先次序、周期与安全保密等方面的信息。

5.3.2 数据字典编写的基本要求

数据字典是系统逻辑模型的详细说明，是系统分析阶段的重要文件。它内容丰富、篇幅很大，因此编写数据字典是一项十分重要而艰巨的任务。编写数据字典的基本要求包括以下几个方面。

(1)对数据流图上各种元素的定义必须明确、一致且易理解。

(2)命名、编号与数据流图一致，必要时(如计算机辅助编写数据字典时)可增加编码，以便查询搜索、维护和统一报表。

(3)符合一致性与完整性的要求，对数据流图上的成分定义与说明无遗漏项。数据字典中无内容重复或相互矛盾的条目。

(4)格式规范、风格统一、文字精练，数字与符号正确。

5.3.3　数据字典的定义符号和编写格式

在数据字典中，描述数据元素之间的关系时，可以使用自然语言，但为了更加清晰简洁，可采用如表 5-1 所示的定义符号。

表 5-1　数据字典中的定义符号

符号	含义	举例
=	被定义为	日期=年+月+日
+	与	学生输入数据=学号+姓名
[⋯,⋯][⋯|⋯]	或	学生输入数据=[学号|姓名]
{⋯}	重复	账目={账号+户名+款额+存期+地址}
$m\{\cdots\}n$	有限次数重复	密码=1{字母+数字}8
(⋯)	选择	登录信息=用户名+(密码)
“…”	基本数据元素	印密=“0”
..	连接符	学号=“0001”..“88888”

数据字典中包括了 5 类条目：数据项、数据流、加工逻辑、数据存储和外部实体。数据字典的格式是根据各类条目的内容以及编写、维护、使用方便来设计的。

1)数据项条目

数据项是数据流的组成要素，分为基本数据项和结构型数据项。基本数据项是数据处理中基本的不可分割的逻辑单位，如整数、小数、字符串、日期、逻辑值等。在数据字典中通常要求定义基本数据项的逻辑或者物理格式。结构型数据项由若干数据项组成，这些数据项可以是不同的类型和属性，用于描述一个完整的数据实体或对象。结构型数据项的组合方式和关系定义了数据的逻辑结构和物理结构，它们之间的关系和相互影响决定了数据的完整性和准确性。

当某些数据项是几个不同的数据流的公共数据项时，可将它们列为专门的数据项条目，例如，教师=202|305|⋯|，航班号=H666 | H608|⋯|。

2)数据流条目

数据流条目对每个数据流进行定义，它通常由以下内容组成：数据流的编号、名称、简述、别名、组成、数据类型、长度、取值范围、数据流量、峰值、用途、来源或流入、去向或流出、注释。其中，别名是前面已定义的数据流的同义词；组成中列出该数据流的各组成数据项；注释用于记录其他有关信息，如该数据流在单位时间中传输的次数等。

数据流的定义可以采用简单的形式符号方式，如“=”、“+”、“|”和{x}等，例如，订票单可以定义为

订票单=顾客信息+订票日期+出发日期+航班号+目的地

如果数据流的组成很复杂，则可采用“自顶向下、逐步分解”的方式来定义数据项。例如，“课程”数据流可写成

课程=课程名+教师+教材+课程表

其中的课程表又可以细化为

课程表={星期几+第几节+教室}

只要依次查这两个条目，就可确切了解“课程”的含义。

3) 加工逻辑条目

加工逻辑的定义仅对数据流图中最底层的加工进行说明。除了数据处理逻辑的名称、编号、简要说明外，还要说明处理逻辑的输入数据流和输出数据流及内部的加工逻辑。

4) 数据存储条目

数据存储条目在数据字典中只描述数据的逻辑存储结构，而不涉及它的物理组织。

数据存储条目主要由以下部分组成：数据存储名称、编号、组成、结构和注释。

5) 外部实体条目

外部实体定义包括外部实体编号、名称、简述及有关数据流的输入和输出。现在很多软件开发中，对外部实体不再在数据字典中描述。

5.4 加工逻辑说明

在数据流图中，只简单地对每一个加工框进行编号和命名，没有表达加工的全部内容。为了理解这些基本加工，要对数据流图的每一个基本加工进行逻辑说明，集中描述一个加工“做什么”，即加工逻辑。加工逻辑描述基本加工把输入数据流变换为输出数据流的加工规则，也包括一些与加工有关的信息，如执行条件、优先级、执行频率、出错处理等。

加工逻辑说明中包含的信息应是充足的、完备的、准确易懂的。目前用于描述加工逻辑的工具有结构化语言、判定表和判定树等。

5.4.1 结构化语言

结构化语言也称为问题描述语言(Problem Describe Language, PDL)，它是在自然语言的基础上加了一些限制而得到的一种介于自然语言和形式化语言之间的半形式化语言。它使用有限的词汇和有限的语句来描述加工逻辑。

结构化语言的语法通常分为内外两层。外层语法描述操作的控制结构，如顺序、选择、循环等，这些控制结构将加工中的各个操作连接起来。内层的语法一般没有限制。语言的正文用基本控制结构进行分割，加工中的操作用自然语言短语表示。结构化语言的基本控制结构有 3 种。

(1) 简单陈述句结构：避免复合语句。

(2) 判定结构：IF-THEN-ELSE 或 CASE-OF 结构。

(3) 重复结构：WHILE-DO 或 REPEAT-UNTIL 结构。

在具体的使用过程中，除了控制结构关键词使用英语之外，其他的组成部分可以使用逻辑表达清晰的中文进行描述。下面是某商业业务处理系统中“折扣政策”功能使用结构化语言完成的加工逻辑描述。

```
IF 每年交易额 >= $50000
IF 最近三个月无欠款单据 THEN 折扣率为 15%
ELSE
IF 与本公司交易 20 年及以上 THEN 折扣率为 10%
ELSE  折扣率为 5%
ELSE
无折扣
```

5.4.2　判定表

有时，某数据流图的加工的一组动作是由多个逻辑条件的组合引发的。若采用结构化语言描述，不够直观和紧凑，使用判定表来描述比较合适。判定表由四个部分组成，其结构如图 5-6 所示。

(1)基本判断条件区：列出所有可能的基本判断条件项，通常与次序无关。

(2)基本动作区：列出所有可能采取的动作项，通常与次序无关。

(3)基本判断条件组合区：各种条件给出的多种取值，即多个条件所取真假值的组合。

基本判断条件区	基本判断条件组合区
基本动作区	执行动作区

图 5-6　判定表的结构

(4)执行动作区：指出在各种条件的特定取值下应采取的动作。各执行动作行与基本判断条件组合列的交叉处表示在指定条件组合下发生的动作。

沿用上例，表 5-2 为使用判定表描述该公司的折扣政策。其中，C_1～C_3为条件，A_1～A_4为行动，1～8 为不同条件的组合，Y 为条件满足，N 为不满足，X 为该条件组合下的行动。例如，条件组合 4 表示若每年交易额在 50000 元及以上，最近三个月中有欠款单据且与本公司交易 20 年以下，则可享受 5%的折扣率。

表 5-2　判定表描述的折扣政策

条件和行动	不同条件组合							
	1	2	3	4	5	6	7	8
C_1：每年交易额在 50000 元及以上	Y	Y	Y	Y	N	N	N	N
C_2：最近三个月无欠款单据	Y	Y	N	N	Y	Y	N	N
C_3：与本公司交易 20 年及以上	Y	N	Y	N	Y	N	Y	N
A_1：折扣率为 15%	X	X						
A_2：折扣率为 10%			X					
A_3：折扣率为 5%				X				
A_4：无折扣率					X	X	X	X

对表 5-2 进行整理和综合，得到简单明了且实用的判定表 5-3，其中“—”表示“Y”或“N”。

表 5-3　合并整理后的判定表

条件和行动	不同条件组合			
	1 (1/2)	2 (3)	3 (4)	4 (5/6/7/8)
C_1：每年交易额在 50000 元及以上	Y	Y	Y	N
C_2：最近三个月无欠款单据	Y	N	N	—
C_3：与本公司交易 20 年及以上	—	Y	N	—
A_1：折扣率为 15%	X			
A_2：折扣率为 10%		X		
A_3：折扣率为 5%			X	
A_4：无折扣率				X

判定表能够把在什么条件下系统应完成哪些操作表达得十分清楚、准确、一目了然。这是用结构化语言难以准确、清楚表达的。但是用判定表描述循环比较困难，此时，判定表可以和结构化语言结合起来使用。

5.4.3　判定树

判定树是用来表达加工逻辑的一种工具。它用“树”来表达不同条件下的操作处理，比语言、表格的方式更为直观。判定树的左侧(称为树根)为数据处理名，中间是各种条件，所有的行动都列于最右侧。

前面例子给出的某商业批发公司的折扣政策可以用图 5-7 所示的判定树来进行描述。

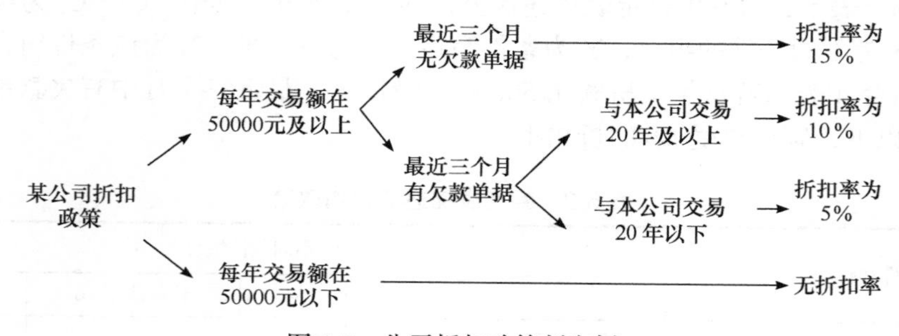

图 5-7　公司折扣政策判定树

判定树比较直观，容易理解，但当条件多时，不容易清楚地表达出整个判定过程。

5.5　案例分析：商店供销管理系统需求分析

供销管理系统常常存在于供销公司、超市、一些生产厂家，负责对企业或商店涉及的业务数据进行处理，从而降低工作人员的劳动强度并提高业务管理水平。下面以一个普通的商店供销管理系统为例，运用结构化的分析方法对其进行需求分析。

5.5.1　需求描述

系统分析员首先采用前面介绍的需求调研的方法，对供销管理系统的开发背景、商店规模、管理的任务范围等进行调研，具体过程要视实际业务背景的情况而定，下面只给出调研后的结果，即对需求进行描述。

商店内总共设有销售科、采购科、财务科三个科室，由商店经理统筹管理。经调研得知该供销管理系统涉及的业务主要包括销售管理、采购管理和财务管理三个部分。

1）销售业务分析及描述

(1) 销售科主要负责接收顾客的订单，对订单进行校验，如果订单不符合要求，就将其退还给顾客。

(2) 一旦订单合格且商店的仓库有存货，就给顾客开发货单，通知顾客到财务科交齐货款。

(3) 对库存记录进行修改。如果仓库的存货不能满足顾客的货物量需求，就先留下订货信息，随后向采购科发出缺货单。

(4) 一旦采购科购买到货物，销售科就在核对到货单和缺货单之后，给顾客开出发货单。

(5) 登记销售账，填写应收款明细账，并将二者提交给财务科。

(6) 销售完成后修改库存记录，记录并提交销售记录。

2）采购业务分析及描述

(1) 采购科负责汇总销售科发出的缺货单，根据汇总结果以及商店的各个供应商的供货情况，向供应商发出订购单。

(2) 供应商向商店发来了货物后，采购科负责对供货单以及订购单进行核对。

(3) 如果核对正确，则建立进货账和应付款明细账，向销售科发送到货单并修改库存记录；如果供货单与订购单不符，则把供货单退还给供货商。

(4) 通知修改库存记录，并给销售科发送到货单。

3）财务业务分析及描述

(1) 财务科主要负责对接收到的顾客货款登记收款明细账，给顾客开收据或发票，通知销售科将货物发给顾客。

(2) 根据税务局发来的税单建立相应的付款账，并付税款。

(3) 根据供货商发来的付款单和采购科记录的应付款明细账，建立付款明细账，同时向供货商付购货款。

(4) 不论是收到货款还是付款给供货商，都必须对商店的财务总账进行修改。

(5) 在完成日常账务记录的同时，还要定期编制各种报表并向商店经理汇报，以便经理对商店运营情况进行了解，及时制订下阶段的业务计划。

5.5.2　需求分析

根据前面进行的需求调研及需要描述，采用结构化分析方法对系统做进一步的分析及表达。

1. 系统数据流分析

首先，分析系统边界，识别系统的数据来源与去处，确定外部实体，得出系统的顶层数据流图，如图 5-8 所示，该图展示了商店供销管理系统与外部实体之间的信息输入、输出关系，即标定了系统与外界的界面。

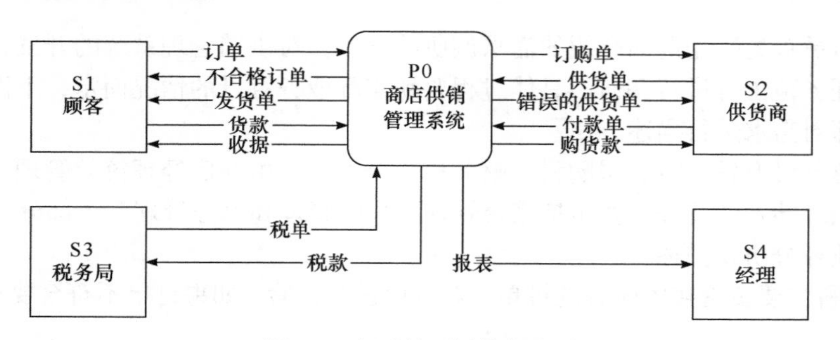

图 5-8　新系统顶层数据流图

顶层数据流图的一级分解见图 5-9，该图实际上是把图 5-8 中“商店供销管理系统”框进行细化，将其初步分解为销售处理、采购处理和财务处理三个子系统。在功能分解的同时，得到了相应的数据存储(如销售账、应收款明细账、库存记录、进货账、应付款明细账)和数据流(订单、发货单、缺货单、付款单等)。

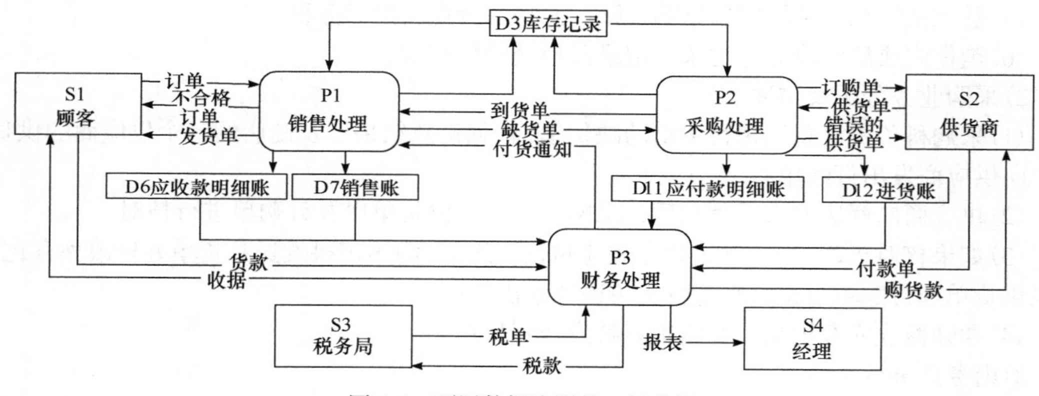

图 5-9　顶层数据流图的一级分解

上述三个子系统的数据流图(即一级分解)分别如图 5-10(a)～(c)所示。

图 5-10(a)是销售处理子系统的数据流图，实际上是把“销售处理”(图 5-9：P1 销售处理)进行细化。从图 5-10 中可以知道系统的外部实体是“顾客”、“采购处理”和“财务处理”。具体处理流程如下：首先，由顾客(S1)提出订单中的顾客信息(F1.1)，根据原有顾客数据(F2)判断是否为新顾客从而登记顾客信息(P1.1)；其次，商店从货物文件中得到货物信息(F5)，从顾客文件中得到顾客信息(F4)。对订货信息(F1.2)、货物信息(F5)、顾客信息(F4)进行编辑处理(P1.2)，从而生成编辑后的订单(F6)。图 5-10(a)中还列出了分解后获得的子处理 P1.3、P1.4 及他们对应的数据存储与数据流，这里不再赘述。图 5-10(b)和图 5-10(c)是对一级数据流图中“P2 采购处理”与“P3 财务处理”的分解结果。

2. 数据字典

数据字典是对数据流图中包含的所有元素的定义的集合。本例给出部分数据流字典(表 5-4)、数据存储字典(表 5-5)、数据处理字典(表 5-6)和数据项字典(表 5-7)。

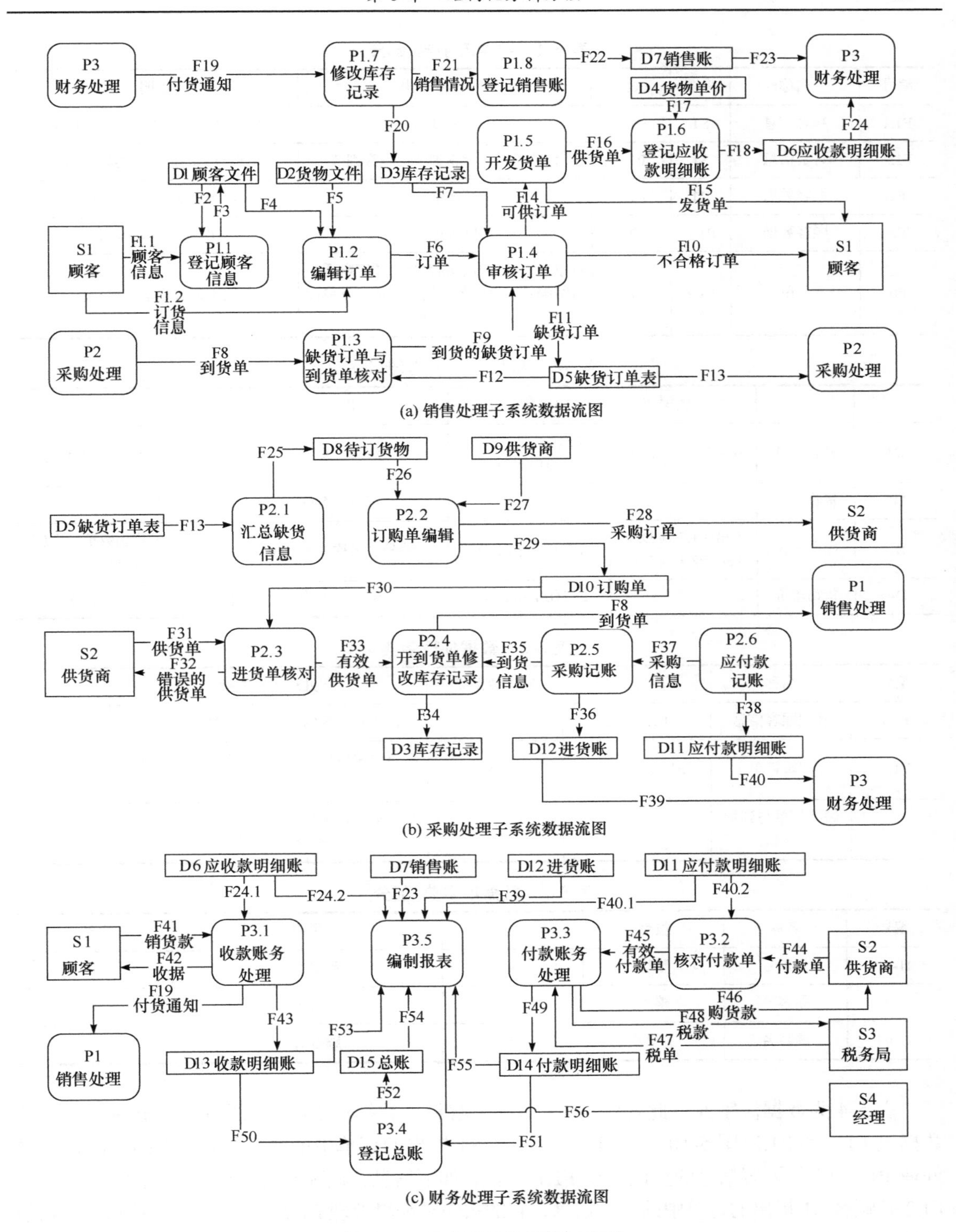

图 5-10 三个子系统的数据流图

表 5-4　数据流字典(部分)

编号	名称	来源	去向	所含数据结构	说明
F1.1	顾客信息	S1	P1.1	顾客细节	用户提交的订单上的顾客信息
F1.2	订货信息	S1	P1.2	订单编号、货物细节、顾客细节	用户提交的订单上的订货信息
F2	顾客数据	D1	P1.1	顾客细节	用于判断是否为新顾客
F3	顾客数据	P1.1	D1	顾客细节	用于登记顾客信息
F6	订单	P1.2	P1.4	订单号、顾客号、顾客名、顾客电话、货物编号、货物名、货物数量、订单标志、厂商编号	用于记录订单上的信息

表 5-5　数据存储字典(部分)

编号	名称	输入数据流	输出数据流	内容	说明
D1	顾客文件	F3(P1.1 到 D1)	F2(D1 到 P1.1) F4(D1 到 P1.2)	编号、细节	用于存储有关顾客信息
D2	货物文件		F5(D2 到 P1.2)	编号、名称	用于编辑订单
D3	库存记录	F20(P1.7 到 D3) F34(P2.4 到 D3)	F7(D3 到 P1.4)	编号、名称、库存量	用于记录货物数量和审核订单
D4	货物单价		F17(D4 到 P1.6)	编号、单价	用于计算应收款

表 5-6　数据处理字典

编号	名称	输入数据流	输出数据流	处理逻辑概括	说明
P1.1	登记顾客信息	F1.1、F2	F3	读入新顾客的信息，写入顾客文件中	
P1.2	编辑订单	F1.2、F4、F5	F6	根据订单信息和顾客情况及货物信息编辑合适的订单	
P1.3	缺货订单与到货单核对	F8、F12	F9	核对缺货订单和到货单，判定缺货订单是否变为可供订单	

表 5-7　数据项字典(部分)

编号	名称	类型	长度	说明	备注
I1-01	订单号	整型	8	订单编号	
I1-02	顾客号	整型	8	顾客编号	
I1-03	顾客名	字符型	20	顾客姓名	

表 5-4 为数据流字典，此处仅对 F1 做如下解释。数据流 F1 在二级分解中分解为两个子数据流 F1.1 和 F1.2(图 5-10(a))，F1.1 是顾客 S1 提出的订单中的顾客信息，它的去向是编辑处理 P1.1，进行顾客信息的登记，在 F1.1 中包含如下信息：顾客姓名、地址、电话、电传等。F1.2 是顾客 S1 提出的订单中的订货信息，它的去向是编辑处理 P1.2，用于与顾客信息、货物信息等一起编辑订单，在 F1.2 中包含如下信息：订单标识、货物名称、货物产地、货物数量等。这里的 F2, F3, …, F6 均代表具体数据流，需要描述它们的来源、去向以及数据流所含内容。

表 5-5 为数据存储字典，均以 D 表示。此处仅对 D6 进行解释，其余类推。D6(图 5-10(a))为应收款明细账，它是用来记录销售收入(应收款)的库文件。通过 P1.6(登记应收款明细账)

的处理将数据流 F18 写入 D6(应收款明细账)。D6 包含如下信息：标识、货名、数量、顾客名、应收款、日期。图 5-10(c)中 D6 的输出数据流为 F24.1 到 P3.1(收款账务处理)、F24.2 到 P3.5(编制报表)。

表 5-6 为数据处理字典，它对数据流图中的所有处理功能做出说明。此处仅以 P1.4(审核订单)为例(图 5-10(a))，商店根据订单(F6)情况判断当前订单是否合格，根据库存(F7)情况判断此订单当前可否直接供货。经过 P1.4 的处理输出三种数据：不合格订单(F10)返还给顾客，可供订单(F14)做供货处理，缺货订单(F11)存入缺货订单表(D5)，进行采购处理(P2)。凡是图 5-10 中方框都代表处理，以 P 表示，在数据字典处理中均有详细说明，表 5-6 只是一部分。其余以此类推。

表 5-7 列出数据项字典中的部分条目。它是对数据流图中各个存储文件记录的字段逐个予以定义，规定其类型、长度和作用。例如，订单数据(由订单号、顾客号、顾客名、顾客电话、货物编号、货物名、货物数量、订单标志、供应商编号等构成，见表 5-7)均给以定义(类型、长度、说明)，这里列出的只是部分数据项的定义。

5.6 小　结

结构化方法一般采用对数据流自顶向下、逐层分解的分析法来定义系统的需求，即先把待分析对象抽象成一个系统，然后进行自顶向下的逐层分解，将复杂的系统分解成简单的若干个子系统。这样就可以分别理解系统的每个细节、前后顺序和相互关系，找出各部分之间的数据接口。在结构化的分析方法中所采用的工具有数据流图(DFD)、数据字典(DD)、结构化语言、判定树、判定表等。

数据流图是系统逻辑模型的重要组成部分，是一种能全面地描述信息系统逻辑模型的主要工具，它可以用少数几种符号综合地反映信息在系统中的流动、处理和存储情况。数据流的分析过程是对实际过程求精的过程，用分解及抽象手段来控制需求分析的复杂性，从顶层数据流图到分层数据流图，数据流的结构及其处理细节逐步增加，直到形成最后的数据字典和底层数据流图。数据字典以及数据处理说明则是对数据流图中每个成分的精确描述。数据流图配以数据字典，就可以从图形和文字两个方面对系统的逻辑模型进行完整的描述。

习　题　5

1. 简述面向数据流的分析方法的基本思想。
2. 简述数据流图分解时的注意事项。
3. 数据字典的作用是什么？它有哪些基本内容？
4. 根据以下的业务需求画出相应的数据流图，并编写数据字典。

图书馆需要开发一个图书查询系统。读者可以在计算机终端通过 ISBN、作者名、书名查询书的馆藏书号，管理员可通过 ISBN、馆藏书号等查询书的存放位置，当读者所要的图书处于外借而馆藏为零时，管理员可以查询到借阅者姓名及应还日期，必要时可以催借阅者还书。

5. 根据以下描述的业务过程画出库存管理的数据流图。

对车间发来的产品入库单做登入库台账处理后存入库存账。对销售科发来的产品出库单，在查阅库存台账后，如果库存数量足够，则做登出库账处理，否则将出库单退回销售科，并向生产科发出缺货通知。

6. 根据数据流图的规则，分析图 5-11 所示的数据流图中是否存在错误。

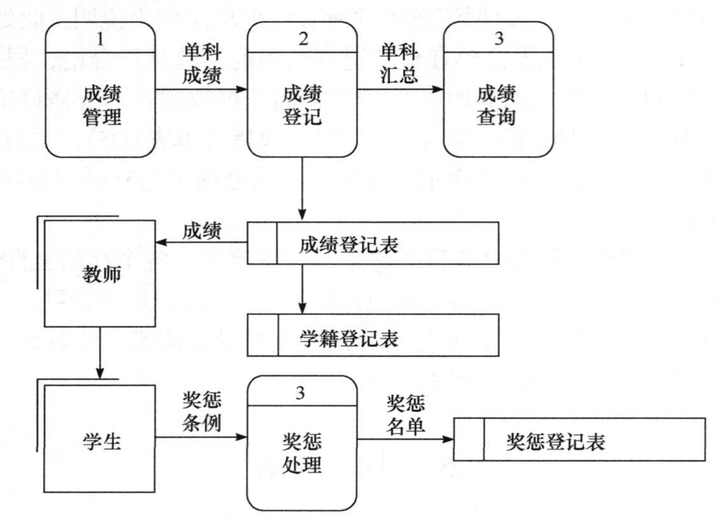

图 5-11　某系统数据流图

7. 某仓库管理系统按照以下步骤进行信息处理。

(1) 保管员根据当日的出库单和入库单通过出入库处理去修改库存台账。

(2) 根据库存台账由统计打印程序输出库存日报表。

(3) 有必要进行查询时，可利用查询程序，在输入查询条件后，到库存台账去查找，并显示查询结果。

试按上述过程画出数据流图。

8. 某银行的计算机储蓄系统的功能：将储户填写的存款单或取款单输入系统，如果是存款，系统记录存款人姓名、住址、存款类型、存款日期、利率等信息，并打印出存款单给储户；如果是取款，将系统计算清单给储户。请用数据流图描绘该功能的需求，并建立相应的数据字典。

9. 某厂对部分职工重新分配工作的政策是：年龄在 20 岁以下者，初中文化程度脱产学习，高中文化程度当电工。20～40 岁者，中学文化程度的情况下，男性当钳工，女性当车工，大学文化程度都当技术员。年龄在 40 岁以上者，中学文化程度当材料员，大学文化程度当技术员。请用结构化语言、判定表或判定树描述上述问题的加工逻辑。

10. 针对教师或学生校园生活中的实际需求开展系统调研和需求分析，编写软件需求规格说明书。

第 6 章　面向对象方法基础

面向对象技术是软件工程领域中的重要技术，其基本思想是从现实世界中客观存在的事物出发，尽可能地运用人类的自然思维方式来构造系统。本章对面向对象的相关概念、方法、特点以及常用的面向对象方法工具——统一建模语言(UML)进行了详细阐述。

6.1　面向对象基本概念

在现实世界中存在的客体是问题域中的主角，客体是指客观存在的对象实体和主观抽象的概念，是人类观察问题和解决问题的主要目标。例如，对于一个学校学生管理系统来说，无论是简单还是复杂，都始终围绕学生和老师这两个客体实施。在自然界，每个客体都具有一些属性和行为，例如，学生有学号、姓名、性别等属性，以及上课、考试、做实验等行为。因此，每个客体都可以用属性和行为来描述。客体的属性反映客体在某一时刻的状态，客体的行为反映客体能从事的操作。这些操作附在客体之上并能用来设置、改变和获取客体的状态。任何问题域都有一系列的客体，因此解决问题的基本方式是让这些客体之间相互驱动、相互作用，最终使每个客体按照设计者的意愿改变其属性状态。

这里的客体就是所说的“对象”，是现实生活中能够看得见摸得着的事物。在面向对象程序设计中，对象是指系统中用来描述客观事物的一个实体，它是构成系统的一个基本单位(或者构件)，由一组属性和围绕这组属性进行计算的一组操作组成。对象的属性是指用来描述对象静态特征的一个数据项；操作是指用来描述对象动态特征(行为)的一个动作序列。类是指具有相同属性和操作的一组对象的集合，它为属于该类的全部对象提供了统一的抽象描述，其内部包括属性和操作两个主要部分。类代表一个抽象的概念或事物，对象是在客观世界中实际存在的类的实例。

封装、继承、多态是面向对象的三大特征。封装是把对象的属性和操作结合成一个独立的系统单位(对象)，并尽可能隐藏对象的内部细节；继承是指子类可以自动拥有父类的全部属性和操作，继承提供了软件的可重用性，包括单继承、多继承；多态是指不同事物具有不同表现形式。多态机制使具有不同内部结构的对象可以共享相同的外部接口，通过这种机制可以减少代码的复杂度。

另外，还有一些面向对象的其他机制，如动态绑定、消息传递等。动态绑定是指与给定的过程调用相关联的代码只有在运行期才可知的一种绑定，它是多态实现的具体形式；消息传递是对象之间相互沟通的途径，是对象之间收发信息。消息内容包括接收消息的对象的标识、需要调用的函数的标识，以及其他必要的信息。消息传递的概念使得对现实世界的描述更容易。

6.2　面向对象方法概述

面向对象的方法就是利用抽象、封装等机制，借助于对象、类、继承、消息传递等概念进行软件系统构造的软件开发方法。该方法的基本原则是使软件开发的方法和过程尽可能地接近人类认识现实世界和解决问题的方式方法和思维方式。

6.2.1 面向对象方法特点

面向对象方法具有以下几个特点。

(1)符合人类分析解决问题的思维习惯。

面向对象方法以对象为核心，强调模拟现实世界中的概念而非算法，尽量用符合人类认识世界的思维的方式渐进地分析解决问题，使问题空间与解空间一致，有利于对开发过程各阶段综合考虑，有效地降低开发复杂度，提高软件质量。

(2)各阶段所使用的技术方法具有高度连续性。

传统的软件开发过程用瀑布模型描述，其主要缺点是将充满迭代的软件开发过程硬性地分为几个阶段，而且各阶段所使用的模型、描述方法不相同。而面向对象方法采用的过程模型是喷泉模型，软件生命周期各阶段没有明显界限，开发过程可以迭代、重叠，用相同的描述方法和模型保持连续。

(3)开发阶段有机集成有利于系统稳定。

面向对象方法始终围绕着建立问题领域的对象(类)模型进行开发，而各阶段解决的问题又各有侧重。由于构造软件系统时以对象为中心，而不是基于系统功能分解，所以当功能需求改变时，不会引起其结构变化，其具有稳定性和可适应性。

(4)重用性好。

利用复用技术构造软件系统具有很大的灵活性，由于对象具有封装性和信息隐蔽性，对象的内部实现与外界隔离，具有较强的独立性，所以，对象(类)提供了较为理想的可重用软件成分，而其继承机制使得面向对象技术实现可重用性更方便、自然和准确。

6.2.2 面向对象的软件开发过程

面向对象的软件工程方法是面向对象方法在软件工程领域的全面运用，涉及从面向对象分析、面向对象设计、面向对象编程、面向对象测试到面向对象维护的全过程。

1. 面向对象分析

面向对象分析(Object Oriented Analysis, OOA)强调直接针对问题域中客观存在的各项事物建立 OOA 模型中的对象，用对象的属性和服务分别描述事物的静态特征和行为。问题域有哪些值得考虑的事物，OOA 模型中就有哪些对象，而且对象及其服务的命名都强调与客观事物一致。另外，OOA 模型也保留了问题域中事物之间的关系，这包括继承关系、组成关系等，用消息表示事物之间的动态联系。OOA 模型对问题域的观察、分析和认识都是很直接的，对问题域的描述也是很直接的。它采用的概念及本质与问题域中的事物保持了最大限度的一致，不存在语言上的鸿沟。

2. 面向对象设计

面向对象设计(Object Oriented Design, OOD)则是在 OOA 模型的基础上，针对系统的一个具体的实现运用 OO 方法。其中包括两方面的工作：一是把 OOA 模型直接搬到 OOD(不经过转换，仅做某些必要的修改和调整)，作为 OOD 的一个部分；二是针对具体实现中的人机界面、数据存储、任务管理等因素补充一些与实现有关的部分。这些部分与 OOA 采用相同的表示法和模型结构。

3. 面向对象编程

面向对象编程(Object Oriented Programming,OOP)又称作面向对象的实现。它是面向对象方法从诞生、发展到成熟的第一片领地，也是使面向对象的软件开发最终落到实处的重要阶段。OOP 的分工比较简单，认识问题域与设计系统成分的工作已经在 OOA 和 OOD 阶段完成，OOP 的工作就是用同一种面向对象的编程语言把 OOD 模型中的每个成分书写出来。

OOA 和 OOD 模型中定义的每个类以及它们之间的各种关系决定了程序基本结构，对象属性及其数据类型也应该在设计阶段基本确定。程序员一般不需要重新定义这些信息，而只是把它们翻译成源程序代码。OOP 阶段产生的程序能够紧密地对应 OOD 模型；OOD 模型中一部分对象(类)对应 OOA 模型，其余部分的对象(类)对应与实现有关的因素；OOA 模型中全部类及其对象都对应问题域中的事物。

4. 面向对象测试

面向对象测试(Object Oriented Testing, OOT)是指对于用 OO 方法开发的软件，在测试过程中继续采用 OO 方法，进行以对象概念为中心的软件测试。OOT 以对象的类作为基本测试单位，查错范围主要是类定义之内的属性和服务，以及有限的对外接口所涉及的部分。有利于 OOT 的另一个因素是对象的继承性。对父类测试完成之后，子类的测试重点只是那些新定义的属性和服务。

对于用 OOA 和 OOD 建立模型并由 OOP 实现的软件，OOT 可以通过捕捉 OOA 和 OOD 模型信息，检查程序与模型不匹配的错误，从而发挥更强的作用。这点是传统的软件工程方法难以达到的。

5. 面向对象维护

面向对象维护(Object Oriented Maintenance, OOM) 是一种软件维护的方法，它充分利用了 OO 技术的优点，以提高软件维护的效率和可维护性。由于使用了面向对象的方法开发程序，程序的维护比较容易。在面向对象维护中，软件系统的维护和修改被视为一种持续的过程。因为对象的封装性，修改一个对象对其他对象的影响很小，所以利用面向对象的方法维护程序，可大大提高软件维护的效率，提升软件的可扩展性。

面向对象的软件工程方法为改进软件维护提供了有效的途径。采用面向对象方法开发的程序能够准确地反映问题域并与问题域保持一致。软件过程各个阶段的文档表示一致，无论是发现了程序中的错误而逆向追溯到问题域，还是需求发生了变化而从问题域正向地追踪到程序，都比较容易实现。

6.2.3　典型的面向对象方法

20 世纪 80 年代末～90 年代，出现了许多面向对象的软件建模技术。这些技术为软件开发者提供了更为高效和可靠的方法，用于分析和设计复杂的软件系统。它们由不同的人发明，使用不同的可视化建模技术和模型表示方法，常见的有 Booch 方法、OMT(Object Modeling Technique)方法、Jacobson 方法、Coad-Yourdon 方法等。UML(统一建模语言)

是在多种面向对象分析与设计方法相互融合的基础上形成的，是一种专用于系统建模的语言，它不仅统一了表示符号，而且在提出后不久就被 OMG 接纳为其标准之一。这改变了数十种面向对象的建模语言相互独立且各有千秋的局面，使得面向对象的分析技术有了空前发展，UML 成为现代软件工程环境中对象分析和设计的重要工具，被视为面向对象技术的重要成果之一。

1. Booch 的面向对象方法

1986 年 Booch 提出了“面向对象分析与设计”的方法，也称为 Booch 方法。他最先描述面向对象方法的基础问题，指出面向对象方法是一种不同于传统的功能分解设计方法。面向对象开发更接近人对客观事务的理解，而功能分解只通过问题空间的转换来进行。Booch 方法的开发模型包括物理模型、逻辑模型、静态模型和动态模型，如图 6-1 所示。

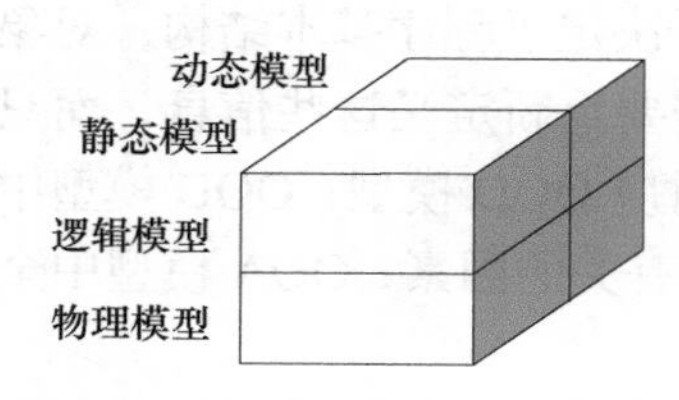

图 6-1　从两个侧面组织系统模型

2. Jacobson 的面向对象方法

Jacobson 提出的“面向对象软件工程”(OOSE)是一种用例驱动的软件开发方法，他提供了相应的CASE工具来快速建立系统分析模型和系统设计模型。OOSE 方法的过程和模型如图 6-2 所示。

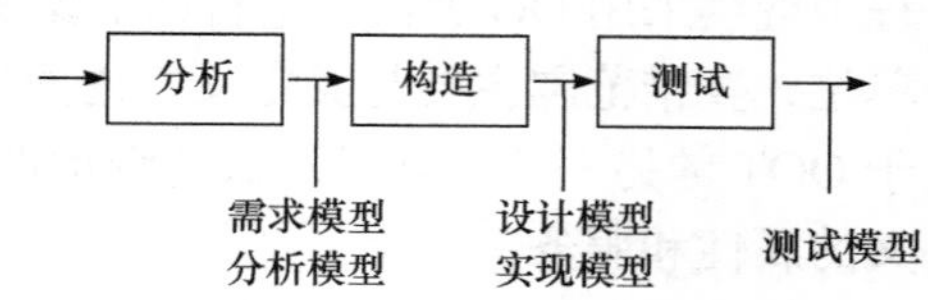

图 6-2　OOSE 方法的过程和模型

建立面向对象分析模型时，要与系统用户充分交流，明确双方责任，根据用户需求和系统运行实际环境建立用户需求模型和系统分析模型。建立面向对象设计模型时，以建立的分析模型为蓝本，在此基础上进行修改、完善，使其适用于现实世界环境。

3. Coad-Yourdon 的面向对象方法

Coad-Yourdon 方法是 1989 年 Coad 和 Yourdon 提出的面向对象方法(OOA/OOD)。该方法的主要优点是通过多年来大系统开发的经验与面向对象概念的有机结合，在对象、结构、属性和操作的认定方面规定了一套系统的原则。该方法完成了从需求角度进一步进行类和类层次结构的认定。尽管 Coad-Yourdon 方法没有引入类和类层次结构的术语，但事实上已经在分类结构、属性、操作、消息关联等概念中体现了类和类层次结构的特征，其概念由信息模型、面向对象语言及知识库系统衍生而来，方法模型如图 6-3 所示，该方法适用于中、小型企业系统的分析与设计，但对个别对象的动态行为描述不够理想。

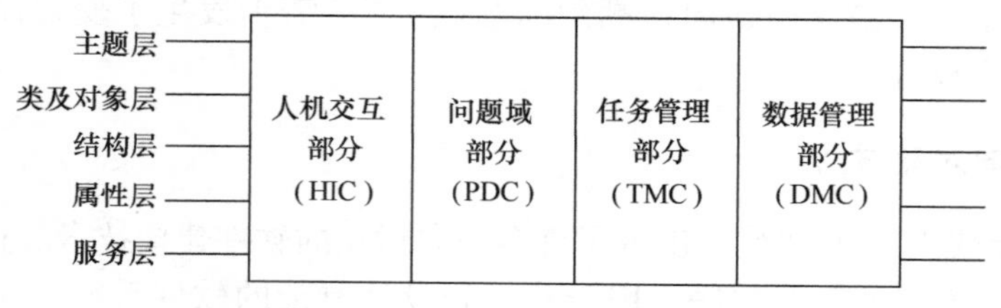

图 6-3　Coad-Yourdon 方法模型

4. Rumbaugh 的面向对象方法

“对象模型技术”(OMT)是 1991 年由 Rumbaugh 等 5 人提出来的，其经典著作为《面向对象的建模与设计》，该模型认为开发工作的基础是对真实世界的对象建模，然后围绕这些对象使用分析模型来进行独立于语言的设计，面向对象的建模和设计促进了对需求的理解，有利于开发更清晰、更容易维护的软件系统。该方法采用三种模型来描述系统，它们是对象模型、动态模型和功能模型，如图 6-4 所示。

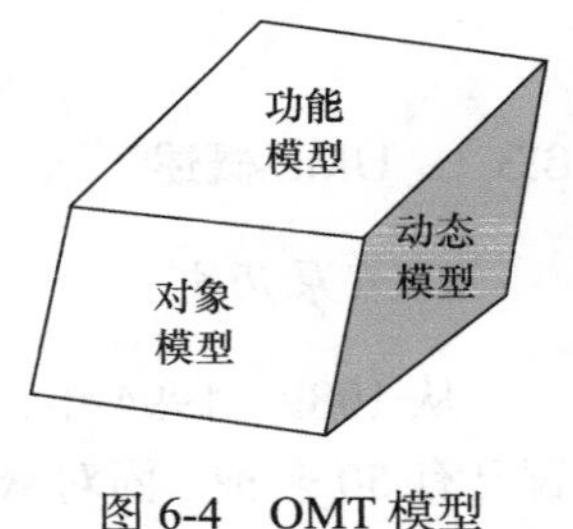

图 6-4 OMT 模型

OMT 用于对象模型的主要概念有对象、类属性、操作、链和关联、关联类、三元关联、聚合、泛化等，它对每种概念都给出了相应的图形和表示法。该方法为大多数应用领域的软件开发提供了一种实际的、高效的保证，并努力寻求一种问题求解的实际方法。

5. UML

软件工程领域在 1995～1997 年取得了前所未有的进展，其成果超过软件工程领域过去 15 年的成果总和，其中最重要的成果之一就是统一建模语言(UML)的出现。UML 将是面向对象技术领域内占主导地位的标准建模语言。UML 是由 Three amigos 发起，在 Booch 方法、OMT 和 OOSE 方法的基础上，广泛征求意见，集众家之长，几经修改而完成的。UML 不仅统一了这三种方法的表示方法，还吸取了面向对象技术领域中其他流派的长处，并做了进一步的发展，最终统一为被大众接受的标准建模语言。UML 是一种定义良好、易于表达、功能强大且普遍适用的建模语言。它融入了软件工程领域的新思想、新方法和新技术。它的作用域不限于支持面向对象的分析与设计，还支持从需求分析开始的软件开发全过程。UML 得到了诸多大公司的支持，如 IBM、HP、Oracle、Microsoft 等，是软件工程领域中具有划时代意义的研究成果。随着 UML 被 OMG 采纳为标准，面向对象方法学大战也宣告结束。本书采用的是基于 UML 的面向对象方法。

6.2.4 面向对象方法的模型

模型是现实事物简化的对应物，采用适当的模型描述系统可以表达所渴望的系统结构和行为，展示和控制系统体系结构，更好地理解正在开发的系统并发现简化和重用的机会，有利于风险控制和加强沟通。用面向对象方法开发软件，通常需要建立三种形式的模型，如图 6-5 所示。

图 6-5 面向对象方法模型

其中，对象模型用于定义实体，描述系统数据结构，定义“对谁做”。对象模型表示静态的、结构化的系统的“数据”性质。对象模型是对模拟客观世界实体的对象以及对象彼此间的关系的映射，描述了系统的静态结构。动态模型描述系统控制结构，表示瞬时的、行为化的系统的“控制”性质，通过规定对象模型中对象的合法变化序列，即对象的动态行为，来描绘对象的状态、触发状态转换的事件，以及对象的行为(对事件的响应)。功能模型表示变化的系统的“功能”性质，它指明了系统应该“做什么”，故更直接地反映了用户对目标系统的需求。

6.3　统一建模语言

6.3.1　UML 概述

1. *发展历史*

从 1989～1994 年，面向对象方法已经成为软件分析和设计方法的主流，面向对象建模语言已有 50 多种。面对众多的建模语言，用户很难找到一种合适的语言进行面向对象建模，并且众多的建模语言各有千秋，没有统一标准，极大地妨碍了用户之间的交流。自 20 世纪 80 年代后期以来，一些新的面向对象开发方法不断涌现，其中最引人注目的是前面介绍的 Booch、OOSE 和 OMT 等方法。

随后，当时的 Rational 公司聘请了 Jim Rumbaugh 参加 Grady Booch 的工作，将他们两人的建模方法合二为一，首次公开发布了统一方法(Unified Method, UM)0.8 版本。1995 年秋，OOSE 方法的创始人 Jacobson 也加入了 Rational 公司，与 Rumbaugh 和 Booch 一同工作，Booch、Rumbaugh 和 Jacobson 三人共同努力，于 1996 年 6 月发布了统一方法的 0.9 版，并将其更名为统一建模语言(UML)。此后，许多公司加入了 Jacobson、Rumbaugh 和 Booch 发起的 UML 联盟，1997 年 UML 1.0 被作为标准草案正式提交给对象管理组(Object Management Group, OMG)。OMG 是一个非官方的独立标准化组织，它接管了 UML 标准的制定和开发工作，先后推出了 UML 的多个版本，UML 的发展历史如图 6-6 所示。在美国，截至 1996 年 10 月，UML 获得了工业界、科技界和应用界的广泛支持，已有 700 多个公司表示支持采用 UML 作为建模语言。1997 年 11 月，OMG 将 UML 1.1 作为面向对象技术的标准建模语言。在我国，UML 也成为广大软件公司的建模语言。1999 年年底，UML 已稳占面向对象技术市场的 90%，成为可视化建模语言事实上的工业标准，UML 的诞生使得软件开发领域第一次出现了世界级的标准建模语言。1997～2002 年，OMG 成立 UML 修订任务组主持 UML 的修订工作，在这

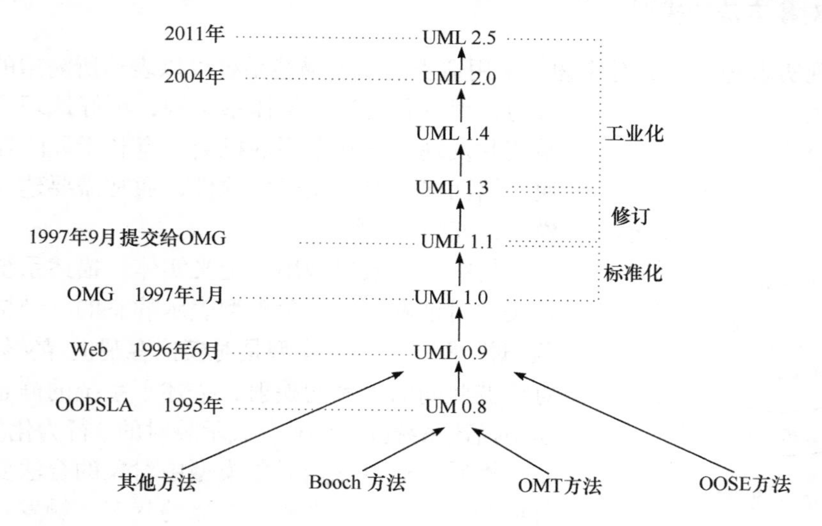

图 6-6　UML 发展历史

个过程中，UML 经历了多个版本的更新，直到 2004 年 UML 2.0 推出，其在 UML 1.x 的基础上做了重大的修改。UML 2.0 是一个非常成熟、稳定的 UML 版本。2011 年 UML 的最新版本 2.5 发布，在 UML 2.0 的基础上进行了进一步的扩展和改进，增加了更多的特性和功能，提高了 UML 的建模能力和表达能力。

2. 特点

(1) 统一标准。UML 统一了 Booch、OMT 和 OOSE 等方法中的基本概念，已成为 OMG 的正式标准，提供了标准的面向对象的模型元素的定义和表示。

(2) 面向对象。UML 吸取了面向对象技术领域中其他流派的长处。UML 符号表示考虑了各种方法的图形表示，删掉了大量易引起混乱的、多余的和极少使用的符号，也添加了一些新符号。

(3) 可视化能力、表达能力强。系统的逻辑模型或实现模型都能用 UML 模型清晰地表示，可用于复杂软件系统的建模。每一个图形符号都有良好定义的语义，还提供了语言的扩展机制，强大的表达能力使它可以用于各种复杂类型的软件系统的建模。

(4) 独立于过程。UML 是系统建模语言，不依赖于特定的程序设计语言，独立于开发过程。

(5) 易掌握、易用。UML 由于其概念明确、建模表示法简洁明了、图形结构清晰，所以易于掌握使用。

6.3.2　UML 的主要构成

UML 是一种标准化的图形建模语言，它是面向对象分析与设计的一种标准表示，由 4 个部分构成：视图 (View)、模型元素 (Model Element)、图 (Diagram) 和通用机制 (General Mechanism)。

1. 视图

UML 利用若干视图从不同角度来观察和描述软件系统，从某个角度观察到的系统就构成了系统的一个视图。每个视图都是整个系统描述的一个投影，说明了系统的某个特殊侧面，对于同一个系统，不同人员所关心的内容并不一样，若干个不同的视图可以完整地描述所建造的系统。UML 可以从下列 5 个视图来观察系统，如图 6-7 所示。

1) 用例视图

用例视图 (Use Case View) 是从外部行为者的视角来对系统功能进行建模。它主要描述系统应该具有的功能集合，不用考虑功能实现的细节。在用例视图中，参与者代表外部用户或其他系统，用例表示系统能够提供的功能，通过列举参与者和用例，显示参与者在每个用例中的参与情况。用例视图的适用对象主要是客户、分析人员、设计人员、开发人员和测试人员。用例视图在系统建模中处于中心地位，是其他视图的驱动因素。

2) 逻辑视图

逻辑视图 (Logical View) 用系统的静态结构和动态行为来展示系统内部的功能是如何实现的，其侧重点在于如何实现功能，这就要求逻辑视图能够剖析和展示系统的内部。系统的静态结构通过类图和对象图进行描述，而动态行为使用交互图和活动图进行描述。逻辑视图指导逻辑架构设计，逻辑架构关注功能，不仅包括用户可见的功能，还包括为实现用户功能而必须提供的“辅助功能模块”；它们可能是逻辑层、功能模块、类等。

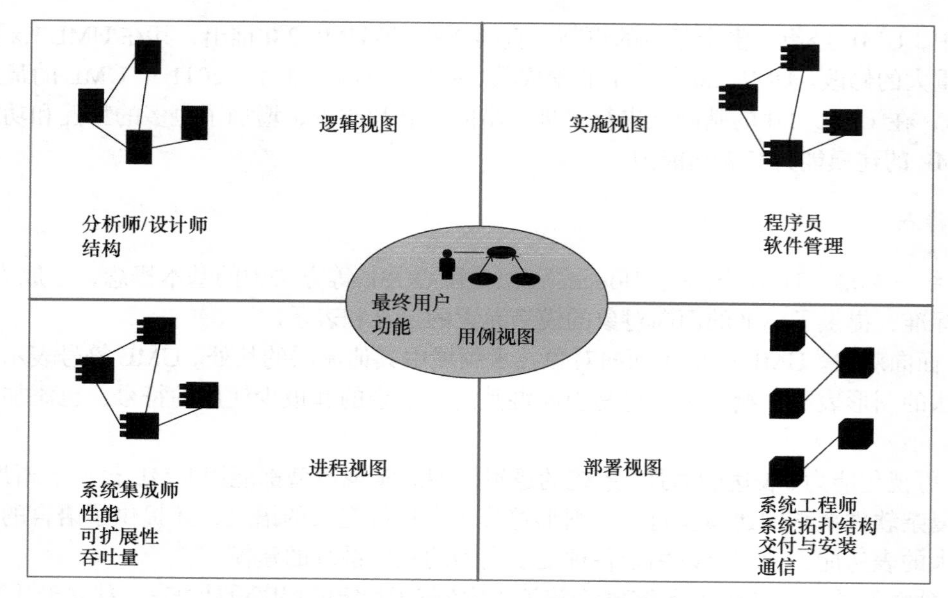

图 6-7　UML 的“4+1”视图

3) 实施视图

实施视图(Implementation View)展示代码的组织和执行，描述系统的主要功能模块和各模块之间的关系，主要被开发人员使用。实施视图指导开发架构设计，开发架构关注程序包，不仅包括要编写的源程序，还包括可以直接使用的第三方 SDK 和现成框架、类库，以及开发的系统将运行其上的系统软件或中间件。开发架构和逻辑架构之间可能存在一定的映射关系：逻辑架构中的逻辑层一般会映射到开发架构中的多个程序包；开发架构中的源代码文件可以包含逻辑架构中的一个或多个类。

4) 进程视图

进程视图(Process View)捕捉设计的并发和同步特征。展示与系统处理性能相关的主要元素，包括可伸缩性、吞吐量、基本时间性能。进程视图将系统划分为进程和处理器，通过这种方式来分析和设计系统如何有效利用资源、并行执行、处理来自外界的异步事件。并发性是软件系统的一个重要特征，它允许系统中的任务同时执行。进程视图显示系统的并发性，解决在并发系统中存在的通信和同步问题。进程视图包括动态图(状态机、交互图、活动图)和实现图(交互图和部署图)。

5) 部署视图

部署视图(Deployment View)利用节点来展示系统部署的物理架构。节点可以是计算或者设备，将这些节点相互连接起来就可以分析和展示在物理架构中系统是如何部署的。

2. 模型元素

模型元素指的是建模过程中涉及的一些基本概念，如类、对象、用例、节点、状态、接口、包(子系统)、注释、构件等。在 UML 建模中，使用一些图形符号表示模型元素，这些符号称为模型元素符号或建模图符。一个模型元素可以出现在多个不同类型的图中，但在不同类型的图中应该以何种方式出现须遵循一定的 UML 规则。图 6-8 给出了基本的建模图符。

模型元素与模型元素之间的连接关系也是模型元素，常见的关系有关联(Association)、泛化

(Generalization)、依赖(Dependency)、实现(Realization)、聚合(Aggregation)和组合(Composition)，其中聚合和组合是关联的特殊形式。这些关系的图形符号如图 6-9 所示。

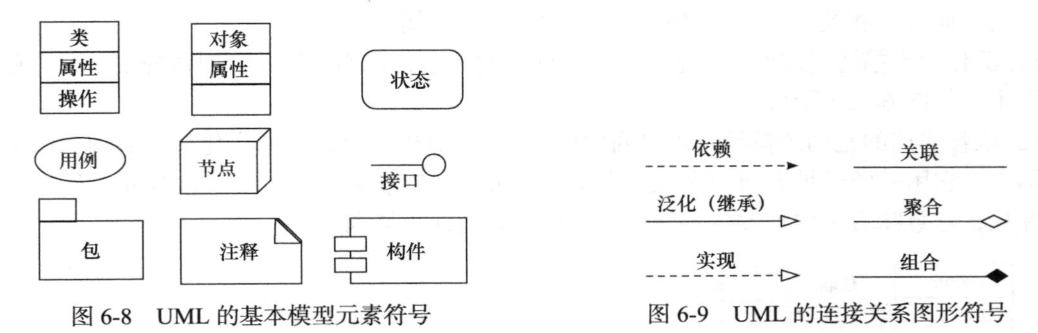

图 6-8　UML 的基本模型元素符号　　图 6-9　UML 的连接关系图形符号

(1)关联表示两个类之间存在的某种语义上的联系，即与该关联连接的类的对象之间的语义连接(称为链接)。根据连接的类对象间的具体情况，关联又可分为普通关联、递归关联、多重关联、有序关联、限制关联、或关联以及关联类。

普通关联是最常见的关联，即用一条直线连接两个类，直线上写上关联名。关联可以有方向，表示该关联的使用方向。在关联的两端可写上一个数值范围，称为“重数”，表示该类有多少个对象可与对方的一个对象连接。重数的符号表示有：

1	表示 1 个对象，重数的默认值为 1
0..1	表示 0 或 1
1..*	表示 1 或多
0..*	表示 0 或多，可以简化表示为*
number1..number2	表示 number1～number2

如图 6-10 所示，每个公司对象可以雇佣一个或多个人员对象(重数的符号表示为 1..*)；每个人员对象受雇于 0 个或多个公司对象(重数的符号表示为*，它等价于 0..*)。

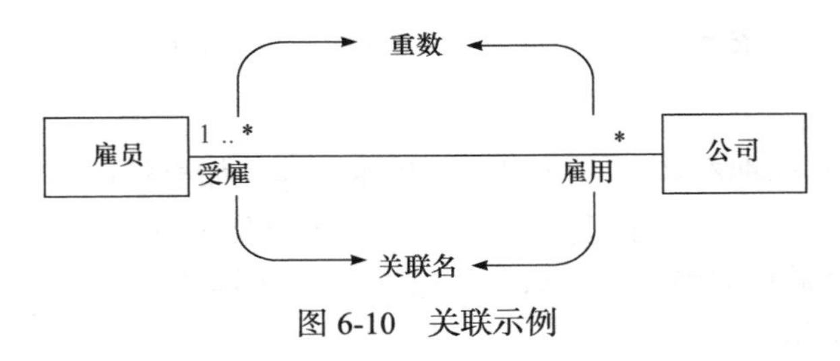

图 6-10　关联示例

UML 允许一个类和自身关联，称为递归关联。两个以上的类之间互相关联称为多重关联。在重数为“多”的关联端的对象上可以写上{ordered}来指明这些对象必须是有序的，这称为有序关联。限制关联用于一对多或多对多的关联。用一个称为限制子的小方块来区分关联“多”端的对象集合，指明“多”端的某个特殊对象，它将模型中一对多的关联简化为一对一，将多对多简化为多对一。或关联是指对多个关联附加约束条件，即类中的对象一次只能参与一个关联关系，当两个关联不能同时发生时，用一条虚线连接这两个关联，并且虚线的中间带有{OR}关键字。在 UML 中，可以将关联定义为一种特殊的类，这个类代表了两个或多个类之间的链接或关系。这种关联类本身可以有实例，而这个实例的链就是这些关联的实例。关联类也有属性、操作和其他的关联。例如，考虑一个人的工资时，如图 6-11 所示，通常将属性“工资”放在类“职员”中。然而，公司也应该知道自己所发放的工资，如果仅把属性“工资”放在类“公司”中，也不符合常理，类“职员”怎能没有属性“工资”呢？实际上，“工资”是类“职员”和类“公司”之间的任职关系的一个属性。

(2)泛化用于描述类之间“一般”与“特殊”的关系，比如，教务管理系统中，用户有教师和学生，如图 6-12 所示。

(3)依赖描述的是两个模型元素之间的语义关系，其中一个元素的变化会影响到另一个元素的语义，它用一条可带方向的虚线来表示，箭头指向依赖对象。如图 6-13 所示，课程计划依赖课程，这意味着若课程发生了变化，则会影响到课程计划。

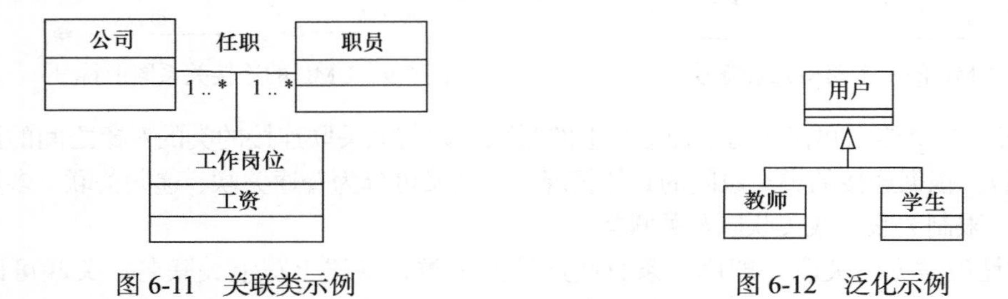

图 6-11　关联类示例　　　　图 6-12　泛化示例

(4)关联关系表示类之间的关系是整体与部分的关系，有两种特殊的关联关系，即聚合和组合。在 UML 中，聚合关系表示为空心菱形，组合关系表示为实心菱形。

① 聚合关系。

聚合关系的特征是它的部分对象可以是多个任意整体对象的一部分。如图 6-14 所示，课题组包含许多人，但是每个人又可以是另一个课题组的成员，即部分可以参加多个整体。

图 6-13　依赖示例　　　　图 6-14　聚合示例

② 组合关系。

在组合聚集中，整体拥有各部分，部分与整体共存。如果整体不存在了，各部分也会随之消失。如图 6-15 所示，一个跨国公司由各部门和各分公司组成。

(5)实现是泛化关系和依赖关系的结合，通常在接口和实现它们的类或构件之间用到这种关系，如图 6-16 所示。

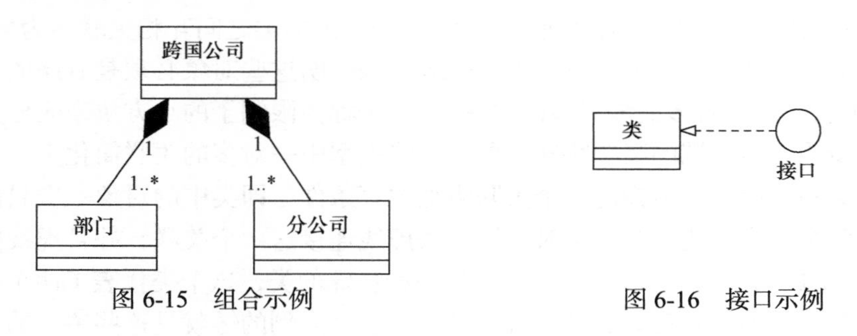

图 6-15　组合示例　　　　图 6-16　接口示例

3. 图

UML 利用若干视图从不同角度来描述一个系统，每个视图由若干幅模型图进行描述，每幅模型图由若干个模型元素来描述。一幅模型图包含了系统的某一特殊方面的信息，它阐述了系统的一个特定部分或方面。UML 中包含用例图、类图、对象图、组件图、部署图、顺序图、通信图、活动图、状态图 9 种图。对整个系统而言，其功能由用例图描述，静态结构由类图和对象图描述，动态行为由状态图、顺序图、通信图和活动图描述，而物理架构则是由组件图和部署图描述的。UML 中的 9 种图与前面的“4+1”视图的关系如表 6-1 所示。

表 6-1　UML 中各类视图

视图名称	视图内容	静态表现	动态表现	观察角度
用例视图	系统行为、动力	用例图	顺序图、状态图、活动图、通信图	用户、分析员、测试员
逻辑视图	问题及其解决方案的术语词汇	类图、对象图	顺序图、状态图、活动图	类、接口、协作
进程视图	性能、可伸缩性、吞吐量	类图	顺序图、状态图、活动图	线程、进程
实施视图	组件、文件	组件图	顺序图、状态图、活动图	配置、发布
部署视图	组件的发布、交付、安装	部署图	顺序图、状态图、活动图	拓扑结构的节点

(1)用例图(Use Case Diagram)，描述系统功能，完全从系统的外部观看。对于将要开发的新系统，用例图描述系统应该做什么；对于已构造完毕的系统，用例图则反映了系统能够完成什么样的功能。用例图为系统的功能提供了清晰一致的描述并为系统验证工作奠定了基础，有着重要的作用。不同的系统参与者均可利用用例图，如表 6-2 所示。

表 6-2　系统参与者列表

参与者	原因
用户	用例图详细说明了系统应有的功能(集)且描述了系统的使用方法，当用户选择执行某个操作之前，可以通过它知道模型工作起来是否与预期符合
开发者	帮助理解系统应该做些什么工作，为后来的开发工作奠定基础
系统集成人员 测试人员	验证被测试的实际系统与用例图中说明的功能(集)是否一致

用例图是由一组参与者、用例以及它们之间的关系组成的。

参与者(Actor)是与系统、子系统或类发生交互作用的外部用户、进程或其他系统的理想化概念。作为外部用户与系统发生交互作用是参与者的特征。在系统的实际运作中，一个实际用户可能对应系统的多个参与者。不同的用户也可以只对应一个参与者，从而代表同一参与者的不同实例。在 UML 中，参与者用一个名字写在下面的小人表示。

用例从用户角度描述系统的行为，它将系统的一个功能描述成一系列事件，这些事件最终对参与者产生有价值的可观测结果。在 UML 中，用例被表示成一个椭圆，用例的名字可以书写在椭圆的内部或下方。

用例除了可以与其参与者发生关联外，还可以参与系统中的多个关系，这些关系包括泛化关系、包含(Include)关系和扩展(Extend)关系。应用这些关系是为了抽取出系统的公共行为和变种。

(2)类图(Class Diagram)，描述一组类、接口、协作以及它们之间的静态关系。在面向对象系统的建模中，类图是最为常用的图，它用来阐明系统的静态结构。类图是构建其他图的基础，没有类图，就没有状态图、通信图等其他图，也就无法表示系统的其他各个方面。

类之间可以以多种方式链接，如关联、泛化、依赖和实现等。一个典型的系统模型中通常有若干个类图。一个类图不一定要包含系统中所有的类，一个类可以加到几个类图中。图 6-17 给出了一个典型的类图。

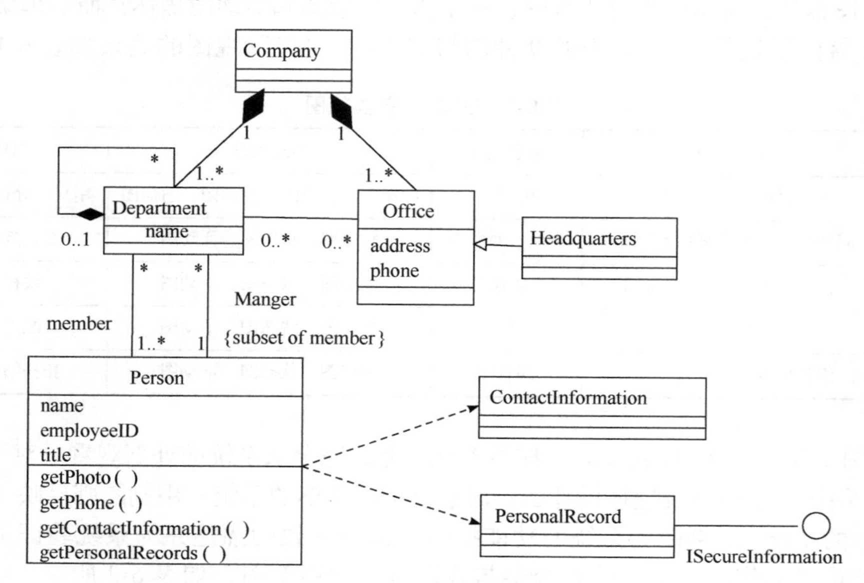

图 6-17　包含多种关联的类图

事实上，类是对一组具有相同属性、操作、关系和语义的对象的描述，其中对类的属性和操作进行描述时一个最重要的细节就是它的可见性。常见的可见性有 public、private、protected 和 package，见表 6-3。

表 6-3　类的可见性

可见性	表示符号	含义
private	–	只有类本身可以访问它的私有属性
protected	#	子类可以访问父类的受保护属性
public	+	任何类都可以访问一个类的公有属性
package	~	一个包内的类可以访问包内另一个类的属性

从理论上讲，一个类的属性应该全部是私有的，这样可以确保类的强封装性。然而，在有些情况下，如详细设计阶段或实现阶段，封装的强度需要被“软化”。这时，可以使用其他可见性，允许对类内属性的一些开放访问。尽管如此，除非有其他的强烈需求，属性在任何时候都应该保持它的私有可见性。

(3)对象图(Object Diagram)，描述系统在某一时刻的静态结构。对象图表示的是类图的一个实例，它及时具体地反映了系统执行到某处时的工作状况。对象图中使用的符号与类图几乎完全相同，只不过对象图中的对象名加了下划线，而且对象名后面可以接冒号和类名，用来说明创建该对象的类。图 6-18 显示了针对某公司建模的一组对象。该图描述了该公司的部门分组情况。c 是类 Company 的对象，这个对象与 d1、d2、d3 连接，d1、d2、d3 都是类 Department 的对象，它们具有不同的属性值，即不同部门的名字。

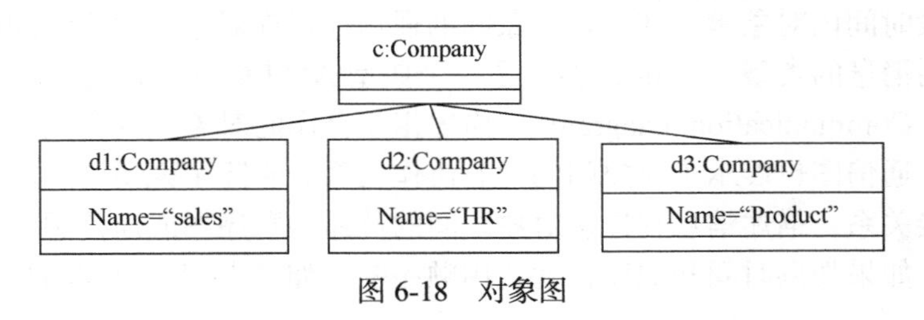

图 6-18　对象图

在创建对象图时，建模人员并不需要用单个的对象图来描述系统中的每一个对象。绝大多数系统中都会包含成百上千个对象，用对象图来描述系统的所有对象以及它们之间的关系是不现实的。因此，建模人员可以选取所感兴趣的对象及其之间的关系来进行描述。

(4) 构件图(Component Diagram)，又称为组件图，显示代码本身的逻辑结构，它描述系统中存在的软件构件以及它们之间的依赖关系，用于建模系统的静态实现视图。构件可以是可执行程序、库、表、文件和文档等，构件图如图 6-19 所示。

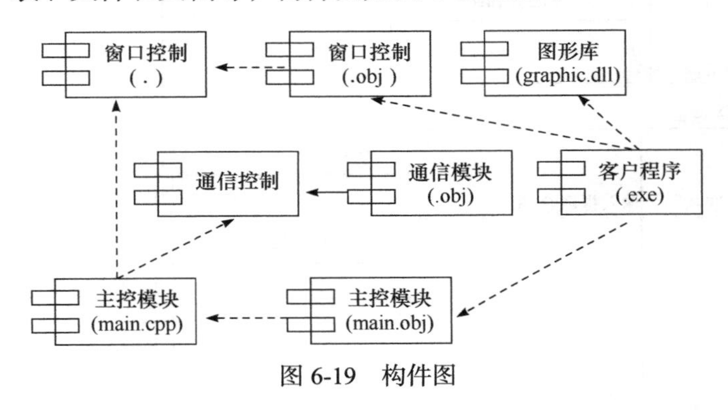

图 6-19　构件图

(5) 部署图(Deployment Diagram)，又称为配置图，描述了系统中硬件和软件的物理配置情况和系统体系结构，显示系统运行时刻的结构。

配置图中的节点代表计算机资源，通常是某种硬件，如服务器、客户机或其他硬件设备，节点包括在其上运行的软件构件及对象，节点的图符是一个立方体。节点应标注名字。

配置图各节点之间进行交互的通信路径称为连接，连接表示系统中的节点之间的联系。用节点之间的连线表示连接，在连线上要标注通信类型。图 6-20 所示是一个在线交易系统的配置图。图中包括了两个客户机，是访问该在线交易系统的客户。客户机与 Web 服务器相连，客户通过访问 Web 服务器获取商品信息。Web 服务器在获得订单后把消息提交给应用程序服务器，应用程序服务器处理消息并将结果储存在数据库服务器中。

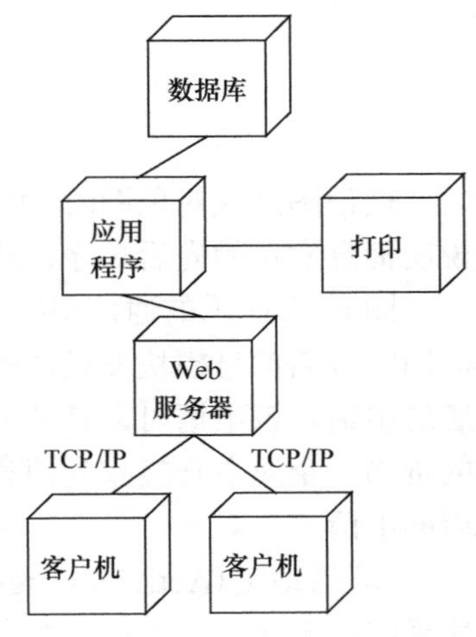

图 6-20　在线交易系统配置图

(6)顺序图(Sequence Diagram)，描述对象之间动态的交互关系，着重体现对象间消息传递的时间顺序。顺序图存在两个轴：水平轴表示不同的对象；垂直轴表示时间。顺序图中的对象用一个带有垂直虚线的矩形框表示，并标有对象名和类名。垂直虚线是对象的生命线，用于表示在某段时间内对象是存在的。对象间的通信通过在对象的生命线间画消息来表示，消息的箭头指明消息的类型。图 6-21 给出了一个典型 ATM 取款过程的顺序图。

(7)通信图(Communication Diagram)，描述相互合作的对象间的交互关系和连接关系。与顺序图一样，通信图也展示了对象间的动态协作关系。它除了说明消息的交换外，还显示对象之间的连接关系，描述消息在连接对象之间的传递。顺序图或通信图都可用来表示对象间的协作关系：如果强调时间和顺序，就使用顺序图；如果强调对象间的相互关系，则选择通信图。

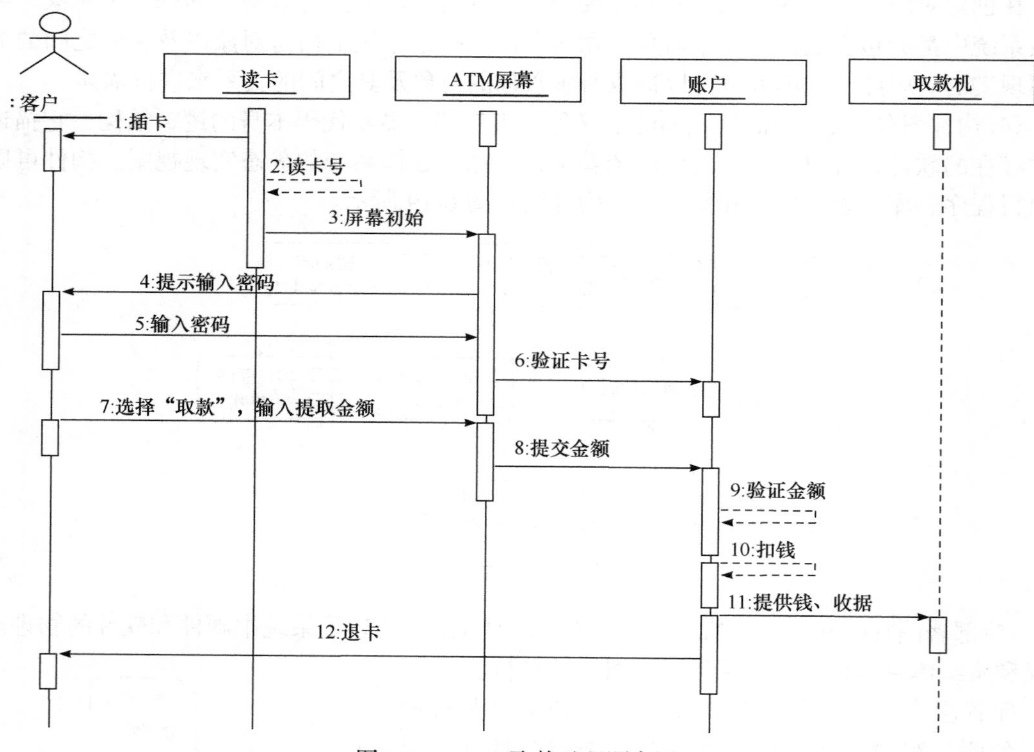

图 6-21　ATM 取款过程顺序图

通信图画成对象图时，图中的消息箭头表示对象间的消息流向，消息箭头必须附加标记，说明消息发送的先后顺序，还可显示条件、重复和回送值等。

图 6-22 所示的通信图描述了某连锁企业对其分店的管理。管理过程从企业主管开始，他向回收分店信息模块发送回收分店信息的消息，该模块在收到此消息后，回复给企业主管分店的申请。该申请可以是从公司提取分店库存不足的货物，也可以是推给公司分店库存过量的货物。企业主管接收到消息后将消息提交给系统操作员，操作员进行相应的操作来处理分店的申请。

(8)活动图(Activity Diagram)，描述对象的状态变化以及触发状态变化的事件。活动图描述系统中各项活动的执行顺序，刻画一个方法中所要执行的各项活动的执行流程。

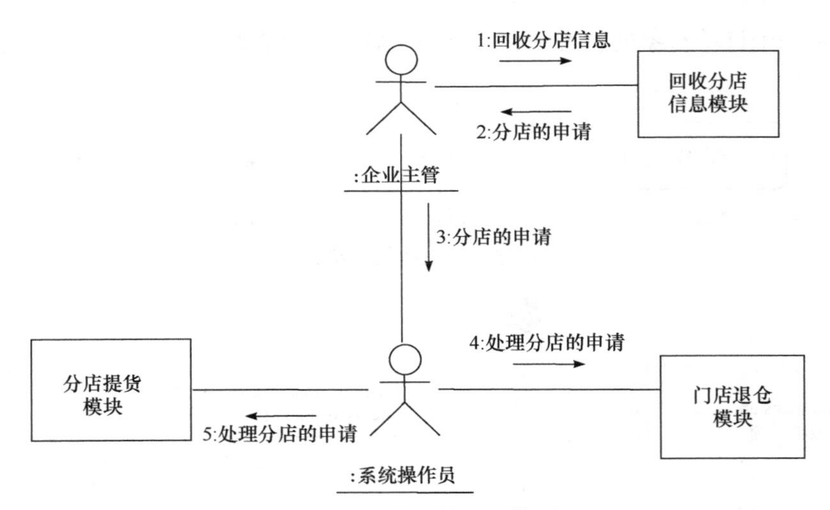

图 6-22　分店管理通信图

活动图的应用非常广泛，它既可用来描述操作(类的方法)的行为，也可用来描述用例和对象内部的工作过程，并可用于表示并行过程。活动图显示动作及其结果，着重描述操作实现中完成的工作以及用例或对象内部的活动。构成活动图的模型元素有活动、迁移、对象、信号、泳道等。其中活动是活动图的核心概念。

活动的解释依赖于作图的目的和抽象层次。在概念层描述中，活动表示要完成的一些任务。在说明层和实现层，活动表示类中的方法。活动图中的常用图符如图 6-23 所示。

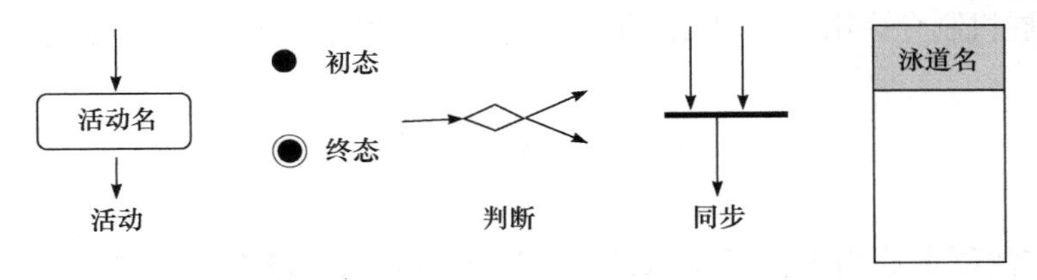

图 6-23　活动图的常用图符

图 6-24 所示是关于学生参加考试的活动图。从初态开始，然后转换到活动状态“进入考场”，接下来自动迁移分支，这产生两个并发工作流，“检查证件”和“对号入座”。在检查完证件后，进入活动状态“发考卷”，只有当“发考卷”和“对号入座”都完成时，才转换汇合到“开始答题”。为了清晰地表示活动的对象归属，将它们分别组织到“老师”和“学生”两个泳道中。

(9) 状态图(State Diagram)，描述一个特定对象的所有可能的状态及引起状态迁移的事件。一个状态图包括一系列的状态以及状态之间的迁移，一个系统或对象从产生到结束或从创建到清除，可以处于一系列不同的状态。这些状态的数目有限时，可以由状态图来表示。状态图是对行为描述的补充，说明该类对象所有可能的状态以及哪些事件导致了状态的改变。构成状态图的模型元素有状态、迁移、初态、终态等，如图 6-25 所示。

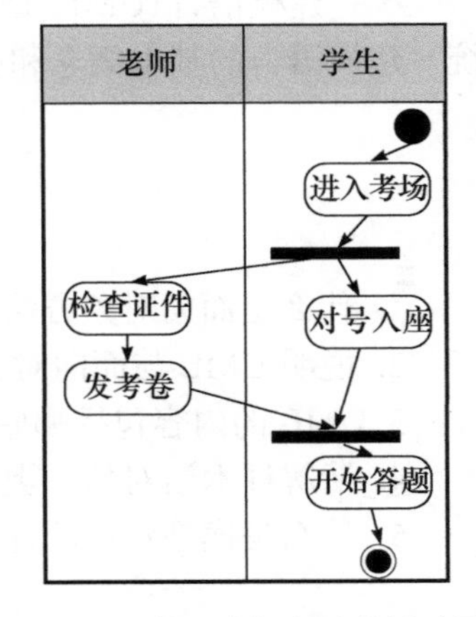

图 6-24　学生参加考试的活动图

图 6-26 是一个订单对象的状态图，共有四个状态：检查状态、等待状态、发货状态和已发货状态。

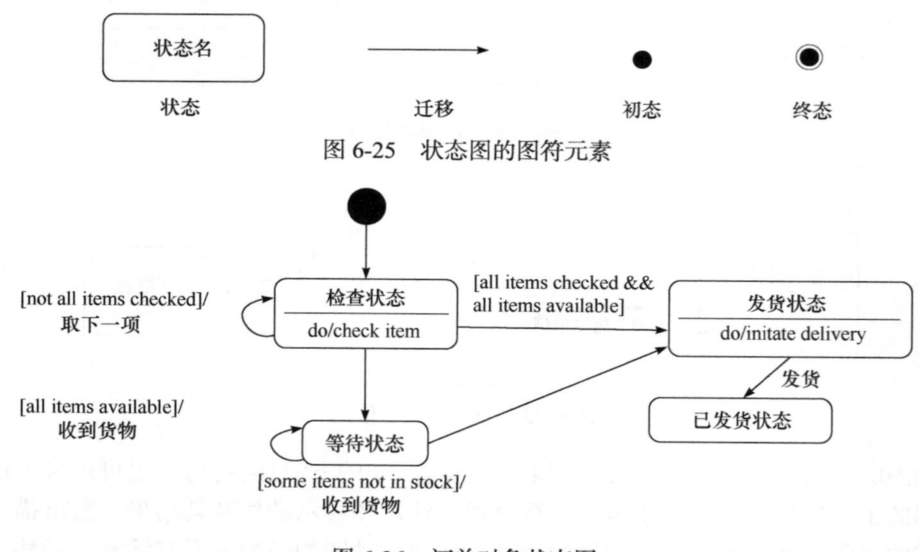

图 6-25　状态图的图符元素

图 6-26　订单对象状态图

4. 通用机制

UML 提供的通用机制可以为模型元素提供额外的注释、信息或语义。这些通用机制同时提供扩展机制，扩展机制允许用户对 UML 进行扩展，以便适应一个特定的方法/过程、组织或用户。

6.4　小　结

面向对象方法逐渐成为人们开发软件普遍使用的方法，最本质的原因是面向对象方法是目前最符合人类思维方式的软件工程方法。本章对面向对象方法进行概述，介绍面向对象方法的特点、基于面向对象的软件开发过程、几种流行的面向对象方法以及常用的面向对象方法模型。

统一建模语言(UML)是综合了许多面向对象方法的分析和设计思想发展起来的，本章对统一建模语言的基本概念和主要构成做了介绍，为面向对象分析与设计奠定坚实的基础。

习　题　6

1. 什么是面向对象方法？与传统软件开发方法相比，面向对象方法有哪些优点？
2. 说明 UML 与面向对象方法的关系。
3. UML 的内容包括哪些成分？它的特点是什么？
4. 请解释术语对象、类、关联、泛化、聚合、依赖，并举例说明。
5. 什么是模型？在软件开发过程中为什么需要建立模型？

第 7 章　面向对象分析

面向对象分析就是运用面向对象方法进行系统分析，它是面向对象方法从编程领域向分析领域发展与延伸的产物。其基本任务是通过运用面向对象方法，对问题域和系统责任进行分析和理解，找出描述问题域和系统责任所需的类和对象，定义这些类和对象的属性与操作，以及它们之间所形成的各种关系，最终产生一个符合用户需求，并能够直接反映问题域和系统责任的模型及其规约。

7.1　面向对象分析过程

面向对象分析过程一般从分析陈述用户需求的文件开始，这类文件可能是用户单方面的需求陈述，也可能是系统分析员配合用户共同完成的需求说明。有些时候，软件项目的“标书”往往可以作为初步的需求陈述。在需求获取阶段，开发人员关注于理解用户，而在需求分析阶段，开发人员关注于理解系统所需构件的内容，其核心是产生一个准确的、完整的、一致的和可验证的系统模型，即分析模型。

面向对象分析模型以用例模型为基础，开发人员在搜集到原始需求的基础上，通过构建用例模型得到系统的需求，完整的用例模型包括用例图和用例描述。通常不能够一次性地构建成功，常常需要和用户多次交互迭代回溯才能完成用例模型的构建。完整的用例模型不仅仅刻画了系统的功能模型，还从用户的角度讲述了一个完整的“用户故事”，是用户使用待开发系统的真实场景的写照。

确定系统的所有用例之后，就可以开始识别目标系统中的对象和类了。把具有相似属性和操作的对象定义为一个类。属性定义了对象的静态特征，一个对象往往包含很多属性；操作定义了对象的行为，并以某种方式修改对象的属性值。这时可以画出系统的类图，分析并确定类或对象之间的关系。明确了对象/类和类之间的关系之后，需要进一步识别出对象之间的动态交互行为，即系统响应外部事件或操作的工作过程。一般采用顺序图将用例和分析的对象联系在一起，描述用例的行为是如何在对象之间分布的，也可以采用协作图、状态图或活动图。图 7-1 是面向对象分析过程的示意图。

7.2　系统用例模型

系统用例描述参与者使用系统的场景，反映了系统的功能，用例建模是一种描述应该做什么的建模技术，所建立的用例模型也是系统的功能模型。

7.2.1　建立系统用例模型的过程

系统用例模型的构建过程由以下几步构成：定义系统、确定参与者、确定用例、描述用例、定义用例之间的关系和确认模型。

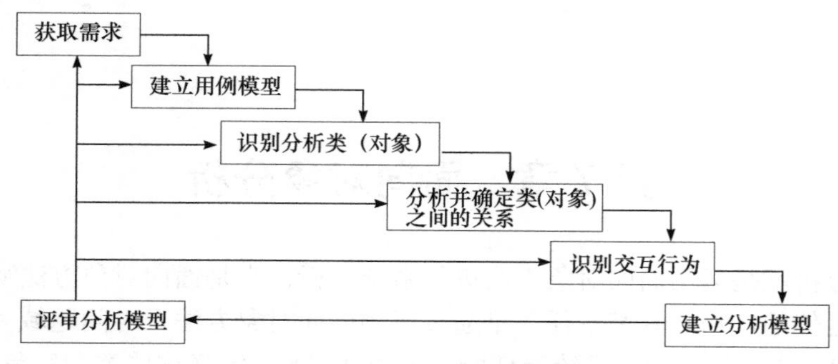

图 7-1 面向对象分析过程示意图

1. 定义系统

在对用户需求调研的基础上，从系统外部观看系统功能，说明和定义软件系统的功能需求，并描述系统内部对功能的具体实现，确定要建模的部分是一个系统或子系统，确定它的主题，定义它的边界。

2. 确定参与者

系统参与者是一组高内聚的角色，当用户与用例交互时，该用户扮演了这一角色。直接使用该系统的用户都是参与者。选取其中一个参与者，定义该参与者希望系统做什么，参与者希望系统做的每件事成为一个用例。

一个参与者一般可以表达为与系统交互的那些人(的角色)、硬件(的角色)或其他系统(的角色)。参与者实际上并不是软件应用的一部分，而是代表与系统(软件应用)交互的外部实体。一个客体对象可以扮演多个参与者，一个参与者代表了客体一个方面的角色。

3. 确定用例

用例总是被参与者启动的，参与者必须参与到用例所描述的系统执行场景。用例必须是完整的，描写一个完整的执行过程，并向参与者返回可见的有价值的结果。

4. 描述用例

描述用例就是对用例的详细描述和说明，主要内容如下。

(1)简要说明：简要介绍该用例的作用和目的。

(2)事件流：包括基本流和备选流。

基本流描述的是用例的基本流程，是指用例“正常”运行时的场景；备选流描述的是用例执行过程中可能发生的异常或偶然情况。

(3)用例场景：同一个用例在实际执行的时候会有很多不同的情况发生，称为用例场景。用例场景就是用例的实例，包括成功场景和失败场景。在用例规约中，由基本流和备选流组合来对场景进行描述。

(4)特殊需求：描述与用例相关的非功能需求(包括性能、可靠性、可用性和可扩展性等)和设计约束(所使用的操作系统、开发工具等)。

(5)前置条件：执行用例之前系统必须所处的状态，例如，要求用户有访问的权限或要求某个用例必须已经执行完。

(6)后置条件：用例执行完毕后系统可能处于的一组状态，例如，要求在某个用例执行完成后，必须执行某一用例。

5. 定义用例之间的关系

用例之间的关系包括以下三种。

(1)泛化：一个用例描述的执行场景是另一个用例所描述的执行场景的特例，如图 7-2 (a)所示，检索教师用例和检索学生用例都属于检索人员用例。

(2)扩展：一个用例描述的执行场景是对另一个用例所描述的执行场景的扩展，如图 7-2(b)所示，执行还书用例满足条件时会扩展缴纳罚金用例。

(3)包含：一个用例描述的执行场景是另一个用例所描述的场景中的一步，如图 7-2(c)所示，检索基础地理数据用例包含 3D 展示用例。

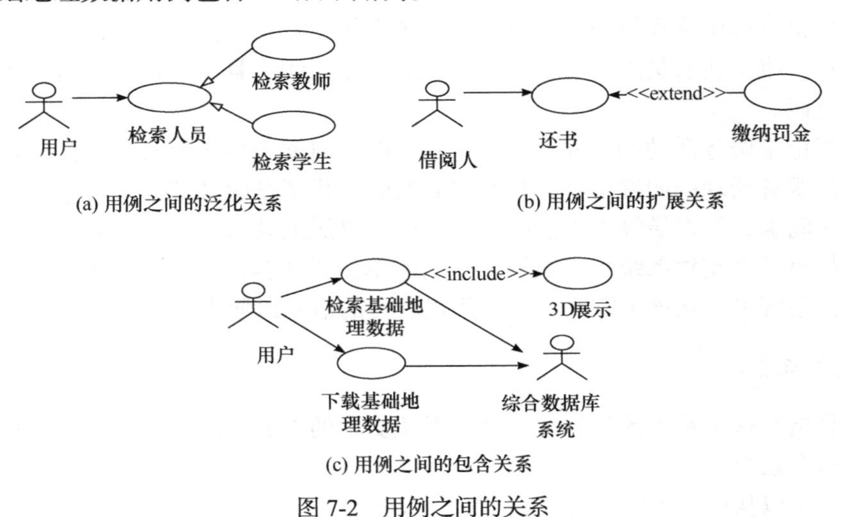

(a) 用例之间的泛化关系　(b) 用例之间的扩展关系

(c) 用例之间的包含关系

图 7-2　用例之间的关系

6. 确认模型

用例模型是系统既定功能及系统环境的模型，它可以作为用户和开发人员之间的契约。用例模型作为系统分析设计的依据，在构建完成以后，需要用户、管理者和开发设计人员等系统相关者共同进行确认，以便查漏补缺。

7.2.2　案例：基于 UML 的客户服务记账系统用例模型过程

下面用一个例子来说明用例模型的构建。

1. 问题描述

设有一家专门为客户有偿提供多种服务活动的服务机构。为了方便客户选择，该服务机构通常先将一些服务活动放到一起(称为一个服务项目)，然后将服务活动打包提供给用户。每个服务项目包含若干个服务活动，服务机构按照提供服务活动的具体时间进行收费。不同的服务活动每单位时间的收费不同，一个服务项目的收费即该项目内所有服务活动的总费用。不同的服务项目可以包含一些相同的服务活动，但是不同的服务项目中所有服务活动不会完全相同。服务项目可以根据客户的需要进行调整。服务机构利用服务活动表记录所提供服务活动的相关信息，如名称、费用等。

当客户消费某个服务项目时，该机构就会指定一名雇员负责记录该客户的所有服务活动的时间(即工时)，并把所有客户的服务情况记录在一张客户-项目表中。该表中包含收费项目代码、项目名称、客户、雇员、是否记账等属性。其中，收费项目代码用来唯一标志客户选定的项目，不能重复；是否记账表示雇员是否对该项目的服务时间进行了记录。

随着业务量增大，该服务机构急需一个客户服务记账系统完成对所有客户的服务情况的统计管理。该系统由管理员负责维护。管理员可以查看已有收费项目的情况；当一个客户要求该机构提供某个服务项目时，管理员就向客户-项目表中添加一个记录；如果客户或者项目不存在，管理员就负责添加新的客户或者项目；管理员添加新项目的时候，只能从已有服务活动中组合成一个新项目，而不能生成新的服务活动；如果有的雇员休假或者住院，则他负责的客户表单也可以由管理员填写。每天的系统操作均需要保存到系统日志中。

管理员负责维护所有员工信息。员工按照名字来组织，且新添加的雇员在第一次登录系统时需修改密码。

雇员负责记录服务活动的时间卡，即记录工时。时间卡中包含某天为该客户提供的服务项目中所有的服务活动的明细信息，如某时到某时提供了某服务活动等信息。雇员可以浏览更新以前的时间卡，但在最终提交前要确认。雇员仅能记录当天的时间卡，不能提前记录。

该机构另有一套支付系统用来核算客户的账单，通知客户结账或从客户信用卡中扣取服务费用。支付系统可以从该记账系统获取用以收费的信息以便生成收费账单。

2. 寻找参与者

参与者是指在这个系统的外部并和这个系统交互的人或系统。一个参与者必须以独有的方式来使用这个系统。

开发人员可以从以下角度来寻找和确定参与者。

(1)谁会使用系统的功能?

(2)谁来维护、管理系统的日常运行?

(3)谁需要读、写或更新系统中的信息?

(4)哪些人或外部系统对系统产出的结果感兴趣?

(5)系统需要控制哪些硬件设备?

(6)系统需要与哪些其他外部系统交互?

在客户服务记账系统中，可以确定下面的参与者，如表 7-1 所示。

表 7-1　候选参与者列表

候选参与者	选择原因
雇员	直接使用系统的功能
管理员	直接使用系统的功能
支付系统	外部系统

3. 寻找用例

用例描述了参与者与系统交互的完整过程。例如，一个参与者向系统发出请求并传送消息(初始数据)，要求对某些数据进行处理，系统响应参与者的请求，完成相应处理并把结果返回给参与者。这个过程描述了一个完整的功能，该功能就是一个用例。对于已识别的参与者，开发人员可以通过提出以下问题确定可能的用例。

(1)参与者需要利用系统的什么功能？参与者需要做什么？

(2)参与者需要读取、保存、更新系统的哪些信息？

(3)系统中发生的事件需要通知参与者吗？参与者需要通知系统某些事情吗？

(4)系统的输入输出信息是什么？这些信息的来源和流向是什么？

在客户服务记账系统中，可以确定下面的用例，如表 7-2 所示。

表 7-2　候选用例列表

候选用例	选择原因
记录工时	雇员(或管理员)需要使用的功能(记录工时)
浏览时间卡	雇员(或管理员)需要使用的功能(对时间卡浏览)
更新时间卡	雇员(或管理员)需要使用的功能(对时间卡更新)
登录	雇员(或管理员)用来登录系统以使用系统功能
修改密码	雇员第一次使用系统时需要修改的信息
维护系统用户信息	添加、修改和删除系统用户信息
维护服务项目信息	添加、修改和删除服务项目信息
维护客户信息	添加、修改和删除客户信息
维护客户-项目信息	添加、修改、删除客户与服务项目的相关信息

4. 确定参与者和用例之间的关系并绘制用例图

每一个参与者都触发一个或更多的用例，每一个用例都由一个或多个参与者触发。在 UML 需求分析过程中，根据系统的负责程度，随着分析的深入，也会采取用例图分层细化的方法来描述系统中各个部分的需求。创建顶层用例图(类似于分层数据流图中的顶层数据流图)的最后一个步骤就是描述用例和参与者之间的这种关系。图 7-3 显示了这种关系。

5. 编写用例描述

用例描述的是一个系统(或子系统、类、接口)做什么，而不是描述怎么做。它是一份关于参与者与用例如何交互的简明、一致的规约。用例描述着眼于系统外部的行为，而忽略系统内部的实现，应使用用户习惯使用的、足够清晰的语言和术语来进行描述。

用例的文字描述应包括以下内容。

(1)用例名称。

(2) 前置条件：描述在哪些用例成功执行之后，这个用例才会被触发，并描述其中的依赖关系。

(3) 部署约束：描述如何使用系统来完成用例。例如，某个特定的用例是由雇员参与者触发的，而这个参与者位于保护雇员客户端的防火墙之后。疏忽这类约束将会导致严重的后果，因此这些信息必须尽快获得。

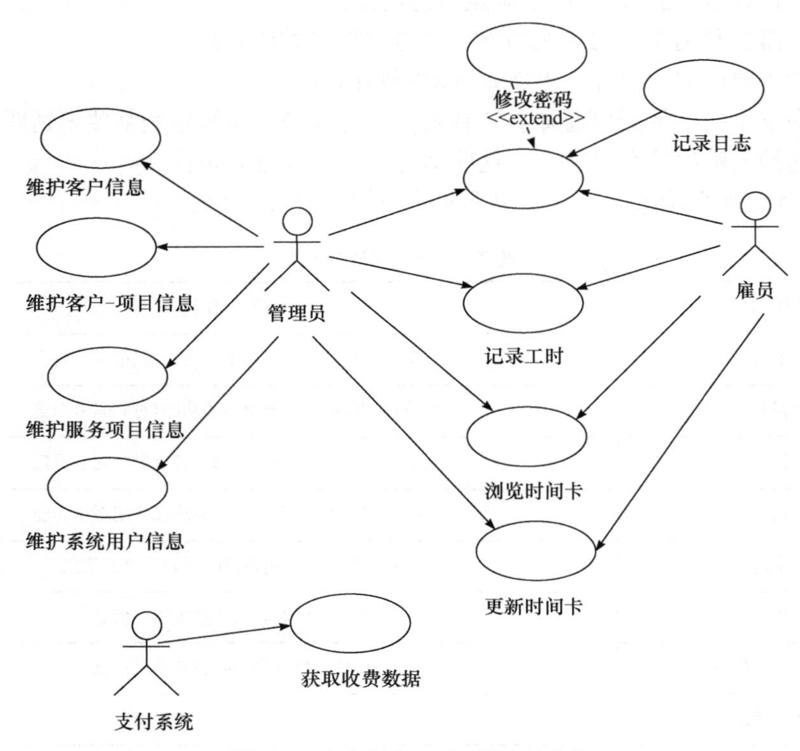

图 7-3 客户服务记账系统用例图

(4) 正常事件流：一个交互动作的有序序列，描述所有的系统输入以及系统响应，它们组成了用例的正常流程。正常事件流通过显示事件按计划进行时的交互动作，揭示了用例的目的。

(5) 可选事件流：一个交互动作的有序序列，描述组成这个用例的一个可选流程的所有系统输入及其响应。可选事件流显示系统是如何对用户的误操作做出响应的。

(6) 非功能需求：介绍用例成功执行的判断标准。这个标准不适合在事件流中描述。例如，系统对用例的响应必须限制在 3s 以内。

(7) 后置条件：说明用例执行结束后，结果应传给什么参与者。

(8) 未解决的问题(可选)：打算询问相关人员的一系列问题。

客户-项目信息维护包括对客户-项目信息的添加、更新和删除。因此，“客户-项目信息维护”用例又可以分成 3 个子用例，即“添加客户-项目信息”、“更新客户-项目信息”和“删除客户-项目信息”。下面仅对“添加客户-项目信息”子用例进行描述，其他两个子用例描述可参照该描述进行。

用例名称：添加客户-项目信息。

描述：管理员用该用例为系统增加一个新的客户-项目信息的记录。该记录包含收费项目代码、项目名称、客户、雇员、是否记账等属性。由于每一个收费项目代码都是专门针对一个客户和一个项目的，管理员可能需要先添加一些客户或者服务活动。

前置条件：客户必须以管理员身份登录系统。

部署约束：无。

正常事件流：

(1) 管理员查找该客户。

(2) 管理员查看所有项目。

(3) 管理员选定某个该客户请求的项目。

(4) 系统添加针对该客户的客户-项目信息。

(5) 管理员为该客户-项目信息添加一个雇员。

(6) 系统显示新创建的收费项目代码，提示客户可以使用。

可选事件流：

(1) 未找到所需的项目。

①系统提示“未找到该项目”。

②用例结束。

(2) 未找到相应的客户。

①系统提示“没有该客户”。

②用例结束。

非功能需求：　无。

后置条件：如果用例执行成功，则雇员可以使用新的收费项目代码进行登记工作。

未解决的问题：无。

7.3　系统对象模型

7.3.1　分析类的概念

识别对象和类是面向对象建模中最关键、最困难的一步，因为分析、设计和编码都将把它们用作主要元素，在识别对象时所犯的错误不但会影响到后续的开发，而且将对软件的可扩展性和可维护性产生影响。识别对象需要有关面向对象范型的深入知识和技术，以及将其应用到所开发的系统的能力。在所有的建模工作中，识别它们是比较困难的。

在现实生活中，人们每一天都在处理对象和类。例如，玩具消防车或布娃娃是现实世界中的消防车或人的模型。玩具消防车具有不变的属性(如高度、宽度和颜色)或可变的属性(如电池的电量和新旧状态)以及操作(如向前、向后运动或打开警笛)，但也会有例外的情况，如电池没电了或轮子掉了等。某个商店在卖玩具消防车是指在卖一类玩具，而买了一辆玩具消防车是指买了该类玩具中的具体的一个。模型中的很多对象与类实质上就是现实事物的对应物。

为了尽可能识别出系统所需要的对象，系统分析员应该首先找出可能有用的所有候选对象，避免遗漏。随后，对所发现的候选对象逐个进行审查，筛选不必要的对象，或者将它们进行适当的调整与合并，使系统中的对象和类尽可能地紧凑。

在分析对象模型中，分析类是概念层次上的内容，用于描述系统中较高层次的对象。分析类直接针对软件的功能需求，因而分析类实例的行为来自对软件功能需求的描述。在使用分析类的时候，暂且不必关注某些与应用逻辑不直接相关的细节，特别是那些纯粹的软件技术问题。分析类和具体编程实现的语言是无关的，分析类与后面介绍的设计类之间也没有必要存在一一对应的关系。

实践经验表明，如果立足于软件功能需求，目标系统往往在三个维度上容易发生变化：第一，目标系统和外部要素之间交互的边界；第二，目标系统要记录和维护的信息；第三，目标系统在运行时的控制逻辑。通常按照这三个变化因素的维度，将“分析类”划分为三种类型，即边界类、实体类和控制类，如图 7-4 所示。一方面，这种划分反映了系统对象的不同作用和相互关系，有利于开发人员尝试找出分析类；另一方面，这种划分对系统中最容易产生变化的边界部分与相对稳定的实体部分和控制部分进行分析，可以更好地适应软件功能需求的变化，使得拟建系统的结构对软件功能需求变化的“反响”具有显著的“高内聚、低耦合”的特征。

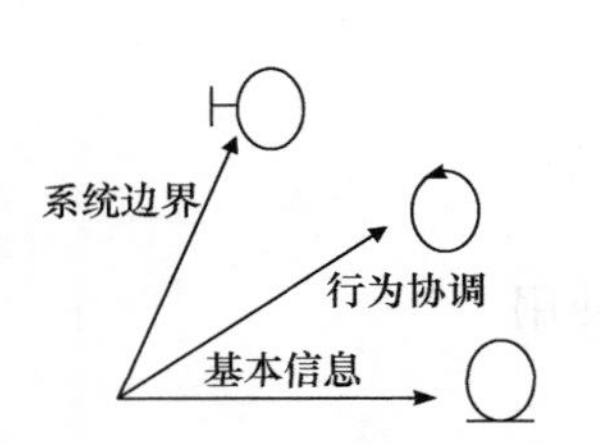

图 7-4　三种分析类相互弱耦合

7.3.2　识别分析类

面向对象的分析过程也是对象模型的构建过程，由 5 项活动组成，如图 7-5 所示。首先，开发人员进一步理解最初的用例模型，识别出系统的分析类(实体类、边界类及控制类)及部分属性；其次，根据用例模型及分析类，通过建立系统的顺序图发现可能遗漏的类或对象，并进一步定义分析类的属性和行为，确定分析类之间的关系，从而得到进一步细化的分析模型；最后，开发人员和用户一起对分析模型进行分析评审，保证模型的正确、一致、完整和可行。

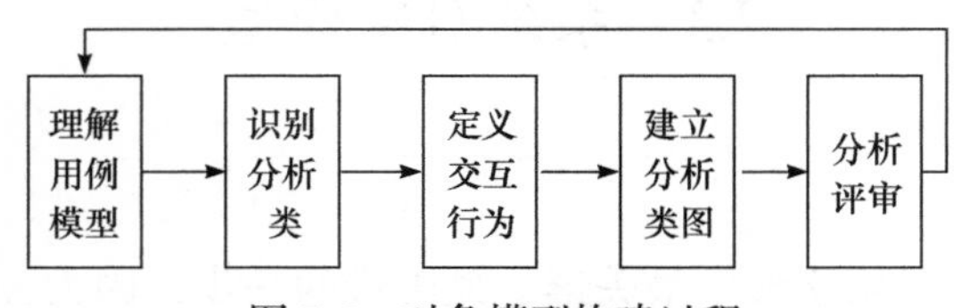

图 7-5　对象模型构建过程

面向对象的分析过程是一个循环渐进的过程，识别分析类和细化分析模型不是一次可以完成的，需要多次循环迭代。

为了识别分析类，通常需要充分理解系统内部的行为，需要对最初的用例模型进行进一步的分解和细化，进一步说明系统内部是如何响应外部请求的。对用例进行分解和细化，可以在第一次迭代中攻克那些最重要的用例。一旦第一次迭代完成，就对剩下的用例进行分解和细化，这个过程依次进行下去，直到所有用例都分解和细化完毕。用这种方法来划分用例，可以降低整个项目的风险，用一些小规模的胜利来确保最终获得整个项目的大胜利。用例的分解和细化需要对最初的用例图进行分析，对于未解决的问题，进一步去询问相关人员(如客户)，从而获得对系统活动的更多理解。本章不再详细介绍细化的过程，给出的用例模型是经过充分理解的，在此基础上，开发人员需要确定支持用例行为的一些分析类。

7.3.3　识别实体类

实体类用于描述必须存储的信息，同时描述相关的行为。实体类代表拟建系统中的核心信息。在 RUP 的有关文档中对实体类的解释为：用于对必须存储的信息和相关行为建模的类。实体对象(实体类的实例)用于保存和更新一些对象的有关信息，如事件、人员或者一些现实生活中的对象。实体类通常都是永久性的，它们具有的属性和关系是系统长期需要的，有时甚至在系统的整个生命周期都需要。例如，在银行系统中，账户是典型的实体类；在网络管理系统中，节点和链接是典型的实体类。实体类是拟建系统中最重要的部分，通常需要长期保留。

实体类的主要任务是装载信息，同时其也具有行为，但是这部分行为具有“向内收敛”的特征，主要包括那些和实体类的自身信息直接相关的操作。这是实体类能够独立于外部环境以及特定控制流程的必要条件。概念上，实体类及其关联描述了拟建系统的逻辑数据结构，和传统意义上的“实体-关系”图异曲同工；实践中，它们直接对应拟建系统中体现用户核心价值的那部分内容。

实体类的构造型<<entity>>在类图中的表述如图 7-6 所示。

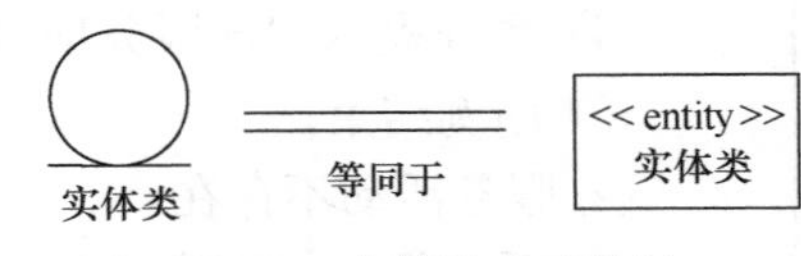

图 7-6　实体类表示符号

仔细考虑用例图中的每一个用例，对应于每一个用例会有许多情况。系统分析团队在时间允许的范围内调查用例执行过程中尽可能多的正常情况和异常情况，以获得对该领域、业务模型以及用例的尽可能深入的理解。针对每个用例得到一份高质量的用例描述对后面的分析至关重要，这里所说的高质量即对所分析的用例要充分考虑其在实践中发生的各种情况，可将用例执行过程中的正常情况和异常情况放在一份用例描述中。

对于每一个用例，搜索它的每一个事件流来寻找名词、数据和行为。名词将会成为实体对象，数据则可能会是对象的属性，而行为将被分配给一个或者多个对象。每一个用例中的名词先分别考虑，再综合考虑。当然，对于一些对软件系统无关紧要的名词短语，开发者可以筛选掉它们。

如何正确而合理地分辨出哪些候选名词才是真正的问题领域中的类呢？需要对每个候选名词做检查，一个常用的检查方法就是用一些简单的问题来测试每个词是否为所需要的名词。开发者可以用以下的规则检查各个名词。这是一个迭代的过程，需要反复思索和筛选。

(1) 这个候选名词在系统的边界之内吗？如果不在，那么它可能是系统的用户。当然，此时它也不是软件系统中的分析类。

(2) 这个候选名词有某些明显的与业务主题有关的行为吗？也就是说，这个候选名词可以拥有或者提供某些系统的服务或功能吗？如果不可以，那么它也不能够成为软件系统中的分析类。

(3) 这个候选名词拥有明显的数据结构吗？也就是说，这个候选名词可以拥有或者管理某些数据吗？如果不可以，那么它同样也不能够成为软件系统中的分析类。

(4) 这个候选名词和其他候选名词之间有什么关系吗？如果有关系，那么开发者可以把它看成软件系统中的分析类。

下面以客户服务记账系统为例介绍实体类对象的寻找过程。

(1)记录工时用例的详细描述如下。

用例名称：记录工时。

描述：负责记录客户的所有服务的时间。

前置条件：雇员或管理员成功登录到系统中。

部署约束：雇员或管理员可以从公司客户端或者家中访问该用例，如果是客户端访问，则要考虑到客户端的防火墙。

正常事件流：

(1)雇员或管理员选择一个客户服务项目。

(2)雇员或管理员选择该服务项目下一个服务活动。

(3)雇员或管理员选择一个日期，并输入以正整数表示的工时。

(4)系统在视图中显示工时数据。

(5)系统提示成功登记信息。

可选事件流：

(1)服务项目不存在。

① 系统提示“该服务项目不存在”。

② 用例结束。

(2)服务活动不存在。

① 系统提示“客户还没有选择服务活动”。

② 用例结束

非功能需求： 无。

后置条件：如果用例执行成功，则服务活动对应的工时等信息将被保存到系统中。

未解决的问题：无。

根据该用例描述，发现了一些名词短语，将它们放入一个表格中，然后加以判断，就可以得到最初的实体类对象，如表 7-3 所示。

表 7-3 记录工时用例最初实体类对象表

名词(或名词短语)	实体类对象的最初分析
服务项目	实体类对象
客户	实体类对象
日期	对象的数据
雇员	实体类对象
服务活动	实体类对象
工时	记录的是服务活动的时间，应该是一个时间卡对象的内部数据
视图	边界类对象
日志	实体类对象

(2)登录用例的详细描述如下。

用例名称：登录。
描述：雇员和管理员用来进入系统。
前置条件：无。
部署约束：必须让雇员或管理员可以从家中、公司客户端、行程中的任何一台计算机登录，并可以通过客户端的防火墙进入系统。
正常事件流：
(1)雇员或管理员输入用户名和密码。
(2)系统验证用户名和密码。
(3)系统判断是否是第一次登录，如果是，则提示更改密码。

可选事件流：
(1) 验证错误。
(2) 系统提示再次输入用户名和密码。
(3) 如果连续验证错误 3 次，则系统提示相应信息，用例结束。
非功能需求：用户密码不得以明文显示。
后置条件：用户可以登录系统进行工作。
未解决的问题：无。

从中可以抽取出如表 7-4 所示的最初的实体类对象。

表 7-4　登录用例最初实体类对象表

名词(或名词短语)	实体类对象的最初分析
管理员	实体类对象
雇员	实体类对象
密码	用户或雇员对象的数据
用户	实体类对象
用户名	用户或雇员对象的数据

如此进行下去，最终的实体对象有管理员、服务项目、客户、雇员、服务活动、时间、日志、客户-项目。这里管理员和雇员都是用户类型，所以删除这两个类型并增加一个用户对象类型的属性，如图 7-7 所示。

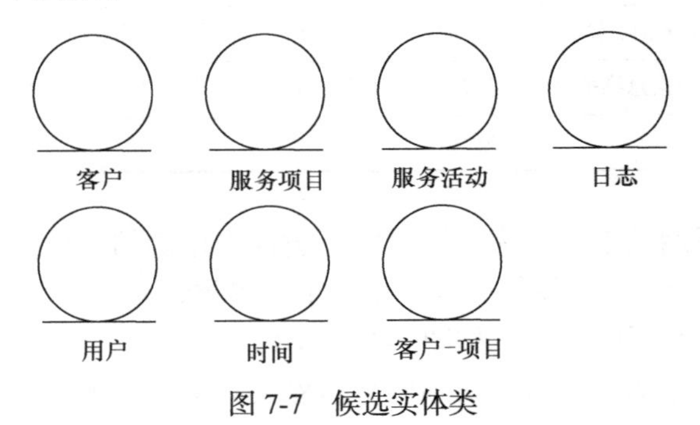

图 7-7　候选实体类

7.3.4　识别边界类

边界类(又称为界面类)在系统与外界之间，为它们交换各种信息与事件。边界类处理软件系统的输入与输出。在 RUP 的有关文档中对边界类的解释为：一种用于对系统外部环境与内部运作之间的交互进行建模的类。这种交互包括转换事件，并记录系统表示方法(如接口)中的变更。

边界类主要用于描述三种类型的内容：拟建系统和用户的界面、拟建系统和外部系统的接口以及拟建系统与设备的接口。例如，边界类可以是一个与用户通过图形界面(如窗体)进行的交互，或者与其他角色(如代表其他系统的角色)和设备(如打印机和扫描仪等硬件的接口)的交互等。

边界类将系统的其他部分和外部相关事物隔离并保护起来，其主要的功能是输入、输出和过滤。

边界类的构造型<<boundary>>在类图中的表述如图 7-8 所示。

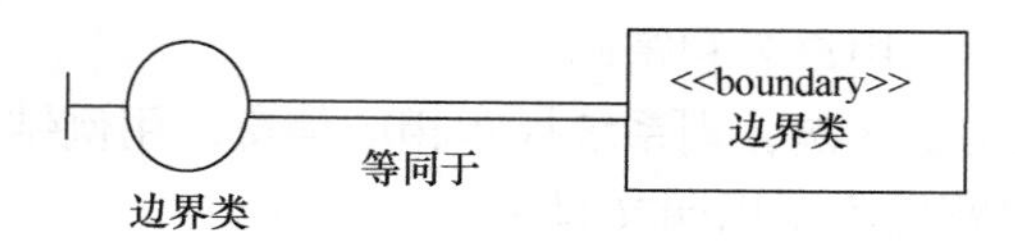

图 7-8　边界类表示符号

通常一个参与者和用例之间的通信关联对应一个边界类。边界类提取过程如图 7-9 所示。

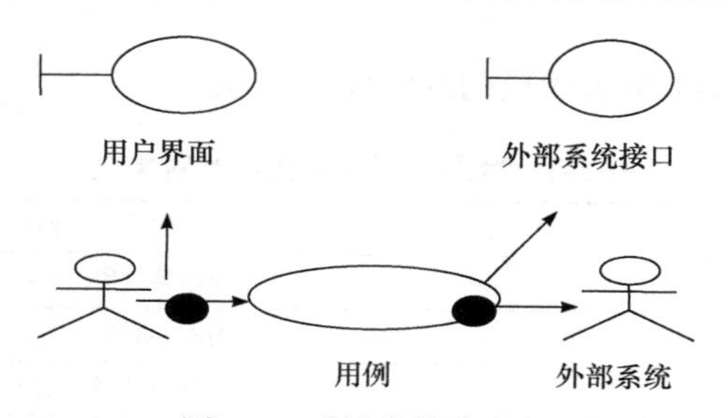

图 7-9　边界类提取过程

根据上面所说的提取方法，在客户服务记账系统中，通过第 6 章的系统用例图，可以得到如表 7-5 所示的最初的界面类对象。

表 7-5　最初的边界类对象

边界类对象	参与者
登录界面、记录工时界面、浏览时间卡界面、更新时间卡界面、修改密码界面	雇员或管理员
客户信息维护界面、服务项目信息维护界面、系统用户信息维护界面、客户-项目信息维护界面	管理员
支付系统接口	支付系统

边界类的实例的适用范围和生命周期可能超越待定用例的事件流内容。如果两个用例同时和一个外部参与者交互，它们往往可以共用一个边界类，因为它们表现的行为和承担的“责任”有可能存在很多可复用的内容，如图 7-10 所示。

例如，在记录工时用例中，可以找到两个边界类对象：一个是管理员和系统的接口；另一个是普通雇员和系统的接口。这两个接口可以共用一个记录工时界面类。

对于登录用例，可以找到两个边界类对象：一个是管理员和系统的接口；另一个是普通雇员和系统的接口，二者可以合并为一个登录界面。通过界面合并，可以对最初的边界类对象进行精简，得到如图 7-11 所示的边界类。

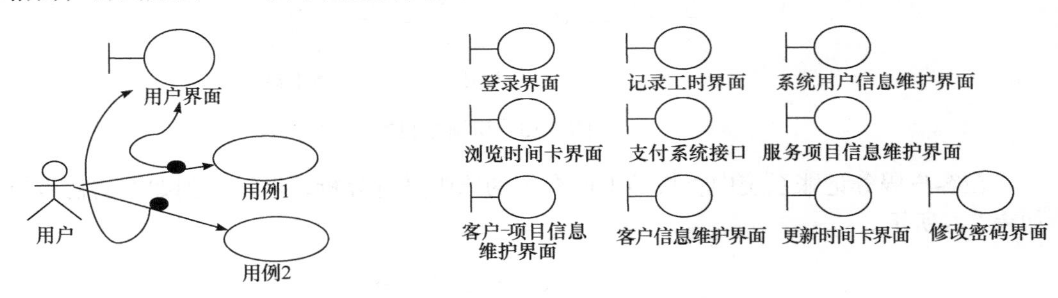

图 7-10　用例共用一个边界类　　图 7-11　边界类

7.3.5　识别控制类

控制类与业务过程相关，它们控制整个业务的流程和执行次序。在 RUP 的有关文档中对控制类的解释为：用于对一个或几个用例所持有的控制行为进行建模。控制类对象(控制类的实例)通常控制其他对象，因此它们的行为具有协调性质。控制类将用例的特有行为进行封装。

控制类是一组操作的集合，它用来协调各个边界类对象、实体类对象等。控制类能有效地将边界类对象与实体对象相互分开，让系统能更适应其边界类发生的变更，同时也使实体类对象在用例和系统中具有更高的复用性。但对于输入、检索、显示或修改信息的简单事件流，不一定需要控制类，可以由边界类直接负责协调各个用例。

它可能与其他对象协作以实现用例的行为，控制类也称为管理类。其主要的职能是控制事件流，负责为实体类分配任务。一般采用为每个用例确定一个控制类的实现方式。

控制类的构造型<<control>>在类图中的表述如图 7-12 所示。

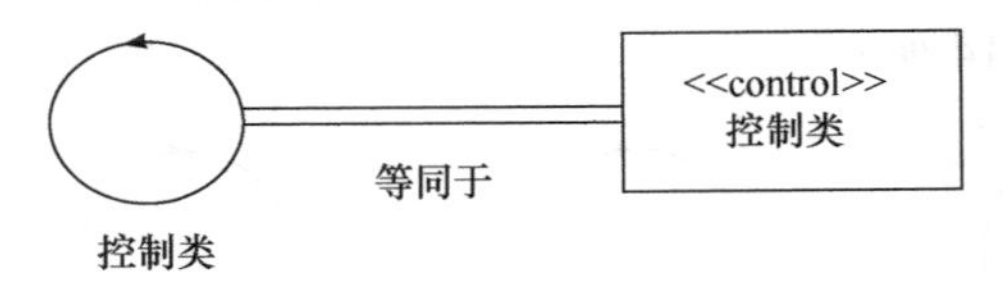

图 7-12　控制类表示符号

控制类实例的适用范围和生命周期通常和特定用例的事件流内容相匹配，它在用例开始执行时创建，在用例结束时取消。通常情况下，一个用例对应一个控制类，当然也有一些变化的情况。识别控制类的示意图如图 7-13 所示。

识别控制类应当注意的问题有以下几点。

(1) 如果用例中的控制逻辑过于简单，那么控制类的必要性明显降低。可以用边界类实现用例的行为。

(2) 如果不同用例包含的任务之间存在比较紧密的联系，则这些用例可以使用同一个控制类，目的是重复利用相似部分从而降低整体的复杂度。通常情况下，应该按照一个用例对应一个控制类的方法识别多个控制类，再分析这些控制类以找出它们之间的共同之处。不应该以此为目的，否则会适得其反。

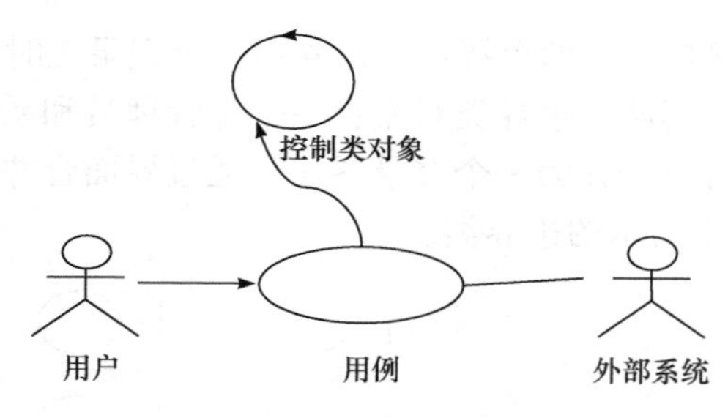

图 7-13　识别控制类

在客户服务记账系统中，按照上面介绍的原则进行分析，可以得到如下的初步控制类，如表 7-6 所示。

表 7-6　控制类的选择

用例	控制类
登录	登录控制类
记录工时、浏览时间卡、更新时间卡	3 个用例之间关系紧密，合并为记录工时控制类
客户信息维护	客户信息维护控制类
服务项目信息维护	服务项目信息维护控制类
系统用户信息维护、更改密码	系统用户信息维护控制类(更改密码为用户信息维护的一部分)
客户-项目信息维护	客户-项目信息维护控制类
获取收费数据	在支付系统接口中实现；不设置控制类
修改密码	系统信息控制类

对于记录工时用例，可以得到一个记录工时工作流的控制类；对于登录用例，可以得到一个登录控制类，如图 7-14 所示。

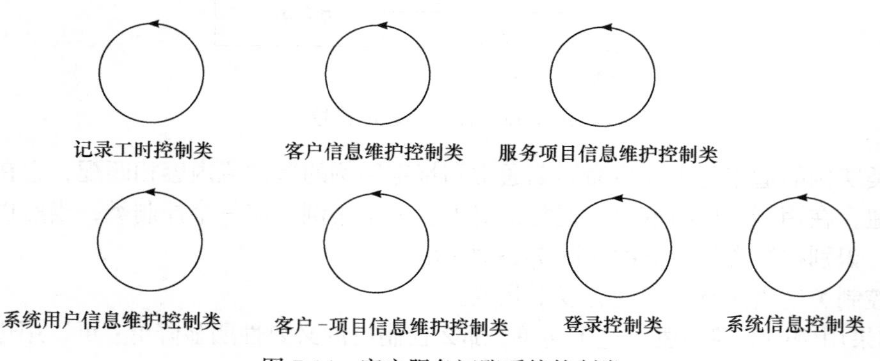

图 7-14　客户服务记账系统控制类

7.3.6　交互原则

实体类、边界类和控制类这 3 种分析类的对象间的交互存在 4 个原则，具体如下。

(1)用例的参与者只能与边界类对象进行交互。

(2)边界类对象只能与控制类对象和用例的参与者进行交互(即不能直接访问实体类对象)。

(3)实体类对象只能与控制类对象进行交互。

(4)控制类对象的访问规则。

控制类对象可以和边界类对象交互，也可以和实体类对象交互，但不能和用例的参与者直接进行交互。具体的交互关系如图 7-15 所示。

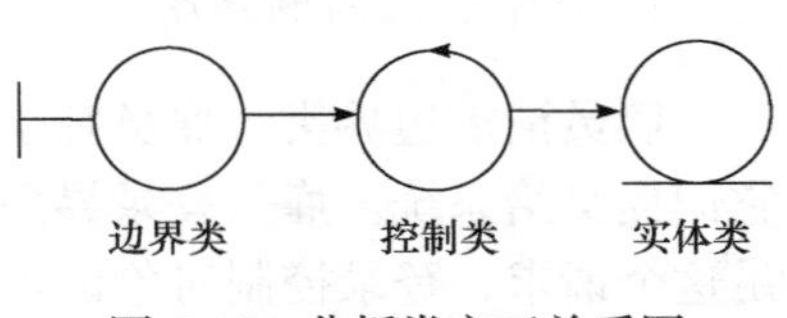

图 7-15　分析类交互关系图

7.4　描 述 行 为

可以在“提取分析类”活动中找出用于描述需求的分析元素。用面向对象的方法描述用例中的内容，就是用分布在一组“分析类”中的“责任”执行用例所要求的行为。

7.4.1　消息与责任

描述“分析类”实例之间的“消息”传递过程就是将“责任”指派到“分析类”的过程，如图 7-16 所示。这个过程是从软件需求过渡到设计内容的关键环节，其中的核心概念是“消息”和“责任”的对应关系。用例的事件序列通常能用一组具有逻辑连续性的、介于“分析类”实例之间的“消息”传递加以表述。“消息”的发送者要求“消息”的接收者通过承担相应的“责任”对“消息”发送者进行回应。一个“分析类”的实例在事件序列中接收的“消息”集合是该“分析类”应承担“责任”的依据。

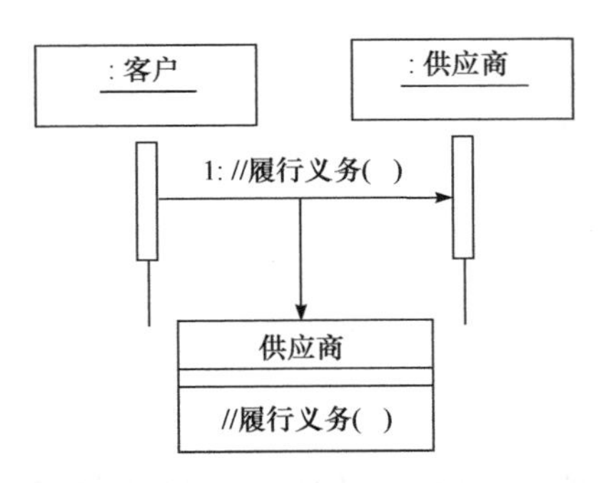

图 7-16　消息和责任的对应关系

“责任”的集合定义了“分析类”所具有的潜能，之所以要具备这些能力是为了满足“消息”发送者的要求。“消息”的有序组合在本质上表达出了软件需求中的应用逻辑，“分析类”承担的“责任”的集合在本质上是驱动系统的设计，需求和设计在微观层面上就这样被面向对象地关联在一起。

顺序图是表述消息传递的直接途径，是最常用的一种交互图。在描述用例场景的顺序图中，通常会出现 Actor 的实例。Actor 的实例表述系统外部的要素，而“分析类”的实例表述的是系统内部的要素。对应一个用例有一个主导 Actor 作为顺序图时序的发起者，主导 Actor 的实例通常位于顺序图的左侧。同一顺序图中有可能出现多个 Actor 的实例，除了主导 Actor 的实例之外，其他 Actor 的实例为被动者，应尽量位于顺序图的右侧。将 Actor 的实例摆放在顺序图的两侧有助于明确概念。

7.4.2　登录用例的顺序图

用例的事件流中包含多个事件序列，其中有一个基本事件序列和若干备选事件序列。简单讲，绘制顺序图的工作就是在对象之间用消息传递的方式将事件序列的内容复述出来。这是后续设计活动的重要依据。

1. 正常登录的顺序图

雇员请求边界类“雇员登录界面”对象显示登录界面。然后，他输入用户名和密码并将它们提交给系统。雇员登录界面对象请求“登录控制”这个控制类对象来验证登录。为了满足这个请求，登录控制对象请求实体类“用户”对象来验证登录。登录控制对象收到验证结果后，就立即将它传回给雇员登录界面对象。如果这个对象收到了一个验证有效的结果，那它就显示进入下一步的操作界面，这个工作流就结束了，如图 7-17 所示。

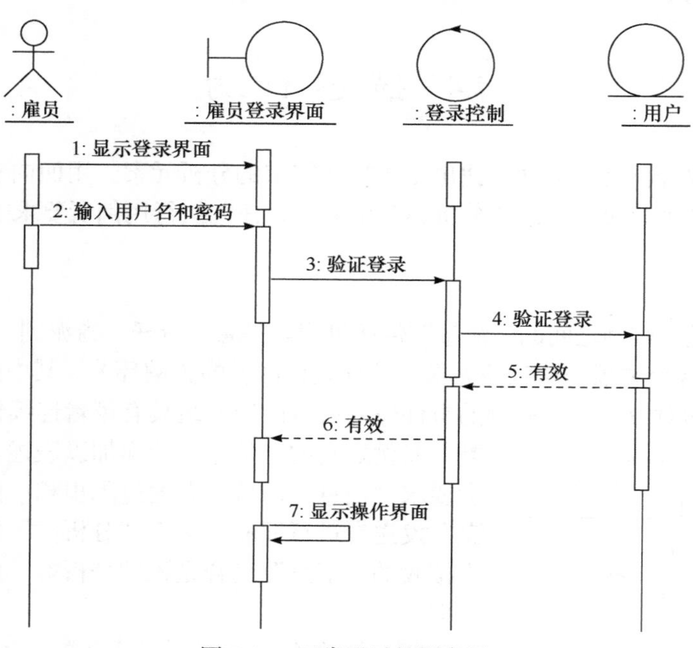

图 7-17　正常登录的顺序图

2. 登录密码无效的顺序图

雇员请求边界类“雇员登录界面”对象显示登录界面。然后，他输入用户名和密码并将它们提交给系统。雇员登录界面对象请求“登录控制”这个控制类对象来验证登录。为了满足这个请求，登录控制对象请求实体类“用户”对象来验证登录。登录控制对象收到验证结果后，就立即将它传回给雇员登录界面对象。如果“用户”对象对验证登录方法返回了“无效”，则雇员登录界面就会收到一个密码无效的消息，那它就显示错误信息，这个工作流就结束了，如图 7-18 所示。

3. 其他可选顺序图

在登录用例中，除了刚才所说的正常登录和密码无效两个事件流的顺序图外，分析人员还需要考虑该用例中的其他事件流，如用户名无效、用户输入无效等。通过考虑这些事件流的顺序图，可以帮助分析人员进一步把握类之间的交互行为。这些可选事件流的顺序图在某种程度上会和前面的顺序图有一些重复，这里也不再绘制，留给读者自己去完成。

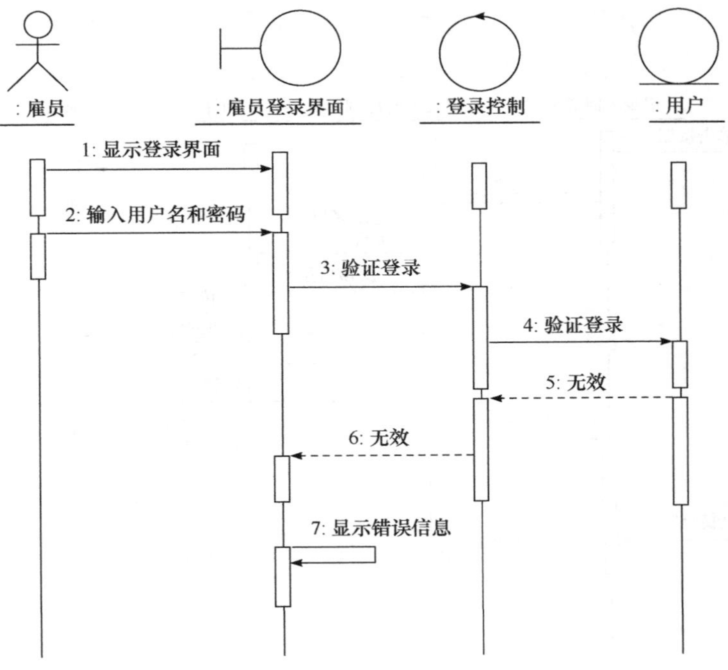

图 7-18　登录密码无效的顺序图

7.4.3　其他用例的顺序图

下面仅介绍更新时间卡用例、提交时间卡用例的正常事件流顺序图的绘制，读者可以在学习后自己完成本章中所涉及的其他用例的事件流顺序图。

1. 成功更新时间卡的顺序图

雇员首先请求边界类“记录工时界面”对象显示记录工时界面。然后，记录工时界面对象请求“记录工时控制”这个控制类对象来进行活动工时的记录。为了满足这个请求，记录工时控制对象请求实体类“客户-项目”信息对象以获得所需的客户及项目信息。根据返回的反馈信息，记录工时控制对象再请求“服务活动”实体类对象以获取项目中的活动信息并获取时间卡信息。雇员随后可以向记录工时界面对象发送更新工时请求，记录工时界面对象向记录工时控制对象传递更新工时的请求，随后记录工时控制类对象对实体类对象时间卡的内容进行更新，以记录活动的工时。整个顺序图如图 7-19 所示。

2. 成功提交时间卡的顺序图

提交时间卡事件流描述了雇员如何将他当前的时间卡标记为已提交，并获得一个新的当前时间卡。一旦雇员决定提交他的当前时间卡，记录工时界面对象就调用记录工时控制对象的提交方法，下面的工作由记录工时控制对象通过访问时间卡对象和客户-项目信息对象来完成。记录工时控制对象创建新的时间卡对象，并将其设置为相应的客户-项目所对应的当前时间卡对象。旧的时间卡对象仍然存在，但是它已不再是当前的了，所以雇员不能编辑它。整个顺序图如图 7-20 所示。

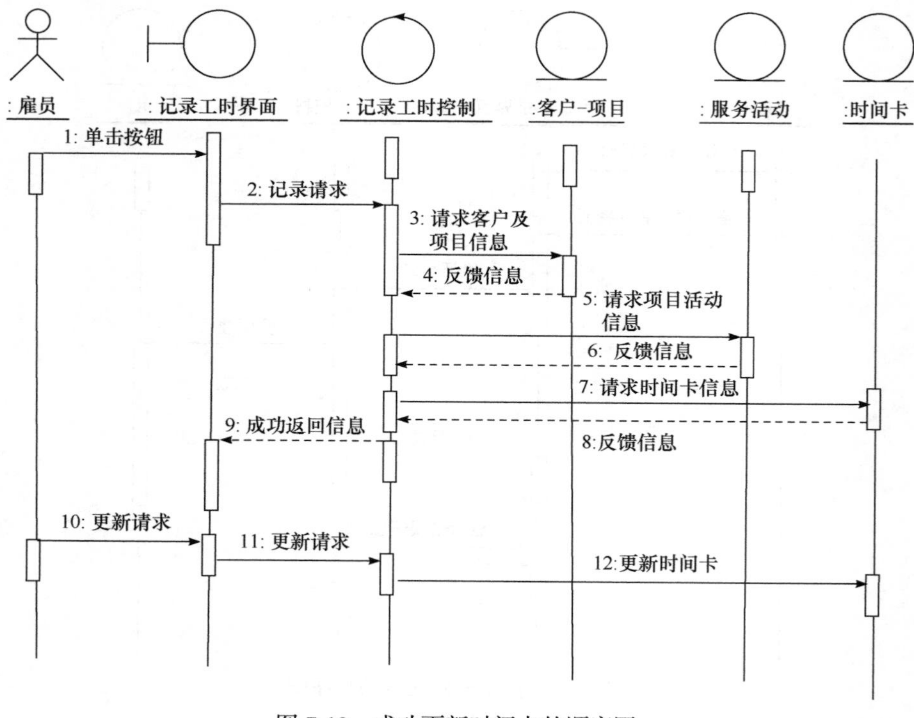

图 7-19　成功更新时间卡的顺序图

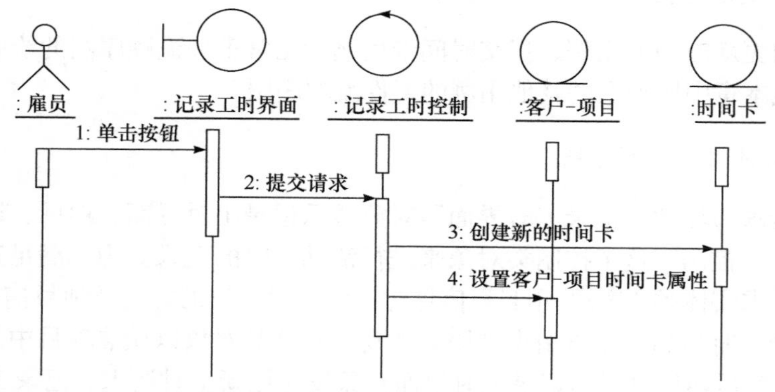

图 7-20　成功提交时间卡的顺序图

3. 成功添加客户-项目信息的顺序图

管理员首先请求“客户-项目信息维护界面”对象显示客户-项目信息的维护界面。然后，该界面类对象请求“客户-项目信息维护控制”这个控制类对象对管理员的请求进行处理。为了添加一条客户-项目信息，客户-项目信息维护控制类对象必须创建“客户-项目信息”实体类对象，对客户-项目信息进行设置。最后，管理员为该客户-项目指定雇员，输入到界面中并发送更新请求到控制类对象，控制类对象随后请求客户-项目信息实体类对象进行更新，如图 7-21 所示。

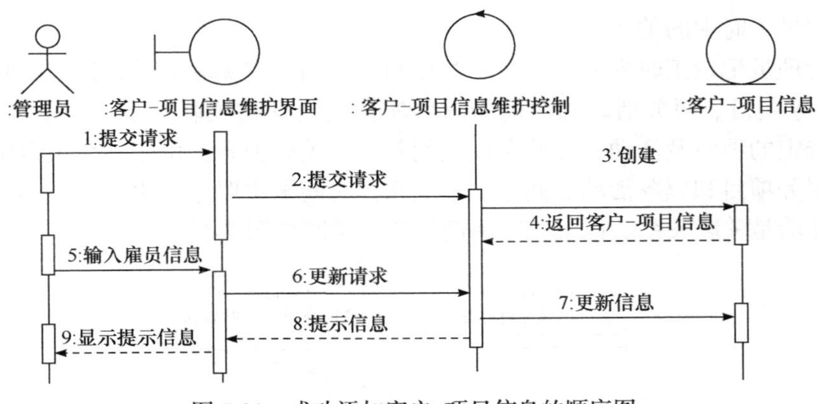

图 7-21　成功添加客户-项目信息的顺序图

7.5 描　述　类

在描述类的这一步，要确定类之间的关系，这些关系是支持事件流中对象之间的交互所必需的。这是通过为每一个用例创建初始的类图来完成的。它意味着同一个用例的几个顺序图将共享一个类图。逻辑上，每个用例实现对应一幅完整的初始级的类图。

每当一个对象调用另一个对象的方法的时候，在这两个对象之间就建立了关系，用类图来描述这种关系。在分析阶段，将完全确定实体类之间的关系，而对边界类与控制类以及控制类与实体类之间的关系只是进行简单的判断。

从一个对象发往另一个对象的每条消息都意味着发送端对象的类到接收端对象的类之间有相应的关系。在发送端对象中创建接收端类的对象，使用完后进行销毁；或者将接收端对象作为某个方法的一个参数，使用它但不保存它，这些都是依赖关系。在分析阶段，这个关系可能比较难确定，因为这里没有方法参数，但读者不用担心，因为这种关系的确定在分析阶段并不是很重要。

1. 根据用例行为来寻找关系

1) 寻找“登录用例”中的关系

雇员登录界面对象调用登录控制对象中的验证登录方法，即雇员登录界面类和登录控制类之间存在关系。同理，管理员登录界面类与登录控制类之间、登录控制类和用户对象之间也存在关系。登录用例的参与类图如图 7-22 所示。

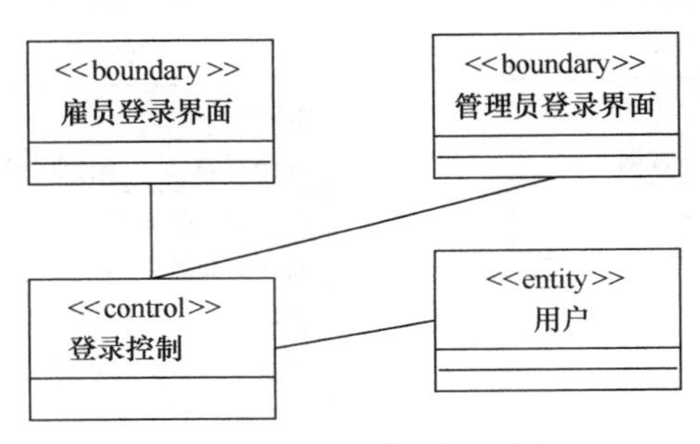

图 7-22　登录用例参与类图

2）寻找记录工时中的关系

雇员或管理员记录工时界面与记录工时控制类之间存在关联关系，记录工时控制类和客户-项目、服务项目、服务活动和时间卡这些实体类也存在关联关系。一个客户-项目决定了某客户所选定的项目及活动，因此它们之间是一种关联关系。由于一个项目中可包含多项活动，所以服务项目和服务活动之间是聚集关系。时间卡主要记录服务活动的时间，所以时间卡和服务活动是关联关系。记录工时用例的参与类图如图 7-23 所示。

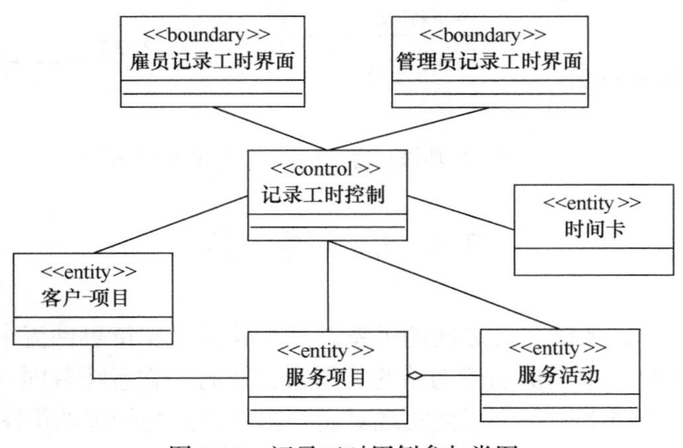

图 7-23　记录工时用例参与类图

2. 描述参与类图中的属性和行为

为了使类能够完成自身的职责，需要一些属性(也就是在面向对象编程语言中的类成员的属性变量)来保存其状态。确定属性的工作主要围绕实体类展开，包括两个动作。

首先找出属性。属性的基本来源是用例详尽的事件流描述。实践中，如果对“分析类”“责任”的简要描述比较明确，属性就比较容易获取。

然后简要描述属性。属性名称应当是一个简短的名词，说明其保存的信息。因为属性的具体数据类型是在设计阶段确定的，分析阶段没必要在属性的数据类型和相关细节上耗费过多时间。

以实体类 User 为例，根据它在多个事件流序列中所承担的责任，主要用于登录验证。如果要承担责任，即对用户信息进行判断，就必须有用户名和用户密码两个属性，从而得到实体类 User 的最新描述。同理可得到时间卡的初步描述，如图 7-24 所示。

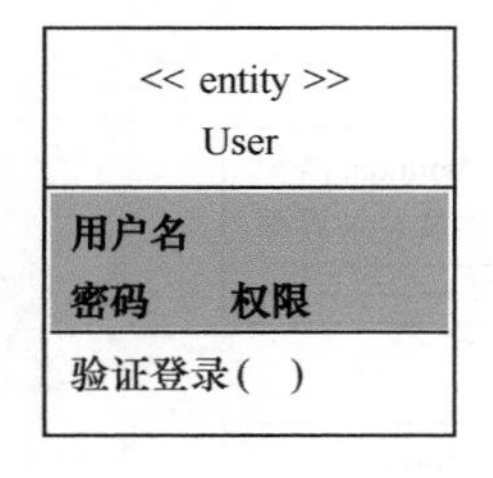

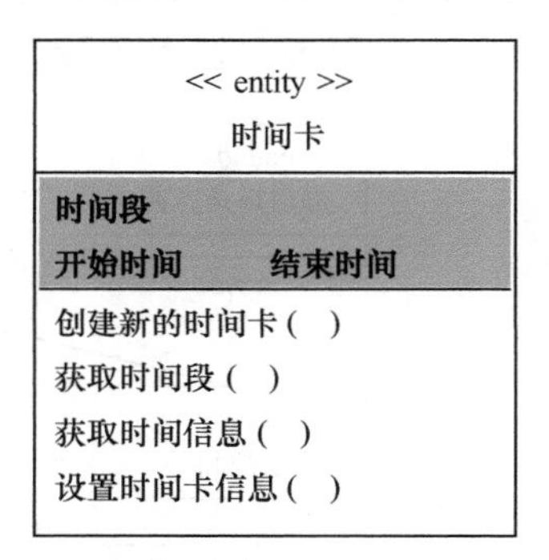

图 7-24　实体类 User 和时间卡类图

3. 整理分析类

最终的分析类模型是在多次迭代和调整过程中产生的，并且需要开发人员与用户之间的密切交流以保证分析类模型的正确性。在建模完成之后，必须组织开发人员和用户对形成的分析类模型进行正式评审，确保分析模型的正确性、完整性、一致性和可行性。客户服务记账系统的部分分析类图如图 7-25 所示，其中的属性和类型可以根据前面介绍的内容进行补全。

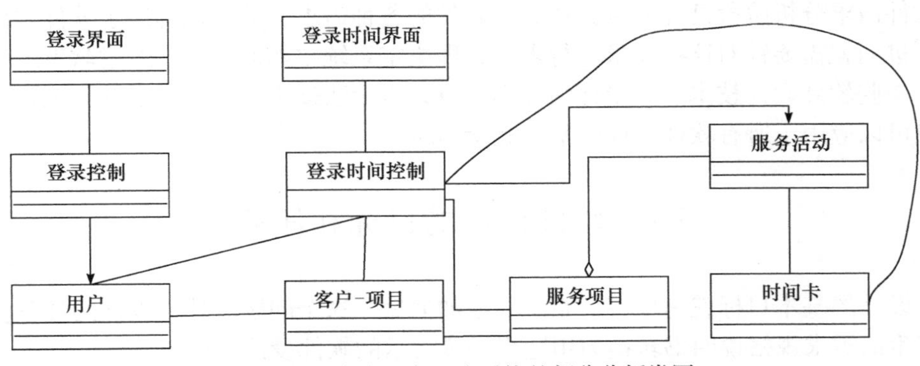

图 7-25　客户服务记账系统的部分分析类图

7.6　小　结

本章对一个客户服务记账系统的面向对象分析过程进行了细致的阐述：首先构建用例模型；其次，进一步理解系统的用例模型，对于每一个用例，用事件流寻找实体类对象、控制类对象和边界类对象；再次，用顺序图来描述对象之间的交互；最后，用类图来显示对象之间的关系。

分析模型是在多次迭代和调整过程中产生的，并且需要开发人员和用户之间的密切交流以保证分析模型的正确性。

习　题　7

1. 面向对象分析包括哪些活动？应该建立哪些类型的模型？

2. 什么是实体类、边界类和控制类？为什么将分析类划分成这 3 种类型？

3. 请思考本章所讲案例中的其他用例的参与类图。

4. 搜索关于面向对象分析的文章，对比不同的分析技术，并给出这些技术的优缺点。

5. 假设你所在的学校要开发一个研究生选课系统，要求该系统能够根据预先制定的课表保证选课无冲突。请采用 UML 面向对象方法为该问题建立需求分析模型。

6. 设计一个计算机游戏软件的游戏规则、情节及场景，基于 UML 给出其需求分析模型。

7. 针对大学校园生活中教师或学生的某一方面需求，采用基于 UML 的需求分析方法给出系统用例图，并就主要用例进行描述。

8. 针对自己所选定的系统，对用例模型进行分析，建立相应的模型，分析出各个分析类，建立出分析类图。

第 8 章　软件设计基础

在软件需求分析阶段已经完全弄清楚了软件的各种需求，较好地解决了软件“做什么”的问题，进而就需要针对这些需求进行求解，即决定系统“如何做”。经过软件工程师多年的努力，一些软件设计技术、质量评估标准和设计表示法逐步形成并用于软件工程实践。本章将探讨可以应用于所有软件设计的基本概念和原则。

8.1　软件设计的目标和任务

软件设计的基本目标就是回答“系统应该如何做”这个问题。软件设计的任务就是把分析阶段产生的需求规格说明书转换为用适当手段表示的软件设计文档。

8.1.1　软件设计的目标

对于任何软件工程项目来说，为了使项目可靠并能满足各个需求指标，就必须要完成软件设计，然后才可进入到软件开发阶段。因此，软件设计往往是开发活动的第一步。软件设计的最终目标是产生一个设计规约，该规约包括描述体系结构、数据、接口和构件的设计模型。

(1)体系结构设计：定义了软件的主要结构性元素之间的关系。体系结构设计表示(即基于计算机的系统框架)可以从系统规约、分析模型以及分析模型中所定义子系统的交互导出。

(2)数据设计：将分析阶段创建的信息模型转变成实现软件所需的数据结构。在实体-关系图中定义的数据对象和关系，以及数据字典中描述的详细数据内容提供了数据设计活动的基础。当然，部分数据设计可能和软件体系结构的设计同时发生，但更详细的数据设计活动则会发生在每个具体的软件构件设计的时候。

(3)接口设计：描述了软件内部模块之间以及软件与人之间是如何通信的(包括数据流和控制流)。接口意味着特定信息流(如数据流、和/或控制流)以及行为类型，因此，数据流图和控制流图提供了接口设计所需的信息。

(4)构件设计：将软件体系结构的结构性元素转变成对软件构件的过程性描述，即描述软件构件的详细内部设计细节。

软件设计是软件工程过程中的技术核心，也是后续开发步骤及软件维护的基础。如果没有软件设计，则只能建立一个不稳定的系统结构，并且极有可能造成所构建的系统在很大程度上不能满足需求规格说明书中所要求的功能和性能，最终使得软件项目不能按期保质完成，甚至可能导致整个项目的失败。

8.1.2　软件设计的任务

从工程管理的角度来看，软件设计分两个阶段完成，即总体设计与详细设计，如图 8-1 所示。

第一个阶段是概要设计，又称为总体设计或初步设计，将软件需求转化为数据结构和软件的系统结构，包括体系结构设计和接口设计，并编写概要设计文档。这一阶段主要确定实现目标系统的总体思想和设计框架。系统分析员使用系统流程图或其他工具，描述每种可能的系统方案，估计每种方案的成本和效益，推荐一个较好的系统方案(最佳方案)，并且制订实现所推荐系统方案的详细计划。在用户确认后，系统分析员就要设计软件的整体结构和框架，确定程序由哪些模块组成，以及模块与模块之间的关系，最后提出概要设计说明书。

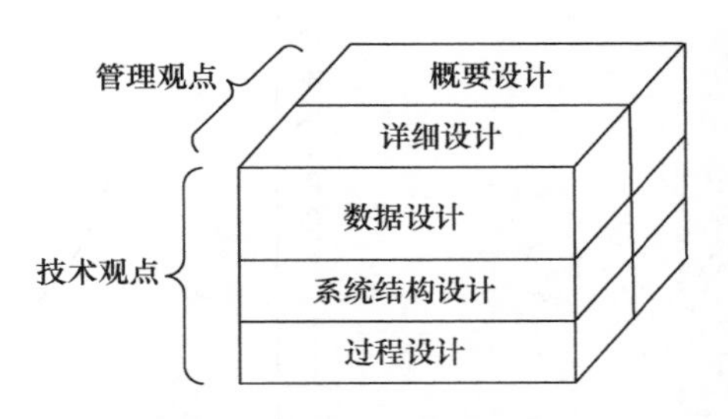

图 8-1　软件设计过程的两种表示

第二个阶段是详细设计，即过程设计或构件设计，其任务是通过对体系表示设计进行细化，确定各个软件构件的详细数据结构和算法，产生描述各个软件构件的详细设计文档。详细设计的根本目标是确定应该怎样具体地实现所要求的系统。

8.2　软件设计的概念与原则

软件设计经过多年的发展，人们已经总结出一些基本的软件设计概念与原则，这些概念与原则经过多年的考验，已经成为软件设计人员完成复杂设计问题的基础。

8.2.1　模块化与模块独立性

1. 模块

在计算机软件中，几乎所有的软件体系结构都要体现模块化，也就是说所有的软件结构设计技术都是以模块化为基础的。模块是一个拥有明确定义的输入、输出和特性团的程序实体。它一般具有如下 4 个基本属性。

接口：模块的输入与输出。

功能：模块实现什么功能，做什么事情。

逻辑：描述模块内部怎么做。

状态：模块使用时的环境和条件。

2. 模块化

模块化是指解决一个复杂问题时自顶向下逐层把软件划分成若干模块的过程。模块化的目的是降低软件的复杂度。对软件进行适当的分解，不但可以降低软件复杂度，而且可减少开发工作量，从而降低软件开发成本。

如果无限地分割软件，虽然每个模块的规模在不断减小，开发单个模块需要的成本降低了，但是设计模块间接口所需要的成本会显著提升，如图 8-2 所示。

由图 8-2 可知，存在一个模块数目 M，使得软件总成本最低，只有选择合适的模块数目，才会使整个系统的开发成本较小，但是目前还无法准确地预测这个 M 的数值。

采用模块化技术不仅使软件结构清晰，容易实现设计，也使设计出的软件的可阅读性和可理解性大大提高。由于程序错误通常发生在有关的模块及它们之间的接口中，所以采用模块化技术会使软件容易测试和调试，进而有助于提高软件的可靠性。因为变动往往只涉及少

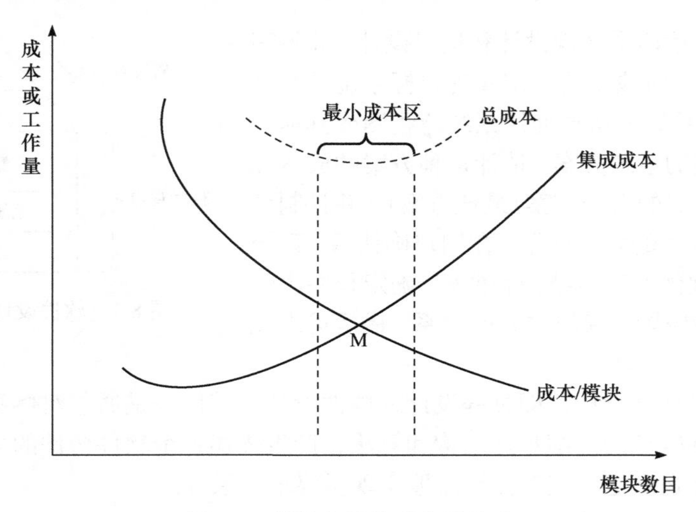

图 8-2　模块与软件成本的关系

数几个模块，所以模块化能够提高软件的可修改性。模块化也有助于软件开发的组织管理，一个复杂的大型程序中可以由许多程序员分工编写不同的模块。

3. 模块独立性

模块独立性是指软件系统中每个模块只涉及软件要求的具体的子功能，而和软件系统中其他的模块的接口是简单的。例如，若一个模块只具有单一的功能且与其他模块没有太多的联系，那么称此模块具有模块独立性。

一般采用两个准则度量模块独立性，即模块间的耦合和模块的内聚。

1) 内聚性

内聚性是模块功能强度(一个模块内部各个元素彼此结合的紧密程度)的度量。一个内聚性高的模块(在理想情况下)应当只做一件事。根据模块内部构成情况，模块的内聚可以划分成 7 种类型，如图 8-3 所示。

图 8-3　内聚的各种类型

一般认为功能内聚和信息内聚是高内聚，通信内聚、过程内聚是中内聚，而时间内聚、逻辑内聚、巧合内聚是低内聚。模块的内聚在系统的模块化设计中是一个关键的因素，内聚性越高，模块的独立性就越强，一般尽量采用高端的内聚，位于中端的几种内聚类型还可以接受，低端的几种内聚尽量不使用。

(1) 巧合内聚(偶然内聚)：如果一个模块是由完成若干个毫无关系或关系不大的功能的处理元素偶然组合在一起的，就称为巧合内聚。巧合内聚是最差的一种内聚。在软件设计时常犯一种错误，即写完程序后发现多个模块有一段程序代码相同，这段程序代码又没有明确表现出独立的功能，为了节省空间，把这段程序代码独立出来作为一个模块设计，这就出现了巧合内聚模块。它是内聚性最低的模块。其缺点是模块的内容不易理解、修改和维护。巧合内聚如图 8-4 所示。

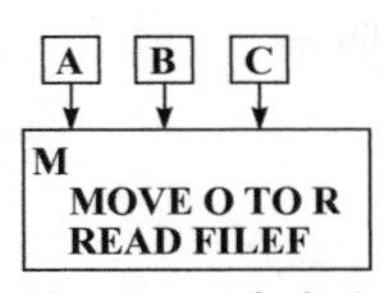

图 8-4　巧合内聚

模块 M 中的两条语句没有任何联系，只是因为 A、B、C 三个模块中包含了这两条相同的语句而把它们单独拿出来作为一个模块。这样的模块可理解性差，可修改性也比较差。

(2) 逻辑内聚：如果一个模块完成的任务属于相同或类似的一类，则称为逻辑内聚。这个模块把几种相关的功能组合在一起，每次被调用时，由传送给模块的控制参数来确定该模块应执行哪一种功能。逻辑内聚模块比巧合内聚模块的内聚性要高。因为它表明了各部分之间在功能上的相关关系。图 8-5 中的模块 EFG 就属于逻辑内聚模块。

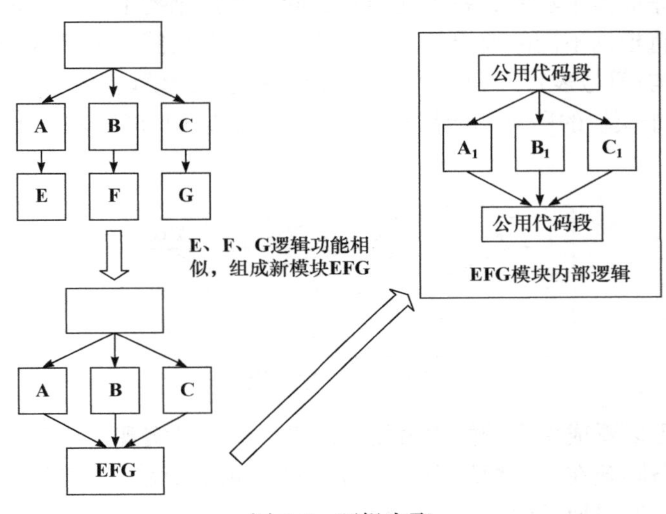

图 8-5　逻辑内聚

(3) 时间内聚（经典内聚）：时间内聚模块大多为多功能模块，但要求模块的各个功能必须在同一时间段内执行，如初始化系统模块、系统结束模块、紧急故障处理模块等。时间内聚模块比逻辑内聚模块的内聚性稍高一些。在一般情形下，各部分可以以任意的顺序执行，所以它的内部逻辑更简单。

(4) 过程内聚：如果模块内各个组成部分的处理动作各不相同、彼此相关，并且受同一控制流支配，必须按特定的顺序执行，则称为过程内聚。使用流程图作为工具设计程序时，把流程图中的某一部分划出组成模块，就得到过程内聚模块。例如，把流程图中的循环部分、判定部分、计算部分分成三个模块，这三个模块都是过程内聚模块。这种模块的内聚性比时间内聚模块的内聚性高一些。过程内聚如图 8-6 所示。

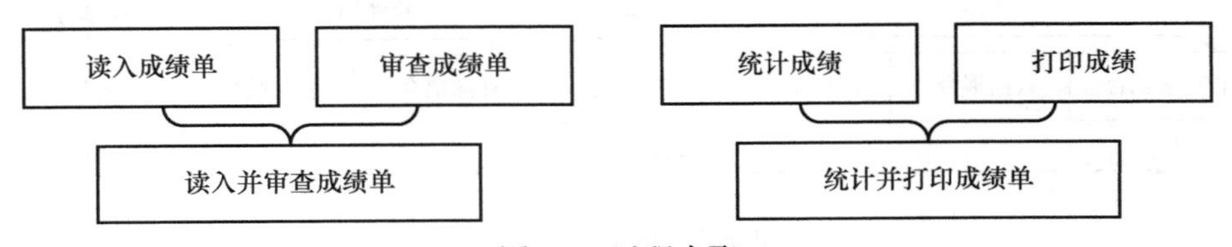

图 8-6　过程内聚

(5) 通信内聚：如果一个模块内各功能部分都使用了相同的输入数据，或产生了相同的输出数据，则称为通信内聚。通常，通信内聚模块是通过数据流图来定义的。通信内聚如图 8-7

所示。

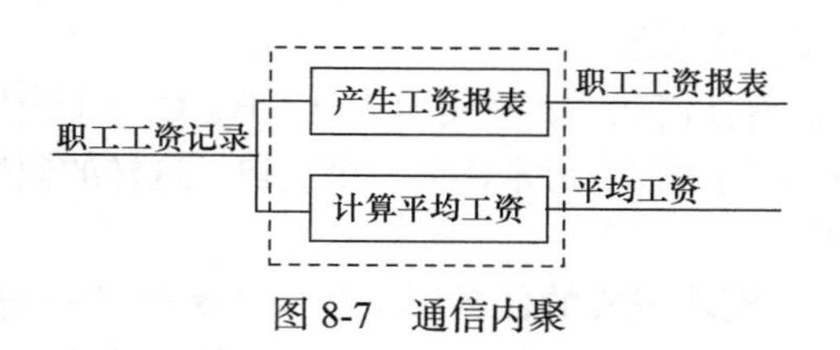

图 8-7　通信内聚

(6)顺序内聚(信息内聚)：如果一个模块内的处理元素和同一个功能密切相关，而且这些处理元素必须依顺序执行，则称为顺序内聚。通常，一个处理元素的输出是另一个处理元素的输入。这个模块完成多个功能，各个功能都在同一数据结构上操作，每一个功能有唯一的入口点。这个模块将根据不同的要求，确定该执行哪一个功能。由于这个模块的所有功能都基于同一个数据结构(符号表)，因此，它是一个顺序内聚的模块。例如，图 8-8 所示的模块具有 4 个功能，由于模块的所有功能都基于同一个数据结构(符号表)，因此，它是一个顺序内聚的模块。

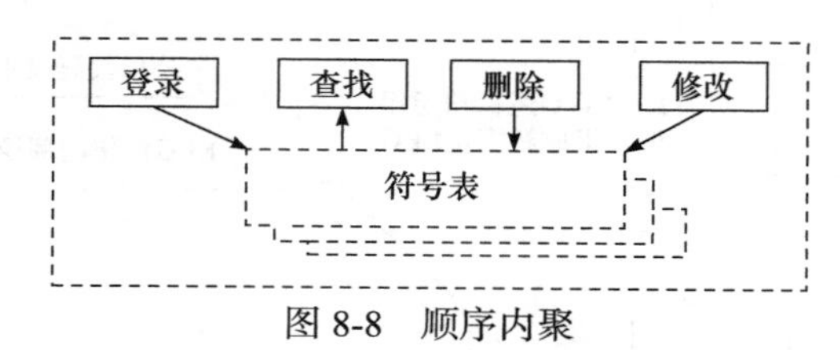

图 8-8　顺序内聚

顺序内聚模块可以看成多个功能内聚模块的组合，并且实现了信息的隐蔽，即把某个数据结构、资源或设备隐蔽在一个模块内，不为别的模块所知晓。当把程序某些方面的细节隐藏在一个模块中时，就增加了模块的独立性。

顺序内聚与过程内聚的区别主要在于：顺序内聚中是数据流从一个处理元素流到另一个处理元素，而过程内聚中是控制流从一个动作流向另一个动作。

(7)功能内聚：如果一个模块中各个部分都是为完成一个具体功能而协同工作、紧密联系、不可分割的，则称为功能内聚。功能内聚模块是内聚性最强的模块。

2)耦合性

耦合性是模块之间的相对独立性(互相连接的紧密程度)的度量。它取决于各个模块之间接口的复杂程度、调用模块的方式以及哪些信息通过接口。

一般模块之间可能的连接方式有 7 种，构成耦合的 7 种类型，如图 8-9 所示。

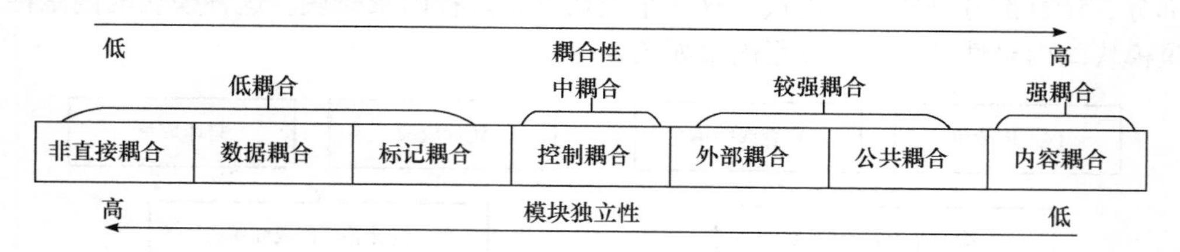

图 8-9　耦合的 7 种类型

(1)内容耦合：如果一个模块直接访问另一个模块的内部数据，或者一个模块不通过正常入口转到另一模块内部，或者两个模块有一部分程序代码重叠，或者一个模块有多个入口，则两个模块之间就发生了内容耦合。在内容耦合的情形下，被访问模块的任何变更，或者用不同的编译器对它再编译，都会造成程序出错。这种耦合的耦合性最高，具有这种耦合的模块的独立性最低，是应该避免的。在图 8-10 中，模块 B 直接转移到模块 A 中，这样的结构会给维护带来极大的困难。

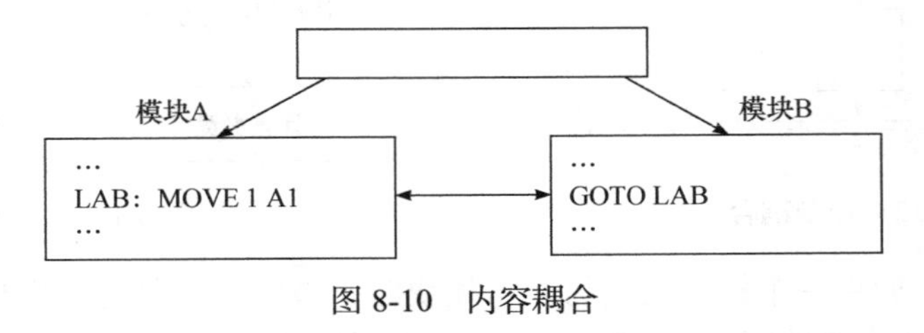

图 8-10　内容耦合

(2)公共耦合：若一组模块都访问同一个公共数据环境，则它们之间的耦合就称为公共耦合。公共的数据环境可以是全局数据区、共享的通信区、内存的公共覆盖区、任何介质上的文件、物理设备等。图 8-11 中就存在公共耦合，假设模块 A、C 和 E 都存取全局数据区(如一个磁盘文件)中的一个数据项，模块 A 读该数据项，然后调用模块 C 对该数据项重新计算并更新。如果 C 错误地更新了该数据项，在往下的处理中 E 读该数据项发现错误，则从表面看，问题似乎发生在模块 E 中，实际上问题由模块 C 引起，所以软件结构中存在大量公共耦合会给诊断错误带来困难。

公共耦合的复杂程度随耦合模块的个数增加而显著增加。如图 8-12 所示，若只是两个模块之间有公共数据环境，则公共耦合有两种情况：松散公共耦合和紧密公共耦合。只有在模块之间共享的数据很多，且通过参数表传递不方便时，才使用公共耦合。

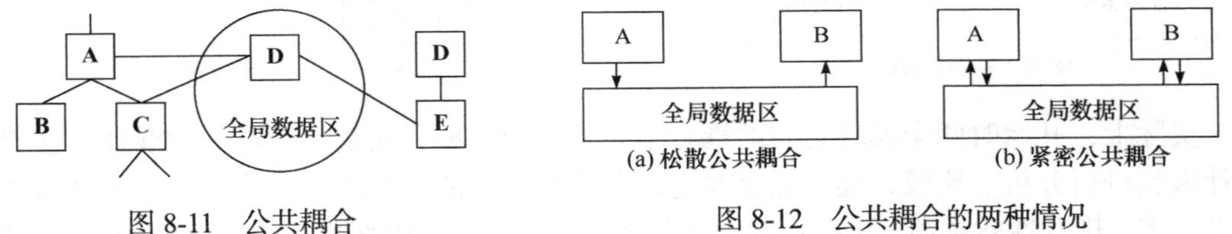

(a) 松散公共耦合　　(b) 紧密公共耦合

图 8-11　公共耦合　　图 8-12　公共耦合的两种情况

(3)外部耦合：若一组模块都访问同一全局简单变量而不是同一全局数据结构，而且不是通过参数表传递该全局变量的信息，则称为外部耦合。外部耦合引起的问题类似于公共耦合，区别在于在外部耦合中不存在依赖于一个数据结构内部各项的物理安排。

(4)控制耦合：如果一个模块通过传送开关、标志、名字等控制信息，明显地控制选择另一模块的功能，就是控制耦合，如图 8-13 所示。这种耦合的实质是在单一接口上选择多功能模块中的某个功能。因此，对被控制模块的任何修改都会影响控制模块。另外，控制耦合也意味着控制模块必须知道被控制模块内部的一些逻辑关系，这些都会降低模块的独立性。

(5)标记耦合：如果一组模块通过参数表传递记录信息，就是标记耦合。事实上，这组模块共享了某一数据结构的子结构，而不是简单变量。这要求这些模块都必须清楚该记录的结构，并按结构要求对记录进行操作，如图 8-14 所示。

在图 8-14 中，“住户情况”是一个数据结构，图中模块都与此数据结构有关，它们之间产生了标记耦合。“计算水费”和“计算电费”本无关，由于引用了此数据结构而产生依赖关系，它们之间也是标记偶合。

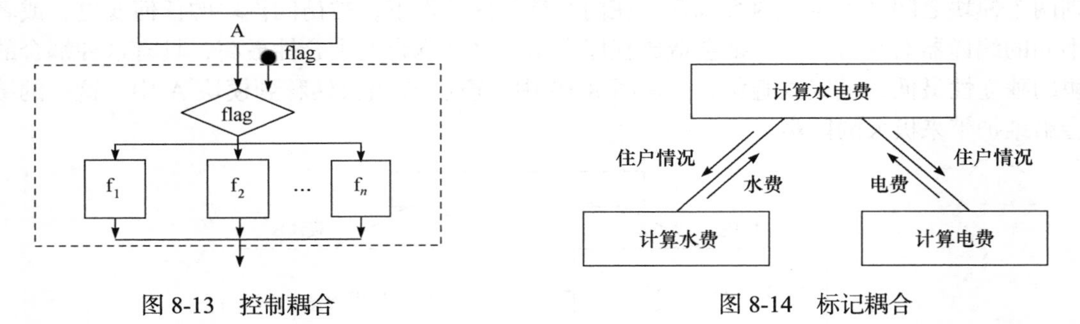

图 8-13　控制耦合　　图 8-14　标记耦合

(6)数据耦合：如果一个模块访问另一个模块时，彼此之间是通过简单数据参数(不是控制参数、公共数据结构或外部变量)来交换输入、输出信息的，则称这种耦合为数据耦合。数据耦合是松散的耦合，模块之间的独立性比较强。

可以把上例改为如下，模块之间变为数据耦合，如图 8-15 所示。

(7)非直接耦合：如果两个模块之间没有直接联系，它们之间的联系完全是通过主模块的控制和调用来实现的，就是非直接耦合，如图 8-16 所示。这种耦合的模块独立性最强。

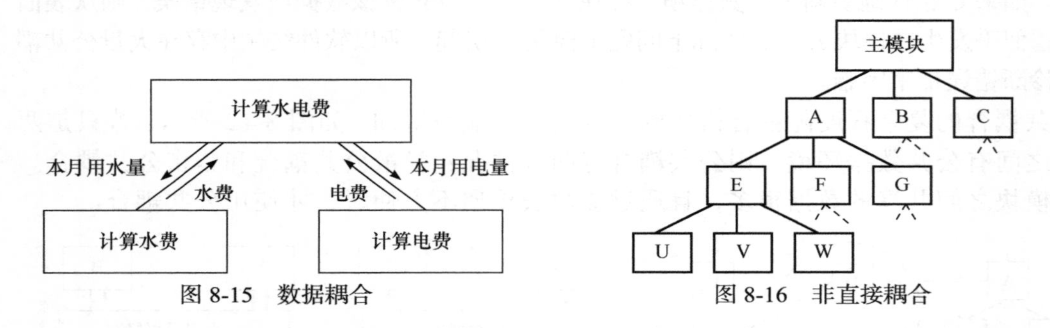

图 8-15　数据耦合　　图 8-16　非直接耦合

实际上，开始时两个模块之间的耦合不只是一种类型，而是多种类型的混合。这就要求设计人员进行分析、比较，逐步加以改进，以提高模块的独立性。模块之间的连接越紧密，联系越多，耦合性就越高，而模块独立性就越低。一个模块内部各个元素之间的联系越紧密，它的内聚性就越高，相对地，它与其他模块之间的耦合性就会降低，而模块独立性就越高。因此，模块独立性比较高的模块应是高内聚低耦合的模块。

8.2.2　抽象与逐步求精

1. 抽象

抽象就是抽出事物的本质特性而暂时不考虑它的细节。当对求解问题模块化时，可以进行多层次抽象。在抽象的最高层次使用问题环境的语言，以概括的方式叙述问题的解法，在较低层次上使用更过程化的方法，把面向问题的术语和面向实现的术语结合起来描述问题的解法。最后，在最低的抽象层次以直接实现的方式叙述问题的解法。

软件工程中的每个步骤通常是对软件解决方案的抽象化程度的一次细化。在软件开发过程中，通常会采用自上而下的方法，逐步将高层次的抽象转化为低层次的细节。在可行性研究阶段，软件作为系统的一个完整部件；在需求分析阶段，软件解法是使用在问题环境内熟悉的方式描述的；当由总体设计向详细设计过渡时，抽象的程度也就随之降低了；当源程序写出来以后，也就到达了抽象的最底层。

2. 逐步求精

逐步求精最初是由 Niklaus Wirth 提出的一种自顶向下的设计策略。按照这种设计策略，软件的体系结构是通过逐步精化处理过程的层次而设计出来的。通过逐步分解对功能的宏观陈述而开发出层次结构，直至最终得出用程序设计语言表达的程序。

求精实际上是细化过程。人们从在高抽象级别定义的功能陈述开始求精，也就是说，该陈述仅仅概念性地描述了功能或信息，但是并没有提供功能的内部工作情况或信息的内部结构。求精要求设计者细化原始陈述，随着每个后续求精不断地完成而提供越来越多的细节。

8.2.3　信息隐藏

通常有效的模块化可以通过定义一组独立的模块来实现，这些模块相互间的通信仅使用对于实现软件功能来说是必要的信息。通过抽象，可以确定组成软件的过程(或信息)实体；通过信息隐藏，则可定义和实施对模块的过程细节和局部数据结构的存取限制。

采用信息隐藏原理指导模块设计的好处十分明显。它不仅支持模块的并行开发，而且还可减少测试和后期维护的工作量，因为测试和维护阶段不可避免地要修改设计和代码，而模块对于多数数据和过程处理细节的隐藏可以减少错误向外传播。此外，整个系统欲扩充功能亦只需“插入”新模块，原有的多数模块无须改动。

8.2.4　模块设计的一般准则

在深入理解模块概念和特征的基础上，下面进一步给出模块设计的几条准则，这些准则是软件结构设计、求精和复查的重要依据和方法。

(1) 改进软件结构，提高模块独立性。

评价软件的初始结构，通过模块的分解和合并，减小模块间的耦合，增大模块内的内聚。例如，多个模块共有一个子功能时，可以将该子功能独立成一个模块，由其他模块调用。有时可以通过分解或合并减少控制信息的传递及对全程数据的引用，并且降低接口的复杂程度。

(2) 模块规模要适中。

模块的规模不宜过大，但是以多少为宜并没有定论，应该视具体情况而定。一般来说，模块以一页左右为宜。一页(程序 50 行左右)在一个人的智力跨度之内，这样的规模比较容易阅读和理解。

有人从心理学角度研究得知，当一个模块所含的程序超过 50 行以后，模块的可理解程度会迅速下降。但是，在进行模块设计时，首先应按模块的独立性来选取模块的规模。

(3) 深度、宽度、扇入和扇出应适当。

深度表示软件结构的层次，它一般能粗略地反映一个系统的大小和复杂程度。

宽度是指软件结构内同一层次上的模块总数的最大值，一般来说，宽度越大，系统越复杂。

扇出是影响宽度的重要因素，扇出过大意味着模块过分复杂，需要控制和协调过多的下层模块，扇出过小也不好。经验表明：一个典型系统的平均扇出通常是 3 或 4 个。

扇入越大表明共享该模块的上层模块越多，但是往往也会意味着该模块所包含的内容越多，所以，也应该注意要以不违背模块独立性原则为前提，适当设计。

扇入、扇出过大往往是因为模块包含过多的功能，通常的改进办法是增加中间层次。

(4)降低接口复杂性。

模块接口的复杂性是软件发生错误的一个重要原因。因此，设计模块接口时，应尽量使传递的信息简单并与模块的功能一致。

(5)设计单入口单出口的模块。

当一个模块只有一个入口和一个出口时，该模块比较容易理解和维护，这样可以避免“病态连接”（内容耦合），减少模块间的联系。

8.3 软件体系结构风格

软件的设计如同一幢大楼的设计，是一个系统工程，应该在建造大楼之前在总体结构上考虑周到。软件体系结构作为软件设计的一个高层次的抽象，给工程师提供了更好的方法来理解软件以及寻找出新的方法来构造更大、更复杂的软件系统。通常，软件体系结构涉及软件的总体组织、全局控制、数据存取以及子系统之间的通信协议等。本节介绍几种典型的软件体系结构。

8.3.1 管道-过滤器体系结构

管道-过滤器(Pipe-Filter)风格是在 UNIX 操作系统中提取出来的软件体系结构风格。其特点是每个过滤器都有一系列输入输出端口，过滤器从输入端口接收数据，从输出端口发送数据。过滤器对输入的数据进行变换和处理，把结果输出给下一个过滤器进行相应的处理。在这种风格体系结构中过滤器也称为组件，管道称为连接器，过滤器是通过管道连接的，如图 8-17 所示。

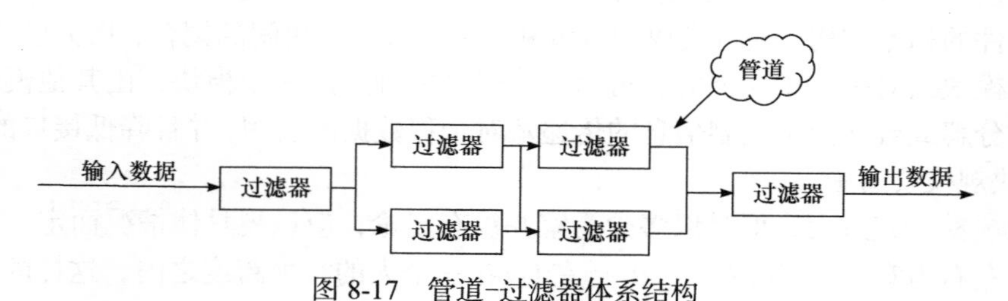

图 8-17 管道-过滤器体系结构

在管道-过滤器体系结构中，组件通过对输入的变换及增量的计算来完成其功能，所以在输入未被完全处理完时，就可以产生输出了，因此称组件为过滤器。而连接件可看作数据传输的管道，把上一个过滤器的输出传到下一个过滤器作为其输入。在此过程中特别重要的是过滤器必须是独立的实体，它不能与其他的过滤器共享数据，而且一个过滤器不知道它上游和下游的标识。过滤器与过滤器之间处于不共享状态，独立性强；过滤器要实现的功能可以明确地表述，输出的正确性易于保证。

管道-过滤器体系结构存在一些不足的地方。

(1)虽然过滤器可增量式处理数据，但过滤器之间是独立的，所以设计者必须将每个过滤器看成一个完整的、从输入到输出的转换。

(2)交互性较差，不适合处理交互的应用。

(3)数据传输没有通用的标准，所以每个过滤器都需要解析和合成数据，这样会导致系统性能下降，并增加了编写过滤器的复杂性。

传统的编译器是管道-过滤器体系结构的一个实例，编译器由词法分析、语法分析、语义分析、中间代码生成、中间代码优化和目标代码生成几个模块组成，一个模块的输出是另一个模块的输入。源程序经过各个模块的独立处理之后，最终将产生目标程序。UNIX Shell 中的管道机制和编译程序的构造就是管道-过滤器体系结构最为著名的应用。

8.3.2　事件驱动体系结构

事件驱动体系结构是在当前系统的基础之上，根据事件声明和发展状况来驱动整个应用程序运行。事件驱动体系结构的基本思想是：系统对外部的行为表现可以通过它对事件的处理来实现，在这种体系结构中，构件不再直接调用过程，而是声明事件，系统其他构件的过程可以在这些事件中进行注册。当触发一个事件的时候，系统会自动调用这个事件中注册的所有过程。事件驱动体系结构如图 8-18 所示。

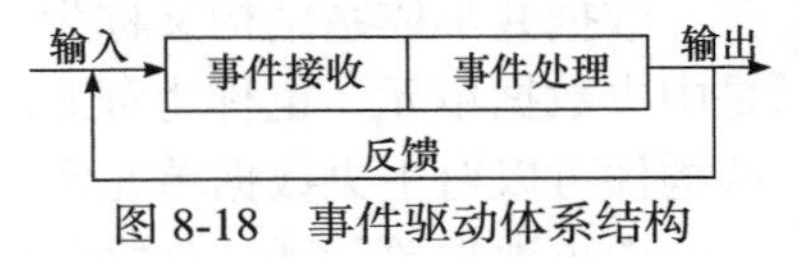

图 8-18　事件驱动体系结构

事件驱动体系结构中，事件驱动系统是由若干个子系统所形成的一个应用程序，系统中必须有一个子系统起主导作用，其他子系统处于从属地位，任何子系统都必须拥有一套事件接收机制和一套事件处理机制。

事件驱动体系结构的优点：事件声明者不需要知道哪些构件会响应事件。其为软件重用提供了强大的支持，当需要将一个构件加入现存系统中时，只需将它注册到系统的事件中。同时，其为改进系统带来了方便，当用新构件代替原构件时，不会影响到其他构件的接口。

事件驱动体系结构存在以下缺点。

(1) 构件放弃了对系统计算的控制。一个构件触发一个事件时，不能确定其他构件是否会响应它。而且即使它知道事件注册了哪些构件，也不能保证这些构件的调用顺序。

(2) 数据交换的问题。一些情况下，数据可被一个事件传递，但另一些情况下，基于事件的系统必须依靠一个共享的仓库进行交互。在这些情况下，全局性能和资源管理便成了问题。

(3) 系统中各个对象的逻辑关系变得更加复杂。

事件驱动体系结构一般应用在：以松散耦合部件为基础建立的软件系统；编译环境中的工具集成；数据管理系统中的一致性检查；图形用户界面等。

8.3.3　分层体系结构

分层体系结构是层次系统风格的体系结构，它将系统进行分级组织，其组织思想是：在分层体系结构中，每一层向上层提供服务，并作为客户向下层请求服务。分层体系结构的表现形式可以是多种多样的，例如，有些层次系统中，下层只向相邻的上层提供服务，上层组件实际是将下层看作一个虚拟机；有些层次系统中，系统服务和请求则可以跨层进行；还有一些层次系统中，除了选定的输出函数外，内部的层只对相邻的层可见。图 8-19 显示了分层体系结构。

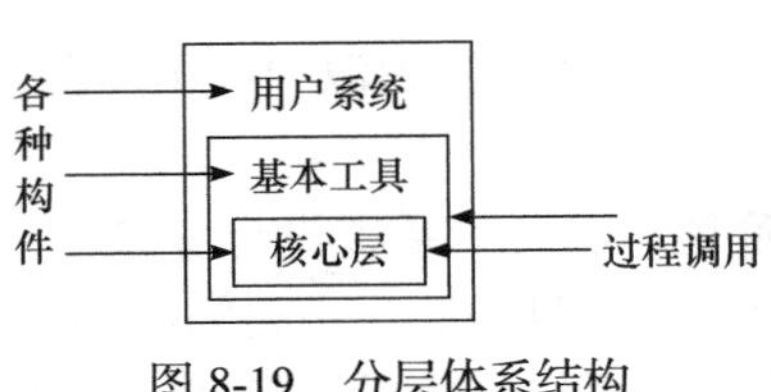

图 8-19　分层体系结构

分层体系结构在处理复杂问题时具有显著的优势。通过多步抽象，可以将一个复杂问题分解为一系列相对简单的子问题，使得开发过程更加有序和可控。这种分解方式有助于降低系统的复杂性，提高系统的可维护性和可扩展性。分层体系结构还非常适合软件重用。只要各层遵循相同的接口规范，就可以独立地对某一层进行修改或替换，而不会影响到其他层。

这种松散耦合的设计使得某一层的实现可以作为独立的单元被其他系统重复使用，从而提高了软件开发的效率和代码重用性。

此外，分层体系结构还支持系统的演化和改进。当需要改变某一层时，至多只会影响到相邻的两层，而对其他层的影响较小。这种局部化的改变使得系统的演化变得更加灵活和可控，有助于适应不断变化的需求和技术环境。分层体系结构最典型的应用是通信协议簇，如ISO/OSI、TCP/IP，还有数据库系统等。

8.3.4　数据共享体系结构

数据共享体系结构又称为仓库风格，在这种风格中，有两种不同类型的软件元素：一种是中央数据单元，也称为资源库，用于表示系统的当前状态；另一种是相互依赖的构件，这些构件可以对中央数据单元实施操作。

中央数据单元和构件之间可以进行信息交换，这是数据共享体系结构的技术实现基础。根据所使用的控制策略不同，数据共享体系结构可以分为两种类型：一种是传统的数据库；另一种是黑板。如果由输入流中的事件来驱动系统进行信息处理，把执行结构存储到中央数据单元，则这个系统就是数据库应用系统。如果由中央数据单元的当前状态来驱动系统运行，则这个系统就是黑板应用系统。黑板是数据共享体系结构的一个特例，用以解决状态冲突并处理可能存在的不确定性知识源，黑板体系结构如图 8-20 所示。

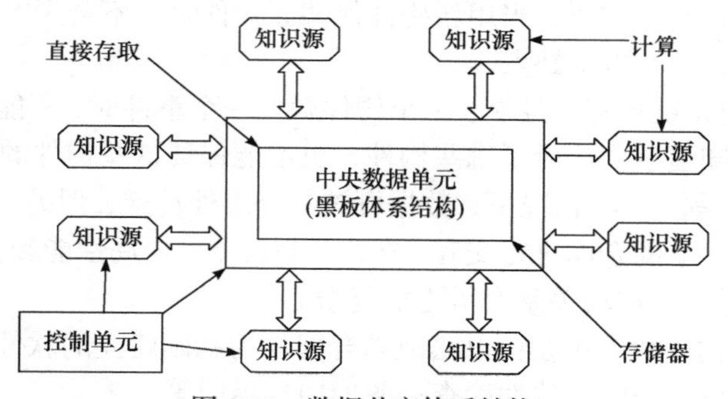

图 8-20　数据共享体系结构

数据共享体系结构便于多客户共享大量数据，而不必关心数据是何时产生的、由谁提供的及通过何种途径来提供的。此外，这种体系结构便于将构件作为知识源添加到系统中。数据共享体系结构的不足主要表现在以下两点。

(1) 对于数据共享体系结构，不同知识源要达成一致。因为要考虑各个知识源的调用问题，数据共享体系结构的修改困难。

(2) 需要同步机制和加锁机制来保证数据的完整性和一致性，增大了系统设计复杂度。

数据共享体系结构多应用在以如何建立、增强和维护一个复杂信息中心为主要问题的应用系统、数据库系统、现代的编译器等，黑板系统一般应用在专家系统、集成开发环境、聊天室等。

8.3.5　MVC 体系结构

MVC(模型-视图-控制)体系结构就是将一个交互式应用程序划分成 3 个相对独立的部分。它们分别是模型、视图和控制器，如图 8-21 所示。模型包含系统的核心功能和数据；视图向用户显示数据；控制器处理用户的输入。视图和控制器共同构成了用户界面。

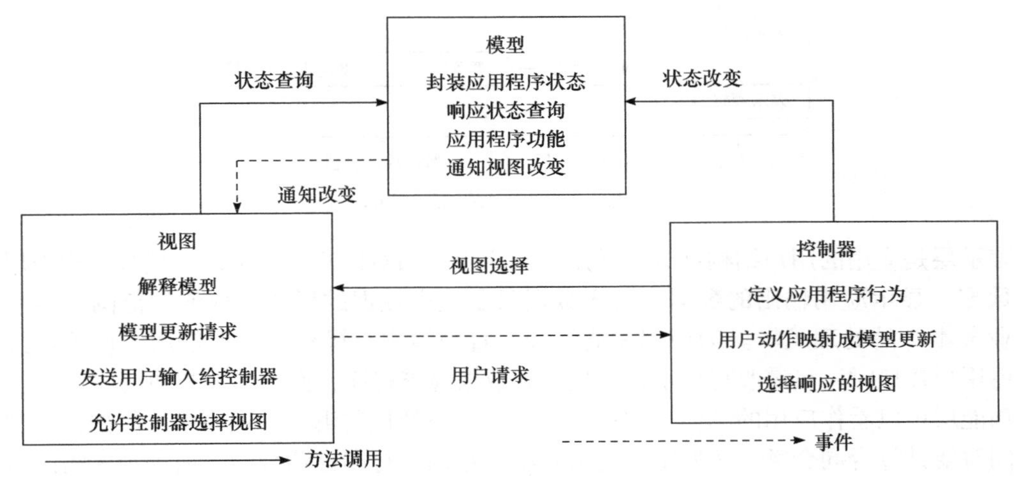

图 8-21　MVC 体系结构

MVC 体系结构有以下优点。

(1) 同一模型可有多个视图。由于 MVC 体系结构把模型和用户界面严格分离，因而多个视图可以在单一的模型上使用。运行期间，可根据需要同时打开多个视图，而且视图可以动态地打开和关闭。

(2) 视图同步化。所有的视图和控制器的行为是同步的。

(3) 模型的可移植性。由于 MVC 体系结构中模型是独立于视图的，所以可以很容易把一个模型独立地移植到新的工作平台上，而不影响应用程序的功能内核，只需要为每个平台实现合适的视图和控制器组件。

(4) 视图与控制器可接插性。MVC 体系结构允许随时更换视图和控制器，用户界面对象甚至可在运行时更换。

MVC 体系结构的不足表现如下。

(1) 增加了系统的复杂性。严格遵守“模型-视图-控制”分离的结构并不总是创建交互式应用程序的最佳方法。对于简单的人机交互界面，如仅有菜单或简单文档的系统，若采用分离的结构，视图和控制器组件就增加了系统的复杂性，降低了效率。

(2) 视图与控制器间的连接过于紧密。在 MVC 体系结构中，视图与控制器既是分离的，又是紧密相连的。这种关系妨碍了单个组件的可重用性。因为除只读视图外，其他视图一旦离开了控制器，它的使用就很有限了。

(3) 数据访问的效率低。依赖于模型操作接口，视图可能需要做多次调用才能获得所有要显示的数据。如果该系统的更新很频繁，一些未改变数据的不必要的重复请求将降低系统的性能。改进的方法是在视图中设置数据缓冲。

(4) 使用现代用户界面工具困难。

8.3.6　三层 C/S 体系结构

C/S 体系结构是基于资源不对等的，它具有强大的数据操作和事务处理能力，且 C/S 体系结构模型思想简单，容易被人们理解和接受。随着企业规模扩大和软件复杂程度提高，传统的二层 C/S 体系结构的不足越发明显，因此产生了三层 C/S 体系结构。三层 C/S 体系结构将应用功能分成表示层、功能层和数据层三个部分，如图 8-22 所示。

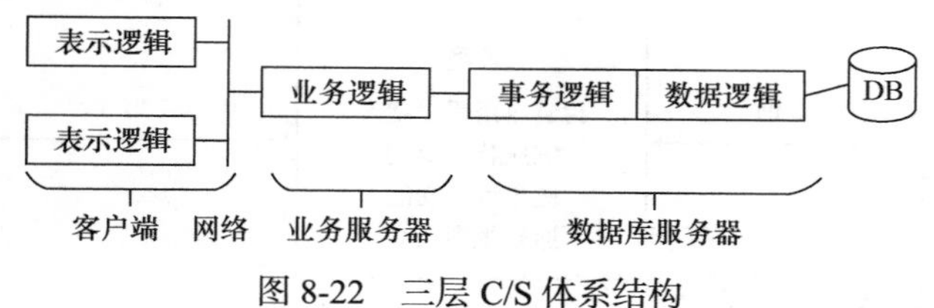

图 8-22　三层 C/S 体系结构

表示层是应用的用户结构部分，是用户与应用间的对话桥梁。它用于接收并检查用户输入的数据，显示应用输出的数据。输入数据只是检查数据的形式和取值的范围，不用检查相关业务本身的处理逻辑。为使用户能够较为直观地进行操作，一般使用图形用户接口。在变更用户接口时，只需改写显示控制程序和数据检查程序，而不影响其他两层。

功能层可以看作应用的本体，它是将具体的业务处理逻辑编入程序中。例如，在制作订购合同时要计算合同金额，按照定好的格式配置数据、打印订购合同，而处理所需的数据则要从表示层或数据层取得。表示层和功能层之间的数据交互要尽可能简洁。例如，用户检索数据时，要设法将有关检索要求的信息一次性地传给功能层，而由功能层处理过的检索数据也要一次性地传送给表示层。

通常，功能层拥有确认用户对应用和数据库的存取权限以及记录系统处理日志的功能。功能层的程序多半是用可视化编程工具开发的，有时候也使用 COBOL 和 C 语言。

数据层就是数据库管理系统，负责管理对数据库的存取。数据库管理系统必须能迅速执行大量数据的检索和更新。因此，一般功能层传送数据到数据层大都使用 SQL。

三层 C/S 体系结构的实现方法是对表示层、功能层和数据层进行明确分割，并在逻辑上使其独立。数据层作为数据库管理系统已经独立出来，所以，表示层和功能层分离成各自独立的程序是分割的关键，还要使这两层间的接口简洁明了。

8.4　用户界面设计

用户界面(User Interface, UI)通常也称为人机界面(Human Computer Interface, HCI)，它是交互式应用软件系统的门面。目前，计算机技术已进入人们的工作、生活中，企业 ERP、上网冲浪、远程教育都要和用户界面交互，如何将用户界面制作得更适合人们的使用是当前的重要课题。与其他设计活动相比，用户界面设计与最终用户及应用领域的关系更紧密，开发工作量占比更大，用户界面的设计者要充分考虑使用者的生理、心理的种种特征，因此用户界面的设计是计算机研制中较困难的部分之一。

8.4.1　用户界面设计原则

在有关界面设计的著作中，Theo Mandel 提出了三条基本设计原则，为软件工程师进行界面设计提供了基本指南。

(1) 置用户于控制之下。

在很多情况下，设计者为了简化界面的实现，可能会引入约束和限制，其结果可能是界面易于构建，但会妨碍使用。Mandel 定义了一组允许用户操作控制的设计原则，具体如下。

① 以不强迫用户进行不必要的或不希望的动作的方式来定义交互模式。
② 提供灵活的交互模式。
③ 允许用户交互被中断和撤销。
④ 当技能级别增加时，可以使交互流线化并允许定制交互。
⑤ 使用户与内部技术细节隔离开。
⑥ 允许用户和出现在屏幕上的对象直接交互。
(2)减轻用户的记忆负担。

用户必须记住的东西越多，和系统交互时出错的可能性也就越大。因此，一个经过精心设计的用户界面不会加重用户的记忆负担。只要可能，系统就应该“记住”有关的信息，并通过能够帮助回忆的交互场景来帮助用户。Mandel 定义了如下的一组设计原则，使得界面能够减轻用户的记忆负担。

① 减少对短期记忆的要求。
② 建立有意义的缺省。
③ 定义直观的快捷方式。
④ 界面的视觉布局应该基于真实世界的象征。
⑤ 以不断进展的方式揭示信息。
(3)保持界面一致性。

用户应该以一致的方式展示和获取信息，这意味着：所有的视觉元素(如颜色、字体、图标等)应该遵循同样的设计语言和规范；应用的输入方式(如按钮的位置、表单的布局等)在整个系统中应该保持一致；从任务到任务的导航机制要一致地定义和实现。

Mandel 定义了一组帮助保持界面一致性的设计原则，具体如下。

① 允许用户将当前任务放入有意义的环境中。
② 在应用系统家族内保持一致性。
③ 如果过去的交互模型已经建立起了用户期望，除非有迫不得已的理由，否则不要改变它。

8.4.2 用户界面设计过程

为了得到符合设计原则要求的界面，必须实施有组织的设计过程。用户界面的设计过程通常可分为界面分析和建模、界面设计、界面实现和评估三个步骤。

1. 界面分析和建模

用户界面设计过程的第一步是通过对用户、任务、内容和环境的分析，创建不同的系统功能模型。

1)系统功能模型

分析和设计用户界面时要考虑四种模型：由用户界面工程师(或软件工程师)创建的用户模型；由软件工程师创造的设计模型；终端用户对未来系统的假想，称为用户的心理模型或系统假想；系统的实现者创建的实现模型。一般来说，这四个模型之间的差别很大，界面设计时要充分平衡四者之间的差别，导出一个协调一致的界面。

(1)用户模型。用户模型概括了终端用户的大致情况，只有对假想用户的情况(包括年龄、性别、身体状况、心理情况、所受教育、文化、种族背景、动机、目的和个性等)有所了解，才能设计出有效的用户界面。

(2) 设计模型。设计模型主要考虑软件的数据结构、总体结构和过程性描述，需求规格说明书中可以建立一定的约束来帮助定义系统的用户，但是界面的设计一般只作为设计模型的附属品。

(3) 系统假想。系统假想是终端用户主观想象的系统映象，它描述了用户期望系统能提供的操作服务，至于这些描述的准确程度，则完全依赖于用户的情况和他对软件的熟悉程度。

(4) 实现模型。实现模型是系统的外部特征(指界面形式和感观)与所有用来描述系统语法和语义的支撑信息(书、手册、录像、帮助文件等)的总和，一般来说，若实现模型能与系统假想吻合，则表示用户对系统感到满意并能有效地使用它。

为了达到上述模型间的一致，建立设计模型时应充分考虑用户模型中给出的信息，实现模型必须准确地反映系统的语法和语义信息。总之，只有了解用户和任务，才能设计出好的用户界面。

2) 界面分析

用户界面分析包括用户分析、任务分析、显示内容分析和工作环境分析等四方面。

(1) 用户分析。

每个用户对于软件都存在系统假想，并且其假想可能与其他用户建立的系统假想存在着差别，同时还可能与软件工程师的设计模型相距甚远。设计师只有努力了解用户，同时了解这些用户如何使用系统，才能够将得到的系统假想和设计模型聚合在一起。为了完成这项任务，可以通过多种渠道，如用户访谈、零售输入、市场分析、技术支持等，获取用户的需求、动机、企业文化和其他信息，以分析用户的情况、类型和对系统的心理模型。

(2) 任务分析。

任务分析的目标就是确定用户工作任务的内容、性质、流程和层次关系，通常可以利用下列分析技术。

① 用例。用例用来显示终端用户如何完成指定的相关工作任务，软件工程师能够从中提炼出任务、对象和整个交互流程。

② 任务细化。逐步细化(也称为功能分解或者逐步求精)方法可以用来辅助理解用户界面必须容纳的用户活动，通过将任务细化成一系列的子任务，软件工程师可以将用户当前所执行的任务映射到一组类似的、在用户界面的环境中完成的任务的集合上。

③ 对象细化。软件工程师从用例和来自用户的其他信息中提取用户需要使用的物理对象，并将其分为不同的类。每个类的属性都要被定义，并且通过对每个对象上面动作的评估为用户提供一个操作列表。随着对象的不断细化，每个操作的细节都将被定义。

④ 工作流分析。当大量不同角色的用户使用某一个用户界面时，工作流分析技术可以帮助软件工程师很好地理解在包含多个角色时，一个工作过程是如何完成的，比如，不同的用户如何通过不同的界面实现不同的任务，不同的界面如何访问和显示来自不同信息源的信息等。

⑤ 层次表示。在界面分析时，会产生相应的细化过程。一旦建立了工作流，就能为每个用户类型定义一个任务层次。该任务层次来自为用户定义的每项任务的逐步细化。

(3) 显示内容分析。

对于现代应用问题，界面显示内容包括文字报告(如电子数据表)、图形化信息(如柱状图、三维模型、个人图片)，或者特殊形式的信息(如语音和视频文件)。显示内容分析主要是分析各种内容的显示方式和交互方式，比如，不同类型的数据是否要放置到屏幕上固定的位置，用户能否定制内容的屏幕位置，是否对所有内容赋予适当的屏幕标识，如何使用颜色来增强理解，出错信息和警告应如何呈现给用户等。

(4) 工作环境分析。

计算机系统的用户界面需要保证“用户友好”的特征，如合适的照明、良好的显示高度、简单方便的键盘操作等。在分析工作环境时，需要综合考虑多种因素，包括物理环境、人机交互和安全要求等。不同的光照条件、温度、湿度和噪声水平等都会对用户界面的可视性和可读性产生影响。在某些应用中，用户可能需要长时间进行重复操作或精细操作，这就需要考虑用户的身体疲劳和健康问题。此外，人机交互还需要考虑用户的不同技能水平和认知能力，以确保用户界面能够适应不同用户的需求。安全要求也是不可忽视的因素。在一些应用中，用户界面需要符合特定的安全标准和质量要求。例如，在医疗设备或工业控制系统中，用户界面必须保证安全可靠，防止误操作或故障。

2. 界面设计

一旦界面分析完成，界面设计即可开始。界面设计是一个迭代的过程，每个用户界面设计步骤都要进行很多次，每次细化和精化的信息都来源于前面的步骤。

1) 设计步骤

界面设计通常可分为如下几个步骤：

(1) 确定任务的目标/含义；

(2) 将每个目标/含义映射为一系列特定动作；

(3) 说明这些动作将来在界面上执行的顺序；

(4) 指明每个系统状态，即上述各动作在界面上执行时界面呈现的形式；

(5) 定义控制机制，即便于用户修改系统状态的一些设置和操作；

(6) 说明控制机制怎样作用于系统状态；

(7) 指明用户应怎样根据界面上反映出的信息解释系统的状态。

2) 设计的一般问题

在进行界面设计时，一般必须考虑系统响应时间、用户帮助机制、出错信息处理和命令方式等四个问题。

(1) 系统响应时间。

系统响应时间指当用户执行了某个控制动作(如按回车键、单击等)后，系统做出反应(指输出所期望的信息或执行对应的动作)的时间。系统响应时间过长是交互式系统中用户抱怨最多的问题，当几个应用系统分时运行时尤甚。

(2) 用户帮助机制。

时至今日，几乎每一个交互式系统的用户都希望得到联机帮助，即在不切换环境的情况下解决疑惑的问题。具体设计用户帮助机制时，必须解决下述的一系列问题：在用户与系统交互期间，是否在任何时候都能获得关于系统任何功能的帮助信息；用户怎样请求帮助；怎样显示帮助信息；用户怎样返回到正常的交互中；怎样组织帮助信息；等等。

(3) 出错信息处理。

任何错误信息对用户而言都不啻是“坏消息”，若此类信息不是自明的，用户接到后只能徒增烦恼。一般来说，出错信息应选用用户明了、含义准确的术语描述，同时还应尽可能提供一些有关错误恢复的建议，此外，显示出错信息时，若辅以听觉(如铃声)、视觉(如专用颜色)刺激，则效果更佳。

(4)命令方式。

键盘命令曾经一度是用户与软件系统之间最通用的交互方式，随着面向窗口的点选界面的出现，虽然键盘命令不再是唯一的交互方式，但许多有经验的熟练的软件人员仍喜爱这一方式，更多的情形是菜单与键盘命令并存以供用户选用。

3. 界面实现和评估

在确定了软件界面的设计模型之后，就可以进行软件界面的实现工作。可以借用界面设计工具来完成界面设计过程，请用户模拟使用并评估该界面的原型，设计人员根据用户的反馈意见修改设计并再次进行改进，直到用户满意且不再修改界面的设计为止。在实际中，界面的评审与功能的改进是紧密相关且互相伴随的。

1)界面实现

用户界面设计是一个迭代过程，如图 8-23 所示。软件设计模型一旦确定，即可构造一个软件原型，此时仅有用户界面部分。将此原型交给用户评估，根据反馈意见进行修改，再交给用户评估，直至与用户模型和系统假想一致为止。

为支持这种迭代式设计，大量的用户界面快速原型工具涌现出来，一般称为用户界面开发工具或用户界面开发系统。这些工具通过提供现成的模块和对象，大大简化了创建各种界面基本成分的工作，包括窗口、菜单、设备交互、出错信息和命令等，使得软件工程师只需做有限的定制开发就可以建立一个复杂的图形用户界面。代表性的开发工具有 Sketch、Adobe XD、Figma、ProtoPie、Axure RP 等。

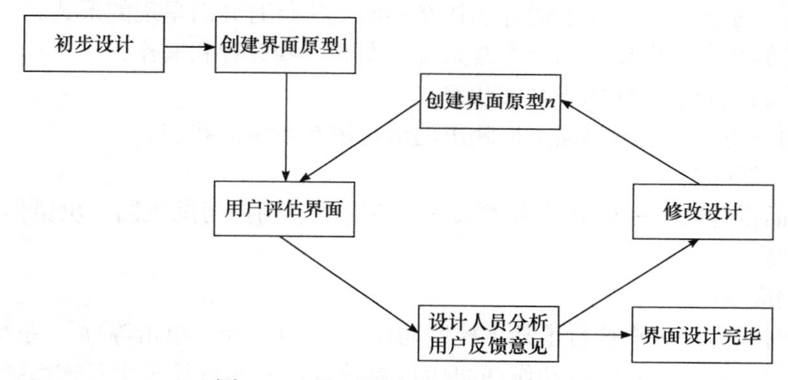

图 8-23　界面设计的迭代实现过程

2)界面评估

在界面设计的迭代实现过程中，一旦建立好可操作的用户界面原型，就必须对其进行评估，以确定是否满足用户的需求。界面设计的评估周期正如图 8-23 所示，界面设计的迭代实现过程也是界面设计的评估过程。

可以在建立原型以前就对用户界面的质量进行评估，如果能够及早地发现和改正潜在的问题，就可以减少评估执行的次数，从而缩短开发时间。界面设计完毕以后，就可以运用下面的一系列评估标准对设计进行早期评估：

(1)系统及其界面的书面规格说明的长度和复杂性在一定程度上表示了用户学习系统的难度；

(2) 命令（或动作）的个数以及命令的平均参数（或动作中各项操作的数量）在一定程度上表示了系统交互的时间和系统总体的效率；

(3) 设计中动作、任务和系统状态的数量反映了用户学习系统时所要记忆的内容的多少；

(4) 界面风格、用户帮助机制和错误处理协议在一定程度上表示了界面的复杂度和用户的接受程度。

一旦第一个原型完成以后，设计人员就可以收集到一些定性和定量的数据帮助进行界面评估。为了收集定性的数据，可以把提问单发给原型用户，每项提问的答案可以是简单的“是”或“否”、数字、程度（主观的）、喜欢程度（如强烈同意、勉强同意）、百分比（主观的），或者开放式答案。

如果需要得到定量数据，就必须进行某种形式的定时研究分析，观察用户与界面的交互，记录以下数据：在标准时间间隔内正确完成的任务数量、使用动作的频度、动作顺序、观看屏幕的时间、出错的数目、错误的类型和恢复时间、使用帮助的时间、标准时间内查看帮助的次数。这些数据可以用于指导界面修改。

8.5　设计复审

对于软件设计来说，复审与设计方法一样重要，复审对于项目的成功有着重要的意义。对软件设计进行复审是为了尽早发现软件的缺陷，尽可能在这些缺点进入下一阶段的工作之前予以纠正，从而避免后期付出更大的代价。

1. 设计复审方法

目前存在着两种不同的设计复审方法。

1) 正式复审

正式复审指制作好幻灯片，邀请听众按计划好的议事日程进行复审。这种方法是概要设计复审常用的方法。由于参加者包括各方面的人员，正式复审通常采取正式会议的方式。评审材料一般要提前两周发给与会人员，并要求他们在会前送回书面的评审意见。开会时，设计人员会对设计方案进行详细说明，答复与会人员的问题，并记下各种重要的评审意见。最后，会议就会后应采取的纠正和弥补措施，以及要不要重新提交复审等做出决定。

2) 非正式复审

非正式复审指只召集少数设计人员和有关用户参加设计问题的讨论。这种方法的特点是参加人数少，且均为软件人员，带有同行讨论的性质，因而方便灵活，十分适用于详细设计复审。

2. 复审的指导原则

(1) 在传统软件设计中，概要设计复审和详细设计复审应该分开进行，不允许合并为依次复审。

(2) 除软件开发人员外，概要设计复审必须有用户代表参加，必要时还可邀请有关领域的专家到会。详细设计复审一般不邀请用户代表和有关领域的专家。

(3) 既然复审是为了及早揭露错误，那么参加复审的设计人员应欢迎别人提出批评和建议，不要为设计的缺陷“护短”。但复审的对象是设计文档，不是设计人员本身，其他参加者也应为复审创造和谐的气氛，防止把复审变成质问或辩论。

(4)复审中提出的问题应详细记录，但不要谋求当场解决。

(5)复审结束前，应做出本次复审能否通过的结论。

3. 复审的内容

概要设计复审应该把重点放在系统的总体结构、模块划分、内外接口等方面。例如，软件的结构能否满足需求；结构的形态是否合理，层次是否清晰；模块的划分是否合适；系统的人机界面、内外部接口，以及出错处理是否合理等。

详细设计复审的重点应放在各个模块的具体设计上。例如，模块的设计能否满足其功能和性能要求；选择的算法与数据结构是否合理，符不符合编码语言的特点；设计描述是否简单、清晰等。

8.6　小　　结

软件设计是紧接着需求分析的一个重要阶段，是软件开发过程中一个至关重要的阶段，它直接关系到软件的质量、性能和可维护性。软件设计的基本目标就是解决“系统应该如何实现”这个问题。软件设计过程中需要考虑的因素包括数据结构、程序体系结构、接口和过程细节等。这些因素需要经过逐步求精、评审和文档描述，以确保软件的高质量和有效性。

过去40年中人们提出了一系列基本软件设计原则和概念。设计原则在设计过程中指导了软件设计师。设计概念提供了有关设计质量的基本标准。

模块化和抽象的概念化使设计师能够简化并复用软件构件。求精提供了表示连续层次功能细节的机制。程序结构和数据结构在软件体系结构中起到了关键作用，它们为软件的整体视图提供了基础，并决定了软件如何被组织、模块化以及如何与其他系统交互。信息隐藏和功能独立性为实现有效的模块化提供了途径。

软件体系结构提供了待建造系统的整体视图，它描述了软件构件的结构和组织、性质以及构件之间的连接。对于软件体系结构师而言，可使用一系列不同的体系结构风格。每一种体系结构风格都描述了一个系统的范畴。

习　题　8

1. 什么是软件设计？它的目标和任务是什么？
2. 怎样实现信息隐藏？
3. 逐步求精、分层过程与抽象等概念之间的相互关系如何？
4. 完成良好的软件设计应遵循哪些原则？
5. 如何理解模块独立性？用什么指标来衡量模块独立性？
6. 说明软件设计阶段的任务和过程。
7. 试说明软件体系结构在软件设计阶段中的重要性。
8. 目前存在哪些不同的设计复审方法？各有什么特点？

第 9 章　结构化设计方法

结构化设计方法由 Yourdon 和 Constantine 等提出，与结构化分析相衔接，主要是根据需求阶段对数据流的分析结果设计软件结构。数据流图主要描绘信息在系统内部加工和流动的情况，结构化设计方法根据数据流图的特性定义了两种“映射”，使用这两种“映射”能直接将数据流图转换为程序结构。

9.1　概 要 设 计

在需求分析阶段，通过 SA 方法，解决了一个关键问题：数据流。数据流是软件开发人员考虑问题的出发点和基础。数据流从系统的输入端向输出端流动，要经历一系列的变换或处理。用来表现这个过程的数据流图(DFD)实际上就是软件系统的逻辑模型。结构化设计要解决的问题就是在需求分析的基础上，将 DFD 映射为软件系统的结构图。

9.1.1　基本概念

结构化设计方法把数据流图映射为系统结构图，数据流图的类型决定了映射的方法。数据流图有下述两种类型。

1. 变换型

根据基本系统模型，信息通常以“外部世界”的形式进入系统，经过处理以后再以“外部世界”的形式离开系统。

变换型结构的数据流图大致呈一种线性状态，它所描述的工作过程一般分为三步，即输入数据、变换数据和输出数据，如图 9-1 所示。这三步反映了变换型数据流图的基本思想。其中，变换数据是数据处理过程的核心工作，而输入数据只不过是为它做准备，输出数据则是对变换后的数据进行后处理。

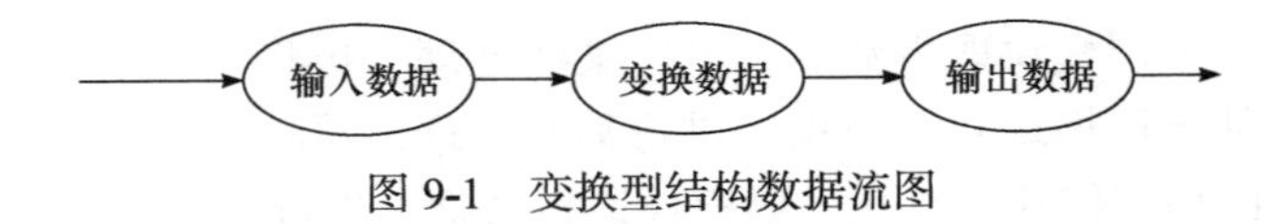

图 9-1　变换型结构数据流图

2. 事务型

事务是指与数据变换无关的处理，通常包括逻辑运算、控制流操作或系统级功能，而不仅仅是数据的存储、检索或更新，侧重于业务逻辑的执行和流程控制，而不是直接处理数据。当数据流图具有与图 9-2 类似的形状时，这种数据流图就是“以事务为中心的”，也就是说，数据沿输入路径到达一个处理 T，这个处理根据输入数据的类型在若干个动作序列中选出一个来执行。这类系统的特征是具有在多个事务中选择某个事务的能力。这种数据流称为事务型数据流图。图 9-2 中的处理 T 称为事务中心，它完成以下任务。

(1) 接收输入数据(输入数据又称为事务)；

(2) 分析每个事务以确定它的类型；

(3) 根据事务类型选取一条动作序列。

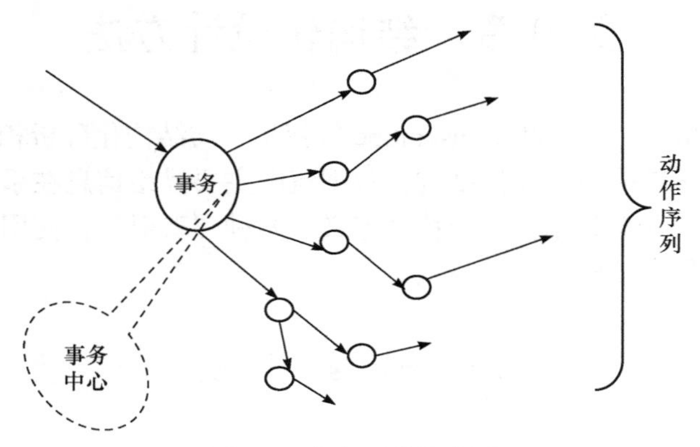

图 9-2　事务型数据流图

3. 系统结构图

系统结构图(Structure Chart, SC)是 SD 方法在概要设计中使用的主要表达工具，用来显示软件的组成模块及其调用关系。SD 方法约定用矩形框来表示模块，用带箭头的连线表示模块间的调用关系。

在 SC 中不能再分解的底层模块称为原子模块。如果一个软件系统的全部实际加工都由原子模块来完成，而其他所有非原子模块仅仅执行控制或协调功能，则这样的系统就是完全因子分解系统。如果系统结构图是完全因子分解的，就是最好的系统。

一般地，在系统结构图中有 4 种类型的模块，如图 9-3 所示。

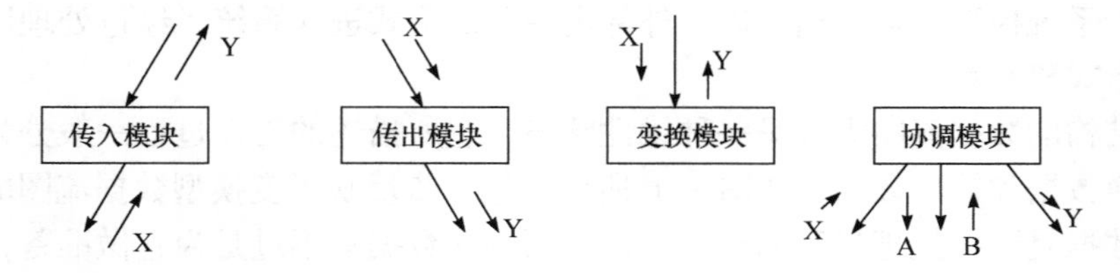

图 9-3　系统结构图的 4 种类型的模块

(1) 传入模块：从下层模块取得数据，进行某些处理，再将其传给上层模块。

(2) 传出模块：从上层模块获得数据，进行某些处理，再将其传给下层模块。

(3) 变换模块：即加工模块。它从上层模块取得数据，进行特定的处理，将其转换成其他形式，再传送回上层模块。大多数计算模块(原子模块)属于这一类。

(4) 协调模块：对所有下层模块进行协调和管理的模块。在系统的输入输出部分或数据加工部分可以找到这样的模块。在一个好的系统结构图中，协调模块应在较高层出现。

系统结构图中，模块间的调用关系可以分成以下几种类型。

(1) 简单调用：调用线的箭头指向被调用模块，如图 9-4(a)所示，允许模块 A 调用模块 B 和模块 C。调用 B 时，A 向它传送数据流 X 与 Y，B 向 A 返回数据流 Z。调用 C 时，A 向 C 传送数据流 Z。

(2) 选择调用：如图 9-4(b)所示。用菱形符号表示选择。模块 A 根据它内部的判断，选择调用模块 B 或者模块 C。

(3) 循环调用：如图 9-4(c) 所示。循环用叠加在调用线始端的环形箭头表示。模块 A 将根据其内在的循环重复调用模块 B、C，直至在模块 A 内部满足循环终止的条件为止。

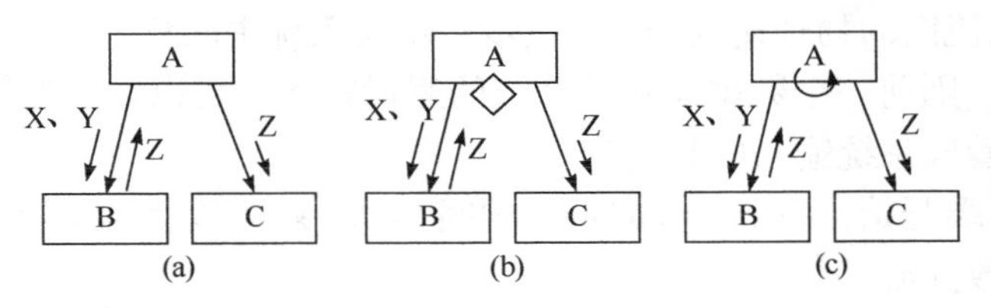

图 9-4　模块之间的调用关系

4. 设计过程

结构化设计方法的设计过程大致可分为以下 6 步。

(1) 复审并精化数据流图。应该对需求分析阶段得出的数据流图认真复查，并且在必要时进行修改或精化。不仅要确保数据流图给出了目标系统的正确逻辑模型，还应该使数据流图中的每个处理都代表一个规模适中、相对独立的子功能。

(2) 鉴别数据流图属于变换型还是事务型。一般来说，一个系统中的所有信息流都可以认为是变换流，但是，当遇到有明显事务特性的数据流时，建议采用事务分析方法进行设计。在这一步，设计人员应该根据数据流图中占优势的属性，确定数据流的全局特性。

(3) 按照结构化设计的方法，把数据流图转换为初始的系统结构图。将数据流图中的元素映射到系统结构图中，包括确定系统的总体模块结构，以及各个模块之间的调用关系。

(4) 按照启发式规则的指导，改进初始的系统结构图，优化设计，获得最终的系统结构图。初始模块结构的求精是根据启发式规则，对软件模块结构进行审查，以达到高内聚、低耦合的特性。更为重要的是得到一个易于实现、测试和维护的系统结构。

(5) 写出详细的接口描述和全局数据结构。在设计和优化模块结构后，应该对设计进行一些必要的说明，包括：为每个模块写一份处理说明；为模块之间的接口提供接口描述；确定全局数据结构；指出所有设计的约束条件和限制。

(6) 复审优化后的设计。在设计结束前要进行复审，以确保软件设计与用户要求一致。如果复审中发现错误，则要重新设计。在设计阶段找到错误并改正的代价要比在软件实现后发现错误再来改正的代价小得多。

当然，任何设计过程都不应该也不可能完全机械化，设计首先需要人的判断力和创造精神，这往往会凌驾于方法的规则之上。

9.1.2　变换分析

变换分析是一系列设计步骤的总称，经过这些步骤可以把具有变换流特点的数据流图映射成为一个预定义的程序结构模板。变换映射是体系结构设计的一种策略，运用变换映射建立初始的变换型系统结构图，然后进一步改进，可得到系统的最终结构图。

(1) 对 DFD 进行分析和划分。

首先区分输入流、输出流和变换中心 3 部分，标明数据流的边界。不同的设计人员可能选择不同的数据流边界，这将导致产生不同的系统结构图。输入流被描述为信息从外部形式变换为内部形式的路径；输出流是信息从内部形式变换为外部形式的路径，但是输入流和输出流的边界并未加以说明，这将导致不同的设计人员在选择数据流边界时会有所不同。一般可以从以下三个方面来考虑。

① 多个数据流汇集的地方往往是系统的变换中心。

② 可以从数据流图的物理输入开始，一步一步向系统中间移动，一直到数据流不再被看成系统的输入为止，则前一个数据流就是系统的逻辑输入。可以认为逻辑输入就是离物理输入端最远，且仍被看成系统输入的数据流。

③ 从物理输出端开始，一步一步向系统中间移动，就可以找到离物理输出端最远，且仍被看成系统输出的数据流。

图 9-5 是在 DFD 上区分三个部分的一个例子。图中 c、b 是逻辑输入，f 是逻辑输出，介于它们之间的 D、E、F 属于变换中心的加工。用虚线表示的两条分界线标出了这三个部分的边界。

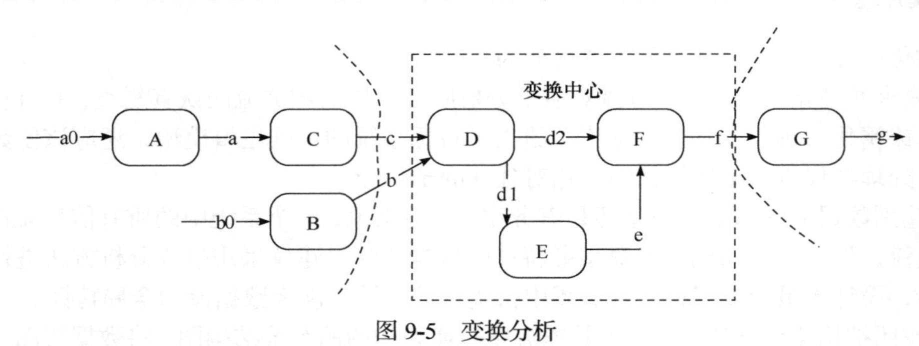

图 9-5　变换分析

对 DFD 进行分析和划分是变换分析的第一步。虽然设计人员的经验非常重要，但是一切划分都必须以实际情况为准。

(2) 进行第一级分解，设计顶层模块和第一层模块。

任何系统的顶层都只有一个用于控制的主模块。它的第一层一般包括输入、输出和变换中心三个模块，分别代表系统的三个相应分支。

模块结构图第一级分解的第一种画法如下：为逻辑输入画一个输入模块，其功能是向主模块提供数据；为逻辑输出画一个输出模块，其功能是把主模块提供的数据输出；为主处理画一个变换中心模块，其功能是把逻辑输入变换成逻辑输出。

在作图时应注意主模块与第一层模块之间传送的数据要与数据流图相对应。

图 9-6 显示了图 9-5 的 DFD 在第一级分解后导出的 SC。图中 M 为主模块，M_A、M_T、M_E 分别表示输入、变换、输出模块。

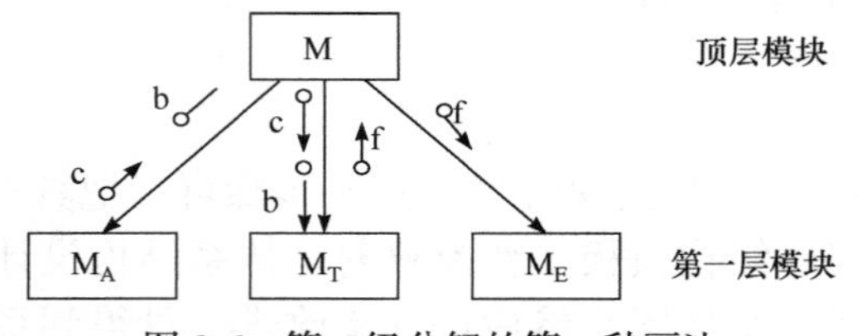

图 9-6　第一级分解的第一种画法

第二种画法是在第一层不是为每一分支只画一个模块，而是按照实际情况确定模块的数量。以图 9-5 为例，输入分支有 2 个数据流，而变换中心有 3 个加工，故可以画成如图 9-7 所示的结构图。本书主要采用第一种画法。

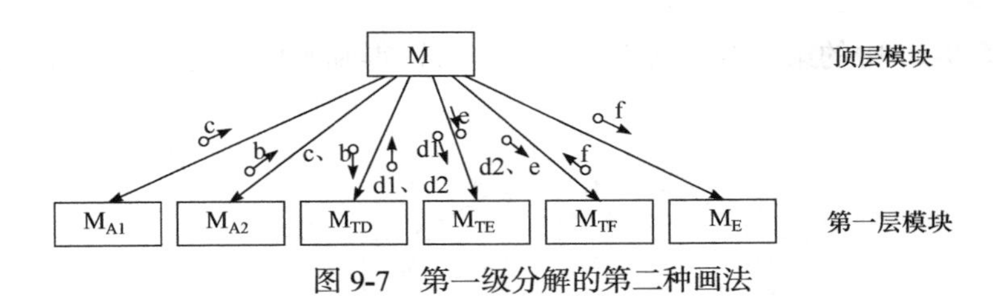

图 9-7　第一级分解的第二种画法

(3) 进行第二级分解，设计中、下层模块。

第二级分解就是把数据流图中的每个处理映射成软件结构中的一个适当的模块。完成第二级分解的方法是：首先从变换中心的边界开始逆着输入路径向外移动，把输入路径中的每个处理映射成软件结构中 M_A 控制下的一个低层模块；然后沿输出路径向外移动，把输出路径中每个处理映射成直接或间接受模块 M_E 控制的一个低层模块；最后把变换中心内的每个处理映射成受 M_T 控制的一个模块。

以图 9-5 的 DFD 为例，首先考察输入分支的模块分解。如图 9-8(a)所示，输入模块 M_A 可直接调用模块 C 与 B 以取得它所需的数据流 c 和 b。模块 C 将调用下层模块 A 以取得数据流 a，模块 A 与模块 B 可以从外部得到数据流 a0 与 b0。

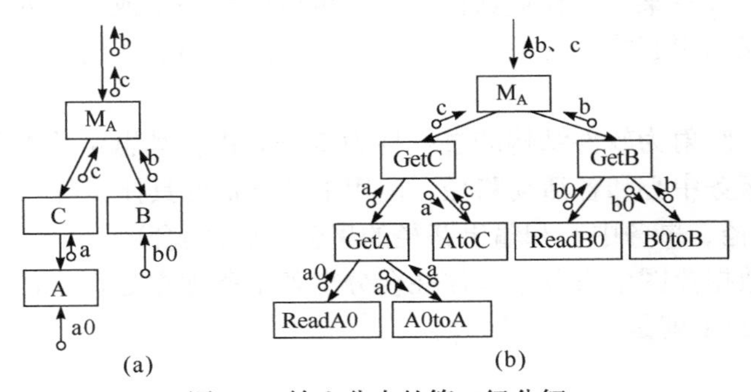

图 9-8　输入分支的第二级分解

数据流在输入的过程中，也可能经历数据的变换。以图 9-5 的两个输入流为例，其中一路将 a0 变换为 a，再变换为 c。另一路将 b0 变换为 b。为了显式地表示出这种变换，可以在图中添加 3 个变换模块(即“a0 变换为 a”、“a 变换为 c”和“b0 变换为 b”)，并在模块 A、B、C 的名称中添加 Read、Get，如图 9-8(b)所示。

仿照输入分支的分解方法，可以得到本例中输出分支的两种模块分解图，如图 9-9 所示。

与输入分支、输出分支相比，变换中心的情况繁简各异，其分解也比较复杂。但建立初始的 SC 时，仍可以采用“一对一映射”的简单转换方法。图 9-10 给出了本例中变换中心的第二级分解的结果。

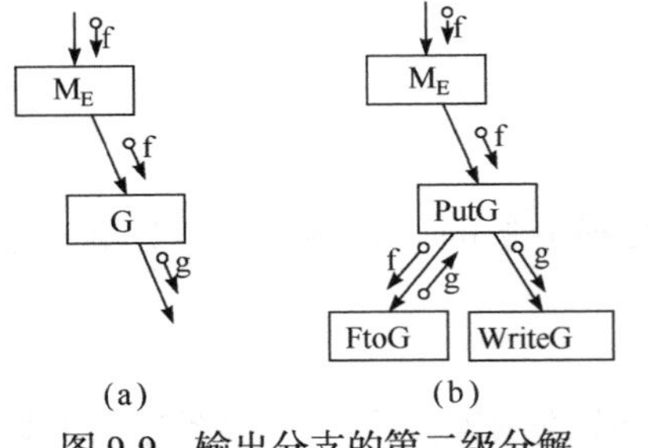

图 9-9　输出分支的第二级分解

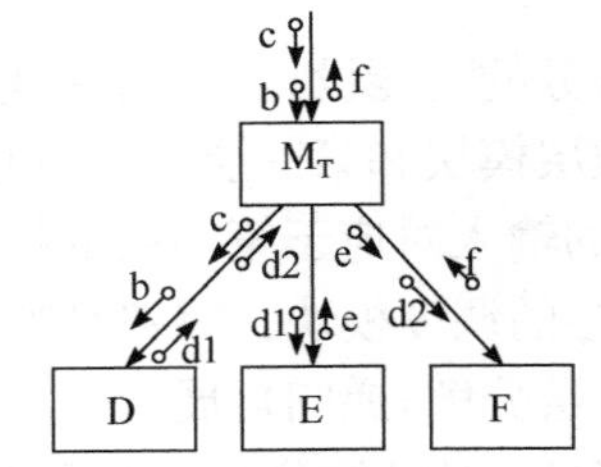

图 9-10　变换中心的第二级分解

将图 9-8～图 9-10 中的第二级分解对应合并，可以得到本例的初始 SC，如图 9-11 所示。

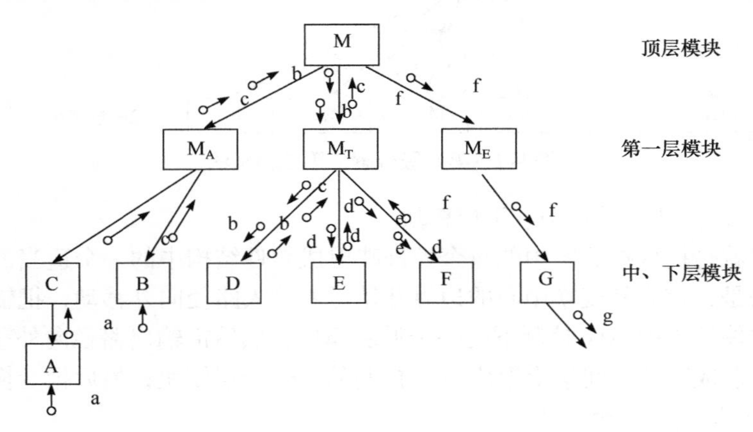

图 9-11　初始 SC

9.1.3 事务分析

在很多应用中，存在某一个作业数据流，它可以引发一个或多个处理。这种数据流就称为事务。事务可定义为引起式、触发式启动单一动作或一串动作的任何数据、控制、信号、事件或状态变化。

事务型数据流图映射为软件结构的过程称为事务分析。其思路基本上与变换分析相同，所不同的是要找出事务中心和各活动路径。运用事务分析的具体步骤如下。

(1)确定输入路径、事务中心和输出路径的集合(划分集合)。

一般来说，在数据流图中事务中心往往会分出若干条独立处理路径，这是确定事务中心的准则。图 9-12 中的 T 就是一个事务中心。

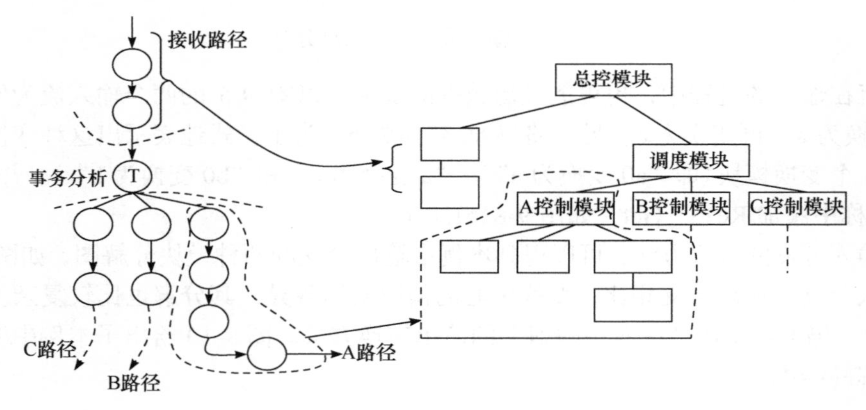

图 9-12　事务分析

(2)根据事务的功能设计一个总控模块(设计总控)。

(3)确定顶层模块和第一层模块(建立映射)。

事务中心的输入对应于第一层的接收模块，仿照变换分析的步骤将其逐步分解。事务中心对应于第一层的调度模块，将路径映射为其分支。

(4)继续下层分解(递归自展)。

仿照步骤(1)，对已经分解的 3 个模块中的子集合再次实施输入路径、事务中心和输出路径集合的划分，确定第 N 层模块的结构。如此往复，直到 DFD 底层子图的每一个加工为止。需要注意的是，对每一活动路径的分解仍应按照该路径本身的结构特征分别采用变换分析或事务分析方法进行。

下面以一个例子来说明事务映射。图 9-13 是一个事务型的数据流图。虚线中的部分是一个事务中心，经事务中心 C 后出来了 3 条动作路径。

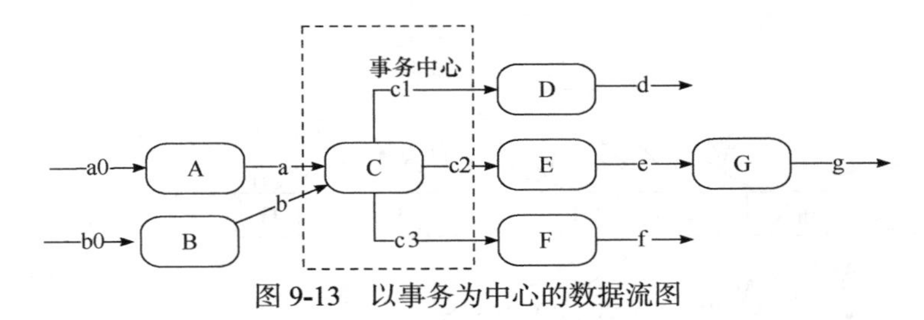

图 9-13　以事务为中心的数据流图

首先设置一个总控模块，位于结构图的顶层。将事务中心 C 映射成一个调度模块，由总控模块调用。将动作路径上的模块映射成调度模块调用的低层模块。接收部分按照变换型输入模块的构造方法映射成总控模块的输入部分，可得到初始的 SC，如图 9-14 所示。

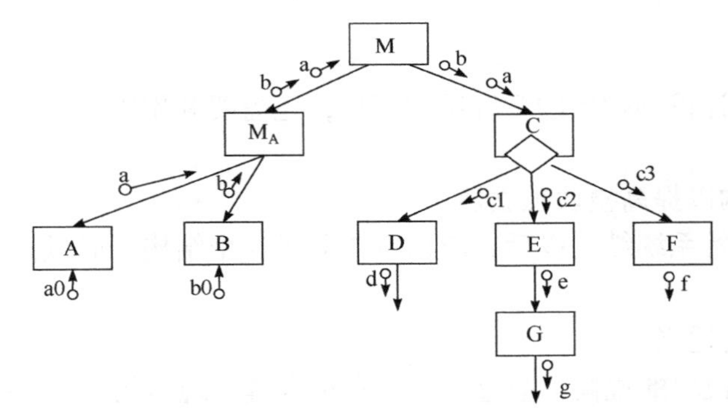

图 9-14　从以事务为中心的数据流图导出的初始 SC

9.1.4　变换-事务混合型分析

一个大型系统常常是变换型和事务型的混合结构，如图 9-15 所示。为了导出它们的初始 SC，必须同时采用变换分析和事务分析两种方法。机械地遵循映射规则很可能会得到一个结构很差的 SC。

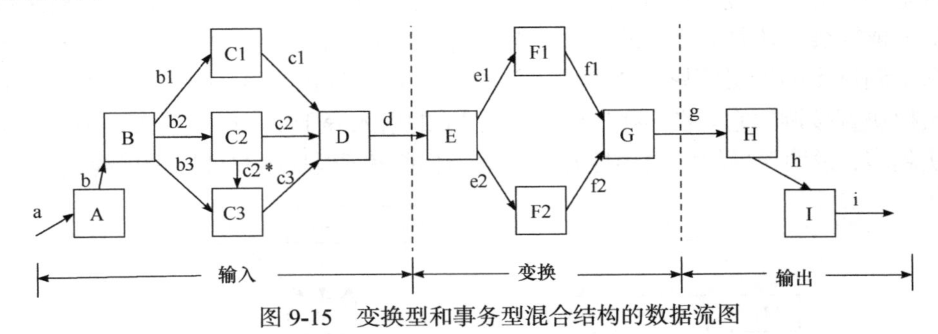

图 9-15　变换型和事务型混合结构的数据流图

此时可把变换分析和事务分析应用在同一数据流图的不同部分。例如，可以以“变换分析”为主、以“事务分析”为辅进行设计。先找出主处理，设计出结构图的上层，然后根据数据流图各部分的结构特点，适当选用“变换分析”或“事务分析”就可得出初始系统结构图的某个方案。图 9-16 就是图 9-15 的初始系统结构图。其中第一层是用变换分析得到的，而模块“变 b 为 d”及下层模块和模块“变 d 为 g”及下层模块则是采用事务分析得到的。

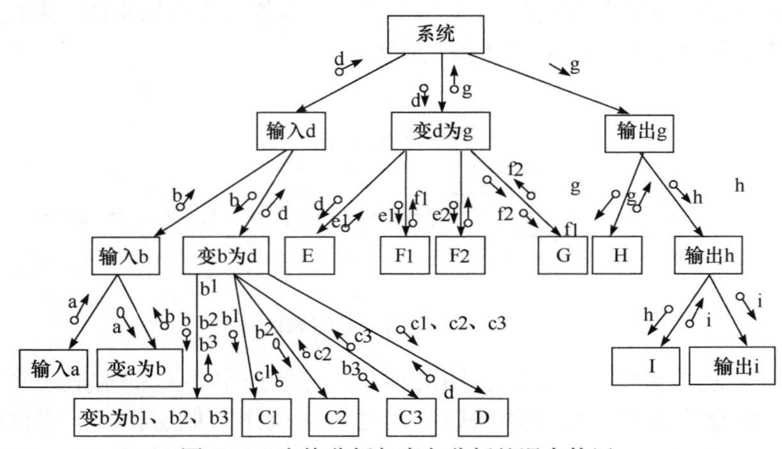

图 9-16　变换分析与事务分析的混合使用

9.1.5　启发式规则

在经过分析和设计得到初始的系统结构图后，还需要利用以下启发式规则对系统结构图进行改进和优化。

(1) 改进系统结构以提高模块独立性。

设计出软件的初始系统结构以后，应该审查分析这个结构，通过模块分解或合并，力求降低耦合、提高内聚。

(2) 模块的规模要适当。

经验表明，一个模块的规模不应过大，通常规定其实现语句为 50～100 行，最多不超过 500 行。实际上，规模过大的模块往往是由于分解不充分，且具有多个功能，因此需要对功能进一步分解，生成一些下层模块或同层模块。反之，模块过小时可以考虑是否将它与调用它的上层模块合并。

(3) 深度、宽度、扇出和扇入都应适当。

深度表示软件结构中控制的层数，如果层数过多，则应该考虑是否有许多管理模块过分简单，能否适当合并。宽度是软件结构内同一个层次上的模块总数的最大值。一般来说，宽度越大，系统越复杂。对宽度影响最大的因素是模块的扇出。扇出过大意味着模块过分复杂，需要控制和协调过多的下层模块。图 9-17 (a) 中模块 M 的扇出为 3。一个模块的扇入表明有多少个上层模块直接调用它。图 9-17 (b) 中模块 M 的扇入等于 3。扇入越大，则共享该模块的上层模块越多，说明该模块的复用性好，但是，不能违背模块独立性原理单纯追求高扇入。

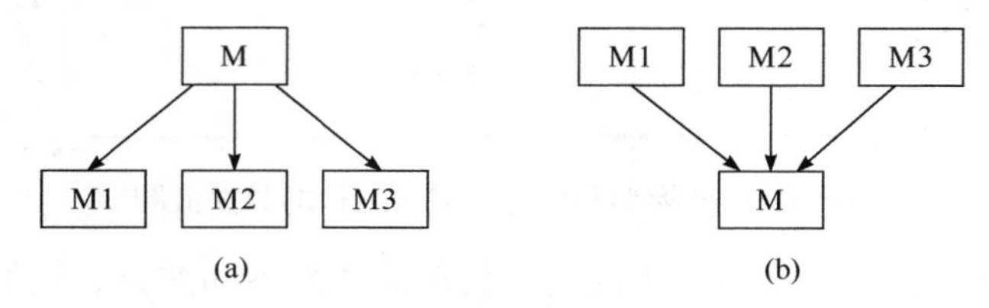

图 9-17　模块的扇入和扇出

经验表明，设计良好的软件结构通常顶层扇出较高，中层扇出较低，底层又高扇入到公共的实用模块中。应避免图 9-18(a)那样的平铺形态，较好的结构图形态是图 9-18(b)那样的椭圆形态。

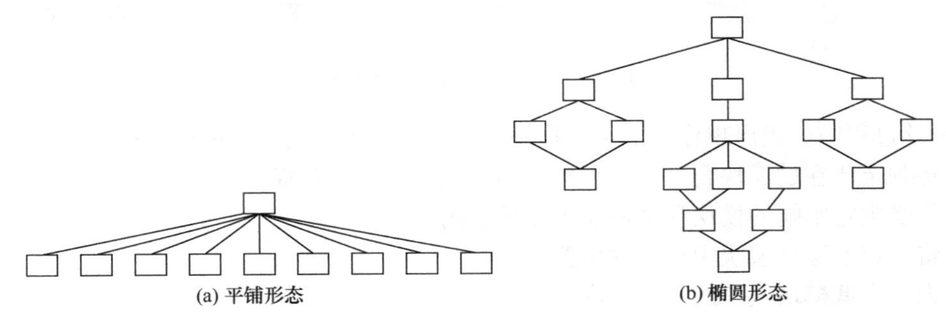

(a) 平铺形态 (b) 椭圆形态

图 9-18 调整软件结构的深度、宽度、扇出和扇入

(4)模块的作用域应在控制域之内。

在进行模块分解设计时，可能会遇到在某个模块中存在着判定，而其他某些模块的执行与否依赖于判定的结果的情况。因此，需要了解一个判定会影响哪些模块。

模块的作用域定义为受该模块内一个判定影响的所有模块的集合。如图 9-19(a)所示，如果模块 M1 做出的判定只影响 M11、M12、M13，则模块 M1 的作用域为{M1, M11, M12, M13}；如果 M1 做出的判定还影响了 M2 中的部分操作，则模块 M1 的作用域为{M1, M11, M12, M13, M2}；如果 M2 中的全部操作都受到 M1 中判定的影响，则 M2 的上层调用模块 M 也在该模块的作用域内，因为调用模块中必含有调用 M2 的过程语句，该语句的执行取决于这个判定。

模块的控制域是指这个模块本身以及所有直接或间接从属于它的模块的集合。如图 9-19(b)所示，M1 的控制域为{M1, M11, M12, M13}。

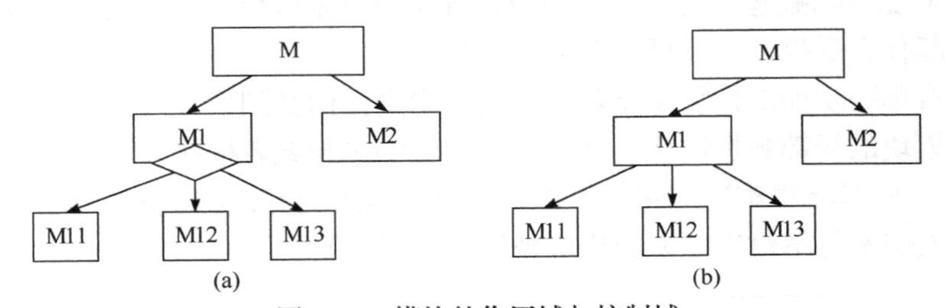

图 9-19 模块的作用域与控制域

在一个设计得很好的系统中，含有判定的模块的作用域应处在这个模块的控制域之内，即作用域应该是控制域的子集。图 9-20(a)所示情况是违反这一规则的。图中以星号表示判定，带斜线的模块组成该判定的作用域。在图 9-20(a)中，因为判定的作用域不在控制域之内。B2 的判定信息只有经过 B、Y 才能传给 A，这增加了模块间的耦合并降低了效率。图 9-20(b)虽然表明模块的作用域在控制域之内，但判定所在模块 Top 的位置太高，判定信息也要多次传送才能传到 A 和 B。图 9-20(c)表明作用域在控制域之内，只有一个判定分支有一个不必要的穿越，是一个较好的结构。而图 9-20(d)则最为理想，这时模块间的耦合最小。

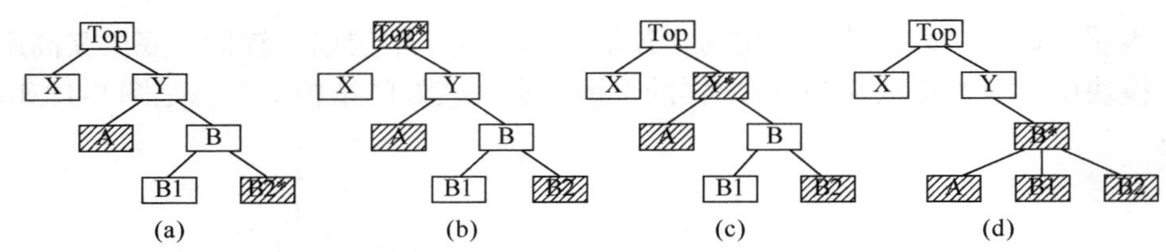

图 9-20　作用域和控制域的四种关系

在设计过程中，当出现作用域不在控制域之内时，可以用以下措施纠正：

① 将判定所在的模块合并至上层模块中，使判定的位置提高；

② 将受判定影响的模块移到模块控制域之内；

③ 将判定上移到层次中较高的位置。

(5) 力争降低模块接口的复杂程度。

模块接口复杂是软件发生错误的一个主要原因，也是团队开发软件的困难所在。仔细设计模块接口，首先要保证传递的信息简单，并且和模块的功能一致。除非特别需要，其应该与问题领域的习惯理解一致。

(6) 设计单入口、单出口的模块。

当一个模块是从顶部进入、从底部退出时，软件是比较容易理解的，也是比较容易维护的，多于一个入口或出口都会增加理解模块的难度。因此，模块要保持单入口、单出口，否则，模块之间将可能出现内容耦合。

(7) 模块功能应该可预测，避免对模块施加过多限制。

模块功能可预测指只要模块的输入数据相同，不论内部处理细节如何，其运行产生的输出必然相同，也就是可以依据模块的输入数据预测其输出结果。但是，如果模块内部蕴藏一些特殊的鲜为人知的功能，这个模块就可能是不可预测的。如图 9-21(a) 所示，在模块内部保留了一个内部标记 M，在模块运行过程中由这个内部标记确定做什么处理。由于这个内部标记对于调用者来说是隐藏起来的，因此调用者将无法控制这个模块的运行，或者不能预知模块运行将会引起什么后果，最终可能会造成混乱。

一个仅具有单一功能的模块由于具有高度的内聚性而受到设计人员的重视。但是，如果过分限制一个模块的局部数据结构的大小、控制流的选择或者模块与外界(人、软硬件)的接口(图 9-21(b))，则其将很难适应用户新的要求或环境的变更，会给将来的软件维护造成很大的困难，使得人们不得不付出更大的代价来消除这些限制。

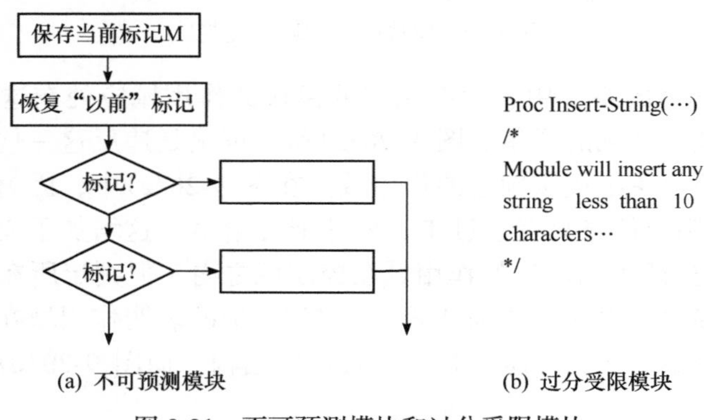

图 9-21　不可预测模块和过分受限模块

为了能够适应将来的变更，软件模块中局部数据结构的大小应当是可控制的，调用者可以通过模块接口上的参数表或一些预定义外部参数来规定或改变局部数据结构的大小。另外，控制流的选择对于调用者来说应当是可预测的。而模块与外界的接口应当是灵活的，也可以通过改变某些参数的值来调整接口的信息，以适应将来的变更。

9.1.6　设计优化

在软件的程序结构和数据结构已经按照功能和性能需求，以及设计标准被设计出来之后，再进行设计的优化工作。过早地考虑优化设计是没有意义的。

结构简单通常既表示设计风格优雅，又表示效率高。设计优化应该力求做到在有效的模块化的前提下使用最少的模块，以及在能够满足信息要求的前提下使用最简单的数据结构。

对于有时间运行要求的应用问题，可能有必要在详细设计阶段或编写程序的过程中进行优化。软件开发人员应该认识到程序中占比相对比较小的部分(一般为 10%～20%)却常常占去系统全部处理时间的大部分(50%～80%)。因此，对于有时间效率要求的软件，可以考虑下面的方法。

(1) 在不考虑时间因素的前提下构造并精化软件结构。

(2) 在详细设计阶段挑选最耗费时间的那些模块，精心设计它们的处理过程，以求提高效率。

(3) 用高级程序设计语言编写程序。

(4) 检测并分离出占用大量处理机资源的模块。

(5) 必要时重新设计或用机器的语言重新对大量占用资源的模块编码，以求提高效率。

9.2　详细设计

在概要设计阶段，软件设计人员完成了软件系统的总体结构设计，确定了与需求规格说明书相对应的各个功能模块以及这些模块之间的关系。在详细设计阶段，就要对软件结构中的每一个模块确定使用的算法或块内数据结构，并用某种选定的表达工具给出清晰的描述。

表达详细设计规格说明的工具称为详细设计工具，主要有图形工具、表格工具和语言工具三类。详细设计工具有时候也可以应用在软件开发的其他阶段，例如，需求分析中的判定表和判定树分别属于表格工具和图形工具。下面介绍其他详细设计工具。

9.2.1　程序流程图

程序流程图(Program Flow Diagram, PFD)又称为程序框图，它是软件开发人员最熟悉也是应用最早的一种算法表达工具。程序流程图使用的符号在国际和国内都有一定的标准，本文采用等同于国际标准 ISO 5807—1985 的国内标准 GB/T 1526—1989《信息处理 数据流程图、程序流程图、系统流程图、程序网络图和系统资源图的文件编制符号及约定》，根据这一标准画出的程序流程图称为标准流程图。图 9-22 给出标准流程图中所使用的符号及其简单说明。

在使用程序流程图时，必须严格控制箭头流向，严格按照结构化设计的 5 种基本控制逻辑结构进行程序设计，如图 9-23 所示。

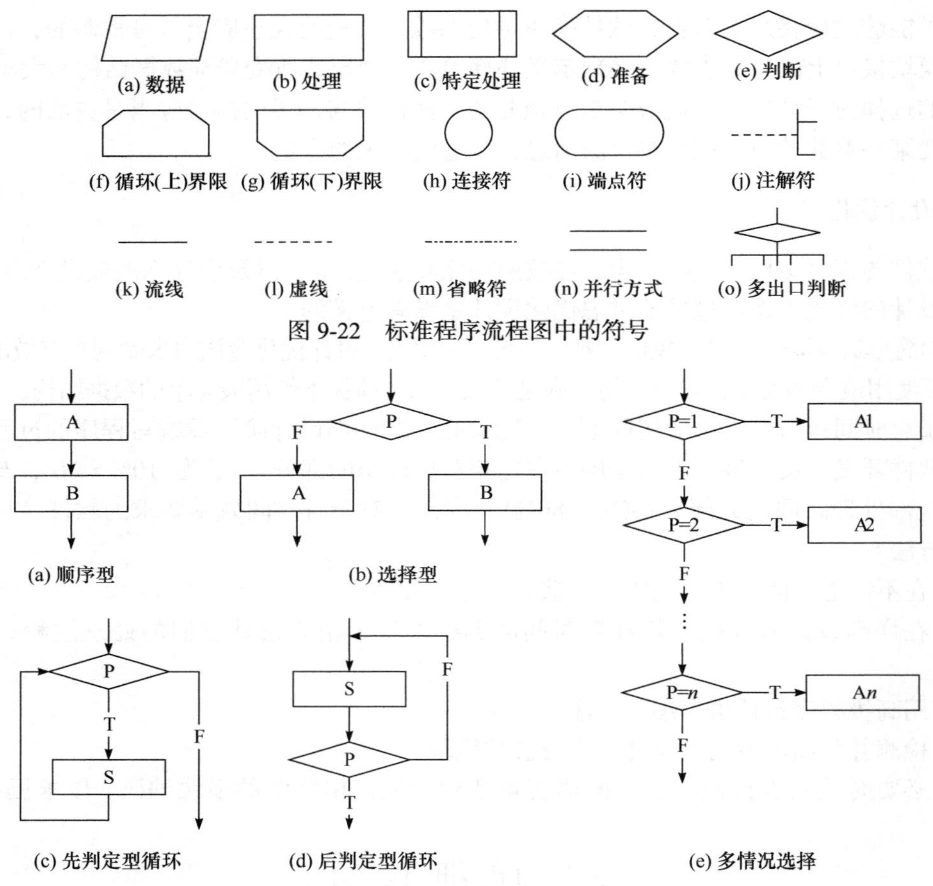

图 9-22　标准程序流程图中的符号

图 9-23　程序流程图的几种控制类型

9.2.2 盒图

盒图最初由 Nassi 和 Shneiderman 提出，并经 Chapin 扩充，所以称为 N-S 图或 Chapin 图。盒图是一种符合结构化程序设计原则的图形描述工具，较彻底地解决了程序结构化问题，在盒图中取消了控制流线和箭头，因而完全排除了由随意使用控制转移对程序质量造成的影响。图 9-24 给出了 N-S 图的 5 种基本控制结构。

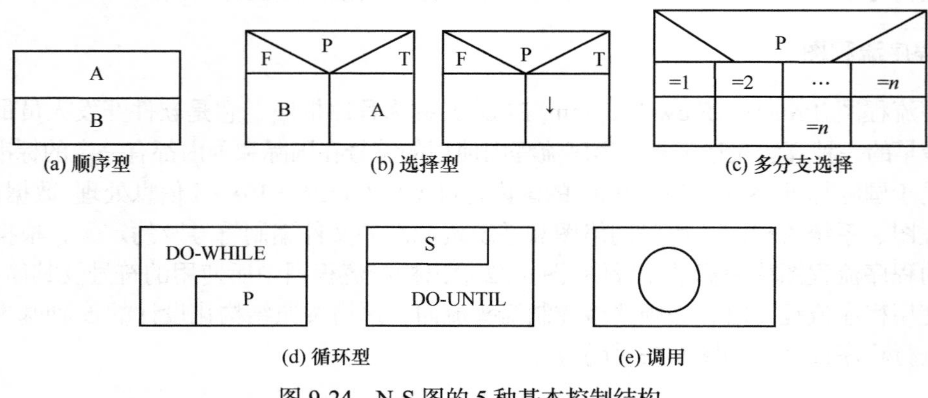

图 9-24　N-S 图的 5 种基本控制结构

设计盒图时必须从图形外层结构开始，逐步向内层扩展。若内层的空间太小，不能继续下去，可以在该盒子的相应功能区给出一个椭圆标记，然后另画一个盒图。

9.2.3　问题分析图

PAD(Problem Analysis Diagram)是问题分析图的简称，是由程序流程图演化而来，用结构化程序设计思想表现程序逻辑结构的图形工具。图 9-25 给出了 PAD 的基本符号，图 9-26 是使用 PAD 的 def 符号来逐步求精的例子。

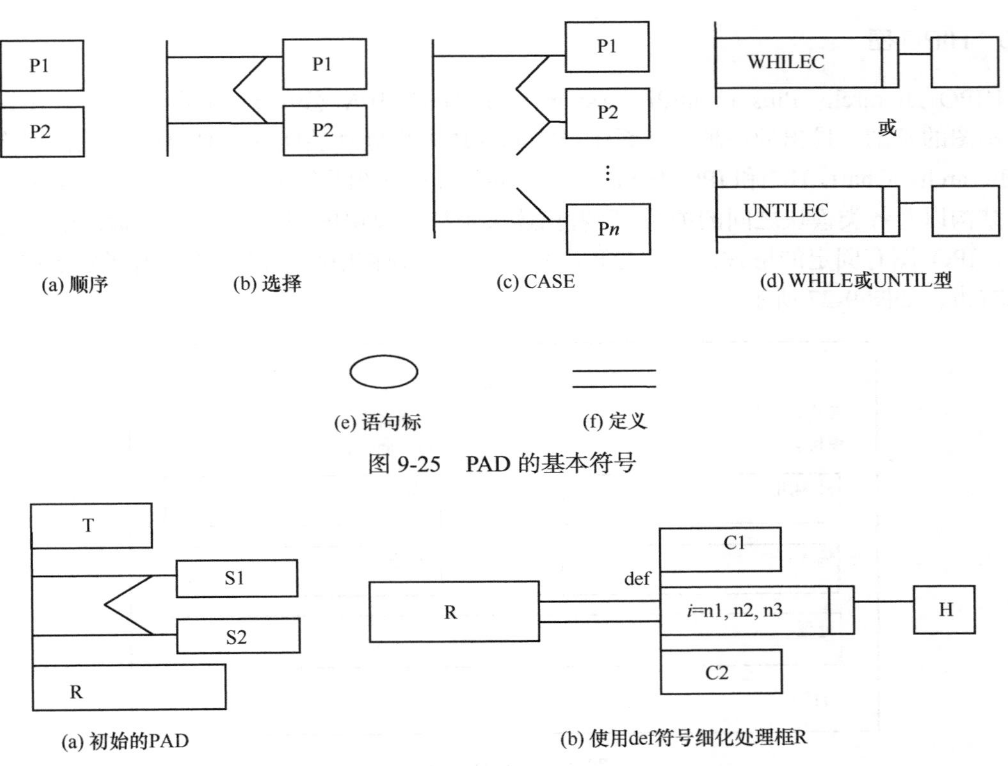

图 9-25　PAD 的基本符号

图 9-26　使用 PAD 的 def 符号来逐步求精的例子

9.2.4　过程设计语言

过程设计语言(Procedure Design Language, PDL)是一种混杂语言，混合使用叙述性说明文字和某种结构化的程序设计语言的语法形式。PDL 的结构和一般的程序很相像，它们都包括注释部分、数据说明部分和过程部分，因此 PDL 又称为伪程序或伪码。

PDL 具有严格的语法结构，与编程语言控制结构的关键字较类似，如 IF-THEN- ELSE、WHILE-DO、REPEAT、UNTIL 等，用来定义控制结构和数据结构；PDL 的内层语法则是灵活自由的，可以采用自然语言描述。

下面举一个例子，来看 PDL 的使用。

```
PROCEDURE  spellcheck  IS                      //查找错拼的单词
  BEGIN
     split document into single  words  //把整个文档分离成单词
```

```
        lood up words in dictionary        //在字典中查这些单词
        display words which are not in dictionary  //显示字典中查不到
                                                      的单词
        create a new dictionary            //创造一个新字典
    END spellcheck
```

从上例可以看到，PDL 具有正文格式，很像一种高级语言。人们可以很方便地使用计算机完成 PDL 的书写和编辑工作。

9.2.5 HIPO 图

HIPO(Hierarchy Plus Input/Processing/Output)图是 IBM 公司于 20 世纪 70 年代中期在层次结构图的基础上推出的一种描述系统结构和模块内部处理功能的工具。HIPO 图由层次结构图(Hierarchy Chart, HC)和 IPO(Input/Processing/Output)图两部分构成，前者描述整个系统的设计结构以及各类模块之间的关系，后者描述某个特定模块内部的处理过程和输入输出关系。通常，IPO 图有固定的格式，图中处理操作部分总是列在中间，输入和输出部分分别在其左边和右边，如图 9-27 所示。

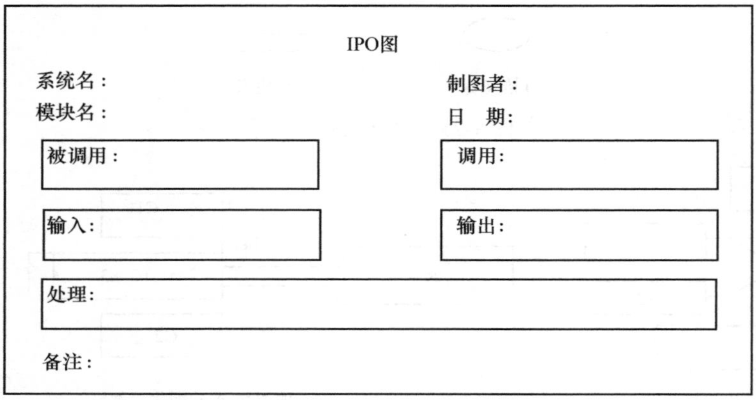

图 9-27 IPO 图示例

HIPO 图表达方法直观、易懂，适用范围很广，既不限于详细设计，也可用于需求分析中的功能描述。

9.3 案例：商店供销管理系统的设计

第 5 章介绍了一个商店供销管理系统的需求分析过程，基于结构化的方法，用数据流图对系统进行了逻辑建模。系统主要包含销售、采购、财务三个核心的加工，图 5-10(a)～(c)分别给出了它们的二级数据流图。通过分层数据流图和对数据流图的描述，可以对该系统的数据传输和处理流程有一个清晰的理解。在这个基础上，本节对该系统进一步设计，主要介绍系统结构设计。

系统结构设计阶段的主要任务是从供销管理系统的总体目标出发，根据系统分析阶段对系统的逻辑功能的要求，并考虑经济、技术和运行环境等方面的条件，确定系统的总体结构和各组成部分的技术方案，合理选择计算机和通信的软、硬设备，提出系统的实施计划，确保总体目标的实现。

9.3.1 模块结构设计

进一步精化数据流图，在此基础之上，采用结构化设计方法对数据流图进行分析以得到各个子系统结构图。本节以销售处理子系统为例，讲述由数据流图得到系统结构图的过程。

(1)复审并精化数据流图：对需求分析阶段得出的数据流图认真复查，并且在必要时进行修改或精化。不仅要确保数据流图给出了目标系统的正确逻辑模型，还应该使数据流图中的每个处理都代表一个规模适中、相对独立的子功能，精化后的数据流图如图 9-28 所示。

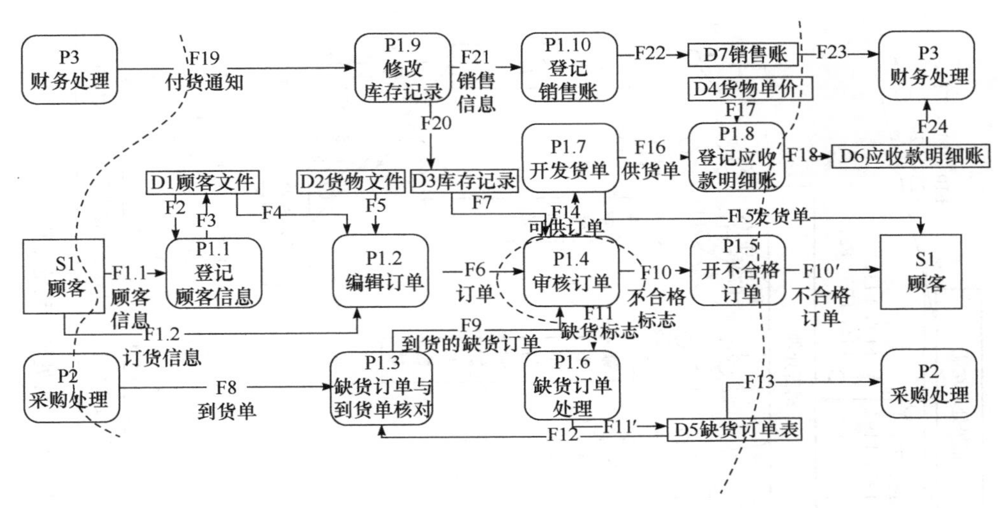

图 9-28　精化后的数据流图

(2)鉴别数据流图属于变换型还是事务型。可以把销售处理子系统中的所有信息流都认为是变换流，在变换流中，当遇到有明显事务特性的数据流时，如销售处理中的审核订单，仍采用事务分析方法进行设计。

(3)按照结构化设计的方法，把数据流图转换为初始的系统结构图。按照启发式规则的指导，改进初始的系统结构图，优化设计，获得最终的系统结构图。图 9-29 为销售处理子系统经过变换分析及优化设计得到的系统结构图。

在图 9-29 中，通过输入模块得到订单、顾客细节、库存记录、单价等信息，然后进行销售处理。在销售处理中，首先对订单、顾客细节进行编辑，并反馈出编辑后的订单，然后对编辑过的订单进行检验核对并且加载分类标志。根据订单加载的分类标志，将订单划分为可供订单、缺货订单和不合格订单，对于可供订单，要根据货名和数量修改库存记录，根据顾客细节、货名和数量建立销售记录，并为顾客开发货单，还要根据订单上的相关信息及价格建立应收款明细账。

下面给出采购处理和财务处理的模块结构图，分别如图 9-30 和图 9-31 所示，供读者参考。

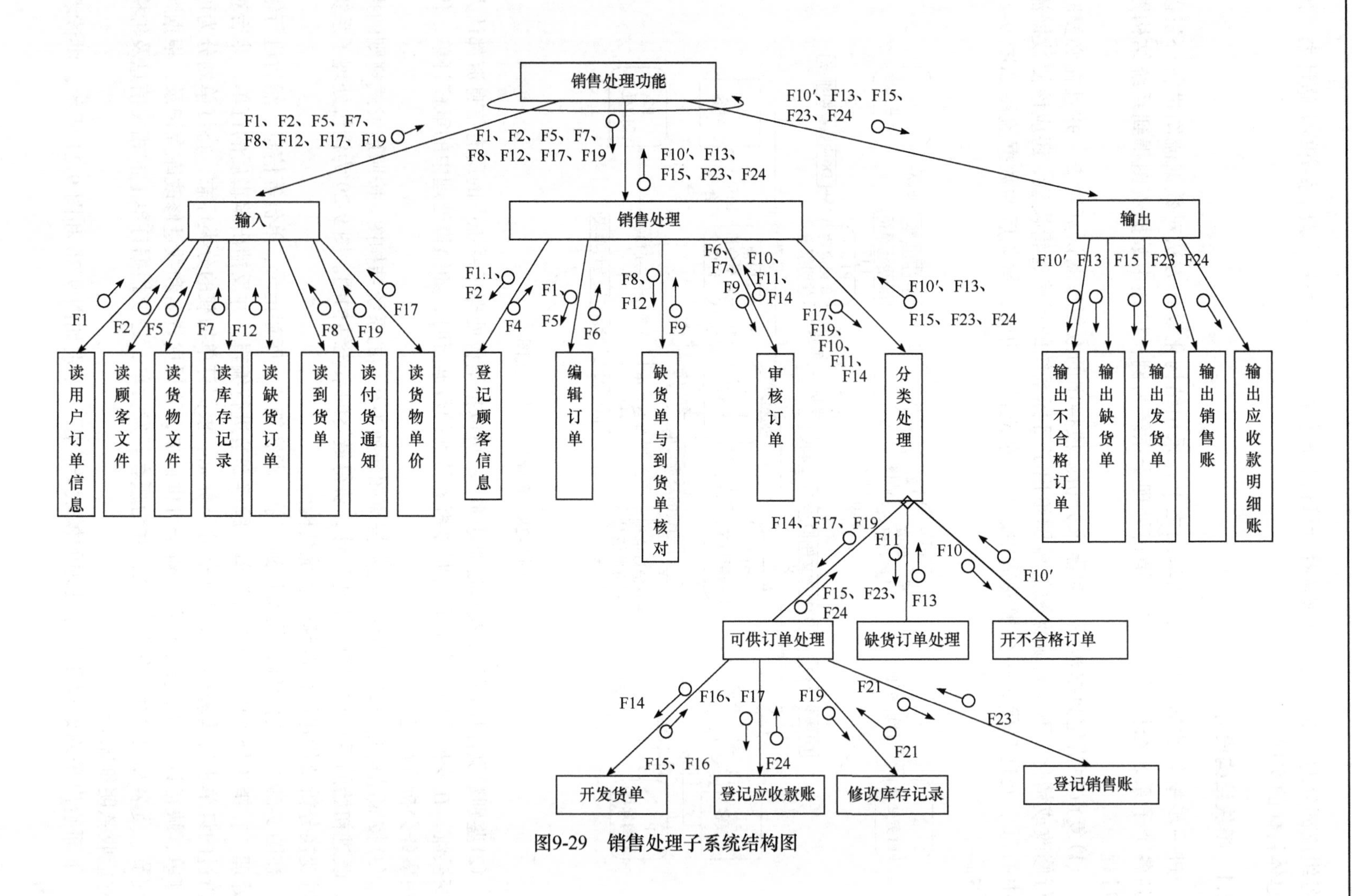

图9-29 销售处理子系统结构图

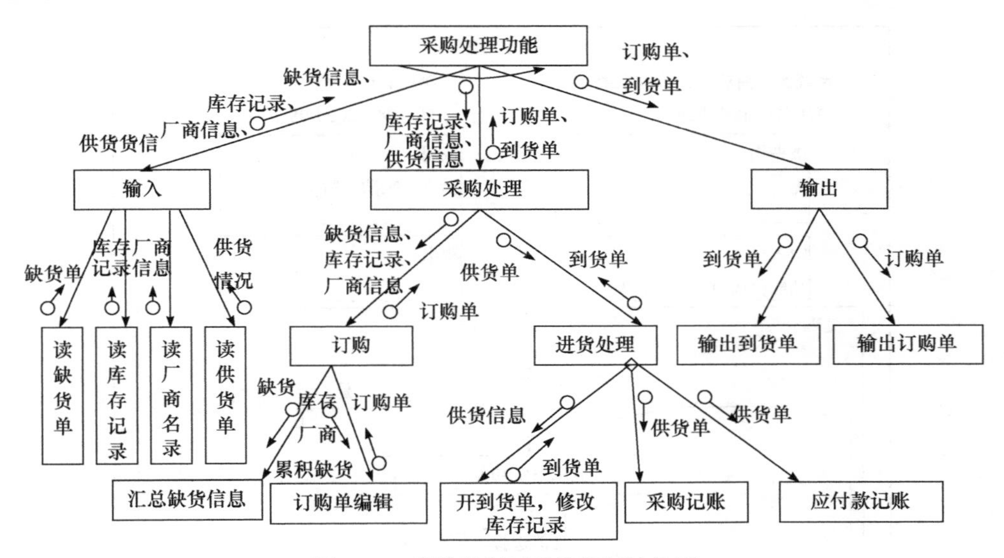

图 9-30　采购处理子系统控制结构图

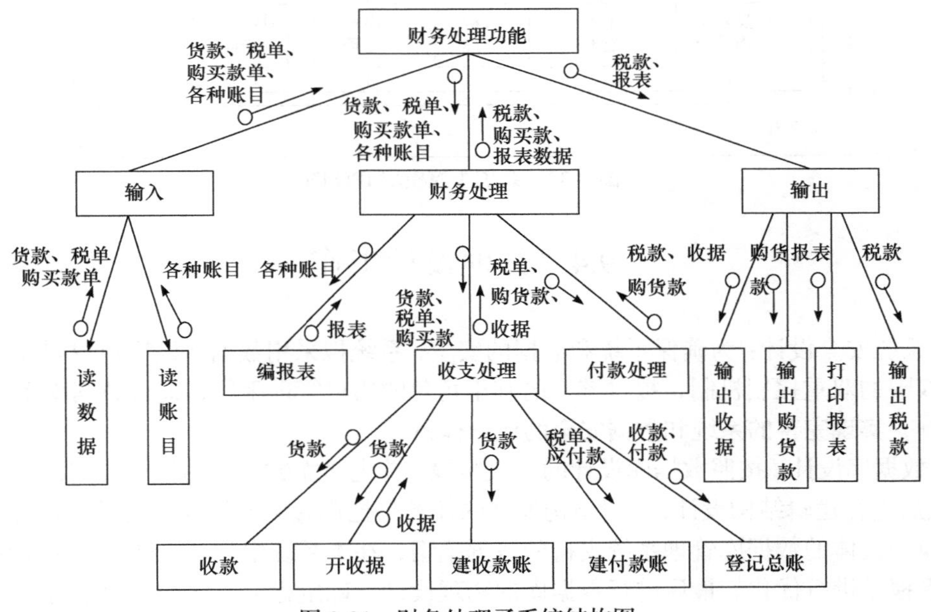

图 9-31　财务处理子系统结构图

9.3.2　系统 IPO 图

在得到系统结构图之后，需要采用一些启发式规则和优化准则进行改进和优化。下面主要介绍其中的一些模块的设计。

由系统结构图可以知道，供销管理系统可分为销售、采购和财务三个处理子系统。用户在使用该系统时，首先进入系统主界面，在主界面下选择需要办理的业务，整个系统可以采用下面的 IPO 图来描述，如图 9-32 所示。

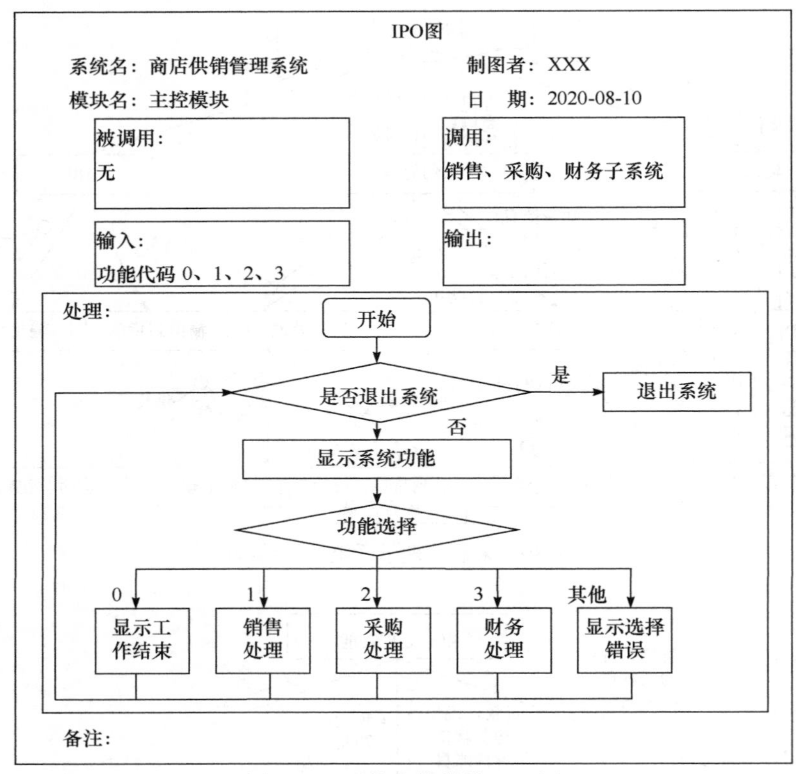

图 9-32　系统主控模块 IPO 图

9.4　其他设计工作

(1) 系统安全设计：为确保系统和数据的安全，系统拟采用数据库级用户权限和应用程序级运行权限的双重控制机制，提供统一的基于角色的用户管理手段，通过数据库系统的数据安全机制，实现完善的系统和数据安全的保障体系。

(2) 数据库设计：按照数据库设计的一般步骤，首先建立数据库的概念模型，并用 E-R 图描述。然后进行逻辑结构设计，逻辑结构设计的任务是把概念结构设计阶段设计好的基本 E-R 模型转换为具体的数据库管理系统支持的数据模型，在本系统中也就是转化为关系模型，随后对关系模型进行优化。最后进行数据库的物理设计，确定存取方法和存储结构。对于具体工作，读者可以参照数据库设计相关知识。

(3) 界面设计：用户界面设计是绝大部分软件设计中必不可少的活动，界面设计的好坏直接影响到系统的应用。

(4) 完成设计说明书的编写和设计阶段的评审工作：首先，完成系统设计文档的编写，从系统总体的角度出发对系统建设中各主要技术方面的设计进行说明。随后，需要组织专家进行评审，通过评审后即可转入系统实现阶段。最后，提交系统评审文档和系统操作手册等文档。

9.5　小　　结

结构化设计方法是一种技术上比较完善的系统设计方法，主要用于解决如何将需求分析阶段的 DFD 推导为系统结构图，并用它提供的结构图描述功能模块的层次分解关系、模块之间的调用关系，以及模块之间的数据信息和控制信息的传递关系。在使用结构化设计方法进行系统设计时要遵循模块化、自顶向下逐步求精的基本思想。在进行具体的模块分解时要遵循“高内聚、低耦合”的基本原则，并采取按职能划分子系统、按逻辑划分模块的方法对系统进行划分。

系统结构图是系统设计中描述系统模块结构的图形工具。一个系统的模块结构有两种标准形式，即变换型模块结构和事务型模块结构。将数据流图转换为系统结构图根据数据流图的类型有两种技术，即“变换分析”和“事务分析”技术。按照这两种技术导出的是系统的初始结构图。这种简单的转换是不充分的，不可能满足系统实现阶段的要求，还需进一步调整和改进。

在系统结构设计完毕后，已经确定了系统的各个模块，随后可以着重对各个模块的内部处理逻辑进行详细设计。详细设计的描述工具主要有程序流程图、盒图、PAD、PDL 和 HIPO 图等，它们各有一定的适用范围和特点，本章对它们的优缺点进行了介绍，在设计中要根据情况进行选择。

习　题　9

1. 简述模块分解的原则和依据。
2. 简述模块结构图的两种标准形式。
3. 什么是“事务流”？什么是“变换流”？试将相应形式的数据流图转换为系统结构图。
4. 试述“变换分析”和“事务分析”的设计步骤。
5. 什么是模块的影响范围？什么是软件的控制域？它们之间应建立什么关系？
6. 简述几种常见的设计改进策略。
7. 请将图 9-33 中的 DFD 转换为系统结构图(图中“⊕”表示或者)。

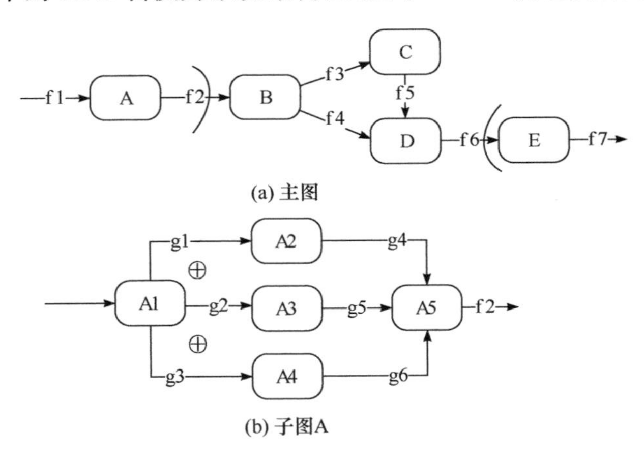

图 9-33　第 9 题数据流图

8. 某图书管理系统有以下功能。

(1) 借书：输入读者借书证。系统首先检查借书证是否有效，若有效，对于第一次借书的读者，在借书证上建立档案；否则，查阅借书文件，检查该读者所借图书是否达到 10 本，若已达 10 本，拒借，若未达 10 本，办理借书(检查库存，修改库存目录并将读者借书情况录入借书文件)。

(2)还书：从借书文件中读出与读者有关的记录，查阅所借日期，若超期(3 个月)，进行罚款处理；否则，修改库存目录与借书文件。

(3)查询：通过借书文件、库存目录查询读者情况、图书借阅及库存情况，打印统计表。

根据上面的描述绘制系统结构图和 IPO 图。

第 10 章　面向对象的设计

面向对象的分析确定在解决目标领域的问题时可以应用的类对象，同时确定对象的关系和行为。面向对象的设计是将面向对象分析阶段所创建的分析模型转变为作为软件构造蓝图的设计模型。面向对象分析和设计是一个多次反复迭代的过程。

10.1　OOD 概述

面向对象的设计就是在 OOA 模型的基础上运用面向对象方法进行系统设计，目标是产生一个符合具体实现条件的面向对象设计模型。与实现条件有关的因素有图形用户界面、硬件、操作系统、网络、数据库管理系统、编程语言和可复用的类库等。

在 OOA 阶段只考虑问题域和系统职责，在 OOD 阶段则要考虑与具体实现有关的问题。这样做的主要目的是：

(1) 使反映问题域本质的总体框架和组织结构长期稳定，而细节可变；

(2) 把问题域部分和与实现有关的部分分开考虑，使系统能应对变化；

(3) 对分析结果进行重用，有利于同一个分析用于不同的设计和实现。

OOD 采用了和 OOA 一致的表示法，使得从 OOA 到 OOD 不存在转换，只需要做必要的修改和调整，或补充某些细节，并增加几个与实现有关的相对独立的部分。OOD 主要包括三项工作：设计系统体系结构、设计用例实现方案和设计用户界面，如图 10-1 所示。其中，设计系统体系结构在设计用例实现方案之前进行，设计用户界面和其他两项工作之间无明显的先后次序关系。OOD 的成果有以 UML 包图等表示的软件体系结构、以交互图和类图表示的用例实现、针对复杂对象的状态图和用以描述流程化处理过程的活动图等。

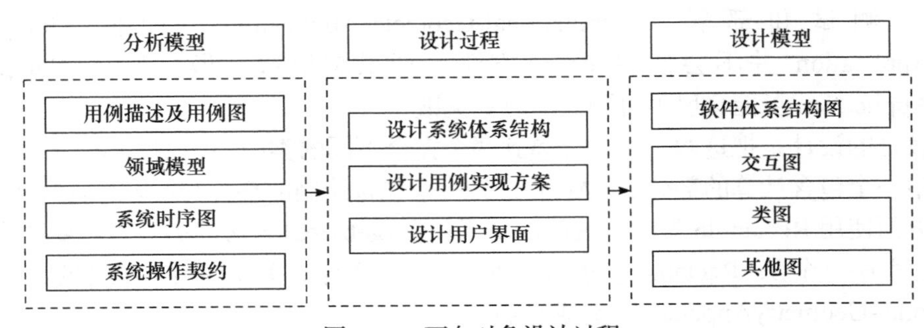

图 10-1　面向对象设计过程

10.2　面向对象设计原则

一个好的系统设计应该是可扩展性、可维护性好的。在 20 世纪八九十年代，人们就陆续提出一些设计原则，它们是在提高一个系统的可维护性的同时，提高系统的可复用性的指导原则。在设计中应用这些原则，有助于正确地进行对象设计，提高设计模型的灵活性和可维护性，提高类的内聚，降低类之间的耦合。

10.2.1 单一职责原则

单一职责原则(Single-Responsibility Principle, SRP)：从字面上很容易理解，也很容易实现。单一职责其实就是要求系统中的一个具体设计元素(类)只完成某一个功能(职责)，尽可能避免出现一个“复合”功能的类——在同一个类中完成多个不同的功能。单一职责原则是面向对象技术种类的基本设计原则。

在构造对象时，应该将对象的不同职责分离至两个或多个类中，确保引起该类变化的原因只有一个，从而提高类的内聚。

例如，考虑图 10-2 的设计。Rectangle 类有两个方法：(getArea)用于计算矩形面积；(draw)用于在屏幕上绘制矩形。有两个不同的应用会使用 Rectangle 类，Computational-GeometryApplication 只需要调用(getArea)方法，而 GraphicalApplication 只需要在屏幕上绘制矩形。

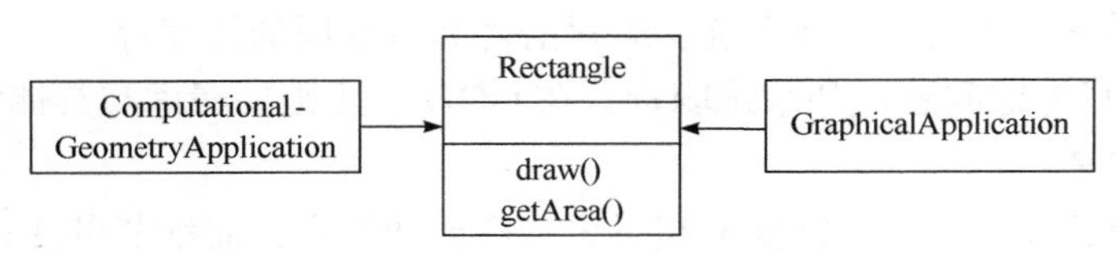

图 10-2　多于一个的职责

这个设计违反了单一职责原则。Rectangle 类具有两个职责：第一个职责是提供矩形的计算面积；第二个职责是把矩形在一个图形用户界面(GUI)上绘制出来。这样一来，会导致一些严重的问题。

(1) 必须在 Computational-GeometryApplication 中包含进 GUI 代码。若是 C++，需要将 GUI 代码链接进来，这样就需要增加链接和编译时间，还要占用内存，极大浪费资源；若是 Java，GUI 的.class 文件必须被部署到目标平台。

(2) 如果 GraphicalApplication 由于某些原因需要修改(draw)方法，那么这个改变会迫使重新构建、测试和部署 Computational-GeometryApplication，即便 Computational-GeometryApplication 并不会使用(draw)方法。如果忘记这么做，那么 Computational-GeometryApplication 可能会以不可预测的方式失败。

一个较好的设计是把这两个职责分离到两个完全不同的类中。可以把 Rectangle 类分成两个类，其中一个包含计算的部分(getArea)，另一个包含绘制的部分(draw)。这样当需要在计算几何学方面使用 Rectangle 类时，就可以调用包含(getArea)方法的类；当需要图形绘制时，就可以调用另一个从 Rectangle 分离出来的类。这样，矩形绘制方式的改变不会对 Computational-GeometryApplication 造成影响。

10.2.2 开放–封闭原则

开放–封闭原则(Open-Closed Principle, OCP)：软件实体(类、模块、函数等)应该是可扩展但不可修改的。

OCP 的基本思想是“不用修改原有类就能扩展其行为”。其实 OCP 在人们的生活中也有大量的应用，比如，通过添加机顶盒实现将模拟电视扩展成数字电视，并不需要对电视机的内部结构进行修改和调整；又如，为计算机添加另一个硬盘以实现对存储容量的扩展，同样也不需要修改计算机的内部结构。

假如要写一个工资税类，工资税在不同国家有不同计算规则，如果不坚持 OCP，直接写一个类封装工资税的算税方法，包含每个国家对工资税的具体实现细节。如果把现在系统需要的所有工资税(中国工资税、美国工资税等)都放在一个类里实现，那么一旦出现新的工资税，而在软件中必须要实现这种工资税时，能做的只有找出这个类，在每个方法里加上新的工资税的实现细节，这会使得维护工作变得很麻烦，也并不满足单一职责原则，因为无论哪个国家的工资税变化，都会引起对这个类的改变动机。如果在设计这个类的时候坚持了 OCP，把工资税的公共方法抽象出来做成一个接口，以后当系统需要增加新的工资税时，只要扩展一个具体国家的工资税实现先前定义的接口，就可以正常使用而不必重新修改原有类。

因此，符合 OCP 的程序只通过增加新的代码来适应变化，而不是通过更改现有代码，这样可以避免引发连锁反应的修改，因为修改现有代码可能会影响到程序的其他部分，从而导致更多的错误和问题。

实现 OCP 的关键是使用抽象来识别不同类之间的共性和变化点，利用封装技术对变化点进行封装。设计人员必须能猜测出最有可能发生的变化的种类，然后构造抽象来隔离这些变化。在进行面向对象设计时要尽量考虑接口封装机制、抽象机制和多态技术。该原则同样适用于非面向对象设计的方法，是软件工程设计方法的重要原则之一。

10.2.3　里氏替换原则

里氏替换原则(Liskov Substitution Principle, LSP)：子类应当可以替换父类并出现在父类能够出现的任何地方。

此原则是 Barbara Liskov 在 1988 年首次提出的，所以称为里氏替换原则。她写到这里需要如下替换性质：若对每个类 S 的对象 o1，都存在一个类 T 的对象 o2，使得在所有针对 T 编写的程序 P 中，用 o1 替换 o2 后，程序 P 的行为功能不变，则 S 是 T 的子类。

LSP 告诉人们：如果一个软件实体是父类的，那么它出现的所有地方都可以被子类实体替换。如图 10-3 所示，类 A 调用类 B 的操作 method()，由于类 C 是类 B 的子类，实际运行时，类 C 的实例可以替换类 B 的实例，完成操作 A 中操作 method()的功能，而对于类 A 来说，这个替换是透明的。

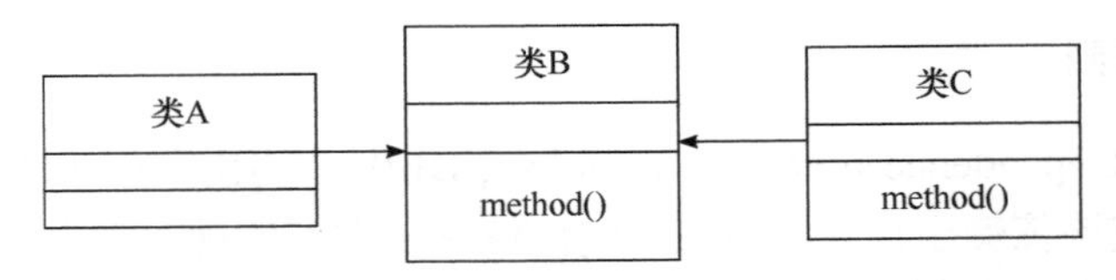

图 10-3　可以实施 LSP 的实例

由于类库中的类的扩展变化并不影响客户端类，因此，在进行面向对象设计时，应针对类的操作行为存在多种变化的情况，尽量定义抽象类来为客户端类提供服务，将操作行为的具体实现延迟到运行时刻绑定。

OCP 强调对变化的类进行抽象，不允许对抽象类进行修改，但允许对抽象类进行扩展；LSP 则强调了实现抽象化的具体规范。LSP 清晰地指出：继承关系是针对类而言的，即就行为功能而言。行为功能不是内在的、私有的，而是外在的、公开的，是客户端类所依赖的。

所有子类的行为功能必须和客户端类对其父类所期望的行为功能保持一致。

10.2.4　接口隔离原则

接口隔离原则(Interface Segregation Principle, ISP)：采用多个与特定客户端类有关的接口比采用一个通用的涵盖多个业务方法的接口更好。

遵守接口隔离原则的接口设计不会强迫该接口的使用者(客户)依赖于他们并不需要的方法。对接口的设计应该保证实现该接口的实例对象只呈现为单一的角色。这样，当某个客户程序的要求发生变化，而迫使接口发生变化时，影响其他客户程序的可能性就会比较小。

如图 10-4 所示，客户 A、客户 B、客户 C 分别需要实现类提供服务 A、服务 B 和服务 C，按照 ISP，应该按照图图 10-4(a)所示方式为实现类设计 3 个不同的接口，以便不同的客户使用恰当的服务。图图 10-4(b)所示方式是将 3 个不同的服务以统一的抽象类的形式提供给客户使用，违背了 ISP，有以下不利的影响。

(1) 当任何一个客户需要请求新的服务时，都要变更抽象类，从而影响到其他客户；同样，当实现类需要与某个客户协商修改服务接口时，也会影响到其他客户。

(2) 当需要扩展实现类时，新的实现类不得不提供所有服务接口，否则无法完成扩展。

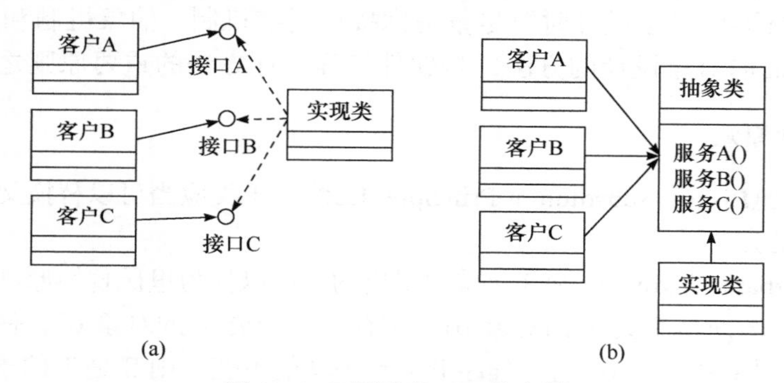

图 10-4　可以实施 ISP 的实例

对接口设计的一个基本要求是将完成一类相关功能的各个方法放在同一个接口中，形成高内聚的职责。大的接口(成员方法比较多的接口)可以根据功能分类分割成若干个不同的小接口，具体可以应用接口的多重继承来分割接口。

10.2.5　依赖倒置原则

依赖倒置原则(Dependence Inversion Principle, DIP)：应用系统中的高层模块不应依赖于低层模块，两者都应该依赖于抽象；抽象不应该依赖于细节实现，实现细节应该依赖于抽象。

如果高层模块依赖于低层模块，那么对高层组件的重用就会变得非常困难。而在应用系统的开发中，最经常重用的就是框架和其各个独立的功能组件。另外，高层模块包含了一个应用程序中的重要的策略选择和业务模型，这些通常是决定应用程序独特性和功能的核心部分。这些高层模块定义了应用程序的整体结构和行为，并决定了如何处理各种任务和业务逻辑。如果高层模块依赖于低层模块，那么一旦低层模块中的某个类模块发生了改动，将会直接反馈到高层模块，从而形成依赖的传递，并有可能导致一系列连锁修改行为的出现。

在传统的面向过程的软件系统设计和编程中，最上层的模块通常都要依赖下层的各个子模块来实现，称为高层模块依赖于低层模块，而依赖倒置原则就是要改变这种依赖关系，使高层模块不依赖低层模块，两者都依赖于抽象，以实现应用系统中高层模块的自由复用和提供高层模块的可扩展性。

如图 10-5 所示，Copy 类的职责是读取从键盘输入的数据，并将其输出到打印机。由于 Copy 类直接依赖于具体类 KeyBoardReader 和 PrintWriter，因此当输入源从键盘改成文件，或者输出目标从打印机改成磁盘文件时，就需要修改 Copy 类。

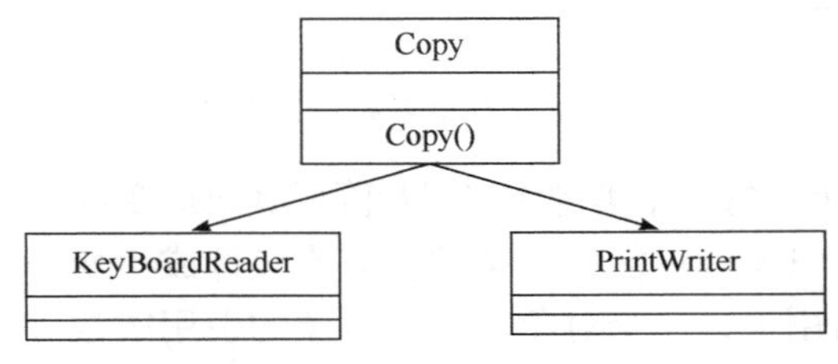

图 10-5　不符合 DIP 的结构图

图 10-6 给出了一个更合适的结构模型。在这个设计里，Copy 类只与抽象类 Reader 和 Writer 有关联，输入输出设备的变化不会影响 Copy 类。它们之间不存在使程序变得笨拙、脆弱的相互依赖性，并且 Copy 类可以用于更多的程序中，它是可复用的。

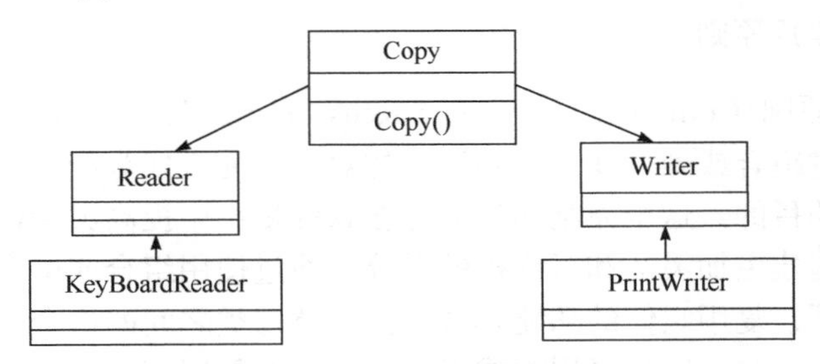

图 10-6　用 DIP 改进后的结构图

10.2.6　迪米特法则

迪米特法则(Law of Demeter)：又称为最少知识原则(Least Knowledge Principle, LKP)，就是说一个对象应当对其他对象有尽可能少的了解。如果两个软件实体无须直接通信，那么就不应当发生直接的相互调用，可以通过第三方转发该调用。迪米特法则的目的在于降低类之间的耦合。由于每个类应尽量减少对其他类的依赖，因此，提高了系统的功能模块的独立性，增加了系统的可复用率及扩展性。设计模式中的门面模式(Facade)和中介模式(Mediator)都是迪米特法则的应用的例子。

从迪米特法则的定义和特点可知，它强调以下两点：

(1) 从依赖者的角度来说，只依赖应该依赖的对象；

(2) 从被依赖者的角度来说，只暴露应该暴露的方法。

如图 10-7 所示，Person 类想去打扫房间，可以通过对 Robot 发出 CleanCommand()，指挥 Robot 去打扫房间，而不是直接调用自身的方法去操作 Room。这个过程中，Person 对 Room 是不可见的，Room 的直接交互对象是 Robot。

迪米特法则主要用来在类间解耦，在使用过程中，可以做如下考虑：

(1) 在类的划分上，应当尽量创建松耦合的类，类之间的耦合越低，就越有利于复用，即使一个处在松耦合中的类被修改，也不会对其关联的类造成太大的影响；

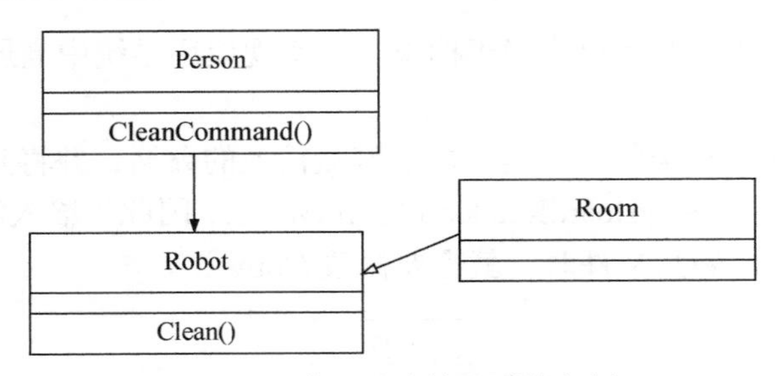

图 10-7　使用迪米特法则的实例

(2) 在类的结构设计上，每一个类都应当尽量降低其成员变量和成员函数的访问权限；

(3) 在类的设计上，只要有可能，一个类就应当设计成不变类；

(4) 在对其他类的引用上，一个对象对其他对象的引用次数应当降到最低；

(5) 避免过滤解耦，当跳转次数过多时，会导致系统过分冗余，且开发人员可能无法正确理解业务流程。

因此，在采用迪米特法则时需要反复权衡，确保高内聚和低耦合的同时，保证系统的结构清晰。

10.2.7　合成/聚合复用原则

合成/聚合复用原则(Composite/Aggregate Reuse Principle, CARP)：重点在于复用，它强调在新的对象里通过组合或聚合使用一些已有的对象，使之成为新对象的一部分，而不是通过继承来达到复用的目的。这个原则的目标是在软件复用中提高灵活性和降低类与类之间的耦合，帮助开发者构建更加灵活和可维护的系统。通过使用组合或聚合，开发者可以在不改变已有对象的前提下，复用它们的功能。这降低了类与类之间的耦合，使得一个类的变化对其他类的影响较小。同时，这种复用方式提高了代码的复用率，降低了代码的冗余，使得系统更加模块化。

复用有两种实现途径，分别是继承以及对象组合。优先考虑使用组合或聚合，而不是继承。继承会导致子类和父类之间的强耦合，使得父类的改变对子类产生较大的影响。

下面以汽车分类管理程序为例来介绍合成聚合复用原则的应用。汽车按“动力源”划分可分为汽油汽车、电动汽车等；按“颜色”划分可分为白色汽车、黑色汽车等。如果同时考虑这两种分类，用继承实现的组合就很多。从图 10-8 可以看出用继承实现会产生很多子类，而且增加新的“动力源”或者“颜色”都要修改源代码，这违背了开放-封闭原则，显然不可取。

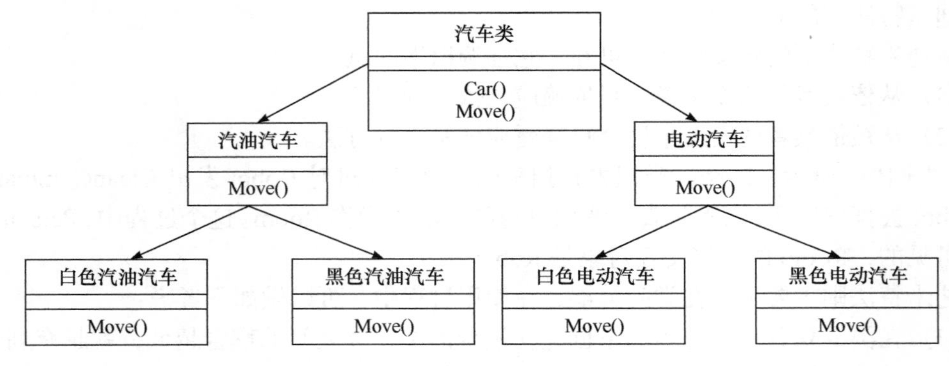

图 10-8　用继承实现的汽车分类的类图

但如果改用对象聚合实现就能很好地解决以上问题，其类图如图 10-9 所示。

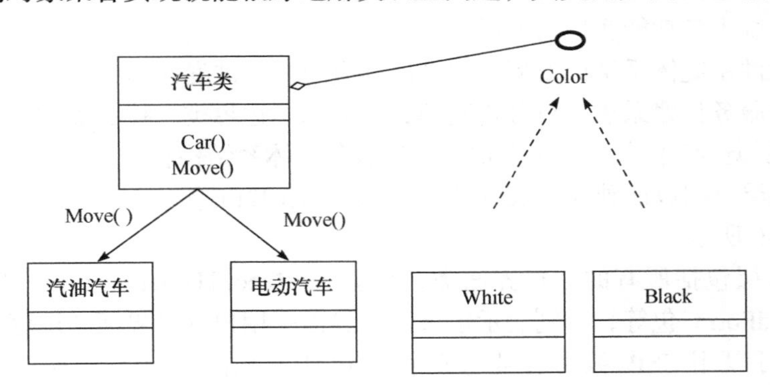

图 10-9　用对象组合实现的汽车分类的类图

在实现合成聚合复用原则时需要注意的是：正确使用聚合和组合。聚合表示一种弱的拥有关系，体现的是 A 对象可以包含 B 对象，但是 B 对象并不是 A 对象的一部分，也就是说 B 对象是独立于 A 对象的。而组合表示一种强的拥有关系，体现了严格的部分和整体的关系，部分和整体的生命周期一样。

另外，还需要考虑性能和效率的问题。虽然合成聚合复用原则可以提高软件的可维护性和可扩展性，但是也可能会对性能和效率产生影响。因此，在实现时需要权衡这些因素。

继承的依赖性过强，仅仅为了复用使用继承会让新的类型违背 SRP，造成类的职责过大。也可能因为子类继承父类时，重写了父类的一些实例方法，违背了 LSP。总之一句话，CRP 的言外之意就是不要滥用继承，能合成聚合就不要继承。

10.3　系统体系结构设计

系统体系结构设计可分为软件系统体系结构设计和硬件系统体系结构设计。软件系统体系结构就是对系统的用例、类、对象、接口以及相互间的交互和协作进行描述。而硬件系统体系结构则是对系统的构件、节点的配置进行描述。为了构造一个面向对象软件的系统体系结构，必须从系统的软件系统体系结构和硬件系统体系结构两方面进行考虑。

10.3.1　软件系统体系结构设计

软件系统体系结构模型实际上就是系统的逻辑体系结构模型。软件系统体系结构把系统的各种功能分配到系统的不同组织部分，并详细地描述各个组织部分之间是如何协调工作来实现这些功能的。

一个复杂系统由很多模型元素组成，如对象类、构件、接口、各种模型图等，这些模型元素之间又有很多关联，形成一个复杂的网络。为了清晰、简洁地描述一个复杂的系统，通常都是把它分解成若干较小的子系统。在 UML 中，通常采用包的概念来描述系统的软件系统体系结构模型，一个包相当于一个子系统。

在面向对象的系统分析与设计中，软件系统体系结构模型的作用如下：

(1) 指明系统应该具有的功能；

(2) 指明完成这些功能所涉及哪些类，这些类之间如何相互联系；

(3) 指明类和它们的对象如何协作才能实现这些功能；

(4) 指明系统中各功能实现的先后时间顺序；

(5) 根据软件系统体系结构模型，制订出相应的开发进度计划。

通过对客户服务记账系统进行分析建模，划分出了边界类、控制类和实体类。分析模型中的边界类-控制类-实体类方法与三层客户机/服务器体系结构相对应，即数据管理(实体)通过应用逻辑中间层(控制)而独立于表现(边界)。若采用J2EE平台进行系统开发，其相关的层次结构如图10-10所示。

其中，表示层包括所有的用户界面类，可分为RecordTimeForm包、LoginForm包、BrowserTimeCardForm包等，分别表示记录工时界面、用户登录界面和浏览时间卡界面等，这些用户界面可以用JSP编写；业务逻辑层包括系统的控制类，如RecordTime包、Customer_ProInfoMaintain包、CustomerInfoMaintain包等，分别表示记录工时、客户-项目信息维护和客户信息维护等系统所需要的一些业务处理；业务数据层包括系统所有的实体类，如TimeCard包、CustomerInfo包、Customer_Pro包等，分别表示时间卡、客户数据和客户-项目数据等，这层还可以包含实现权限控制的包；数据访问层使用数据访问对象(Data Access Object, DAO)模式来抽象和封装所有对数据源的访问，DAO管理与数据源的连接，以便检索和存储数据，数据源可以是关系数据库、LDAP目录和文件等。

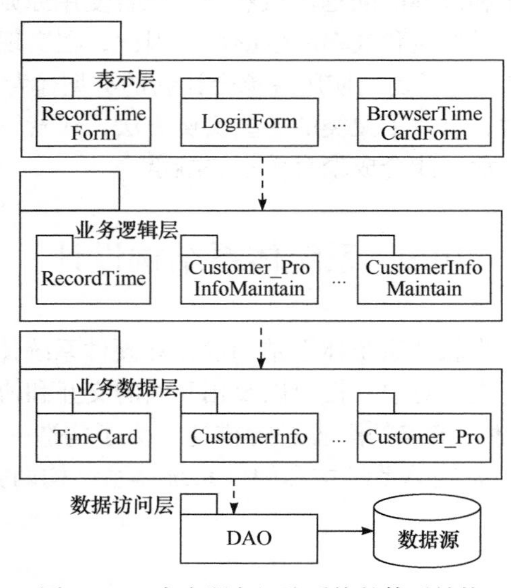

图10-10　客户服务记账系统的体系结构

如果需要，每个较小的包还可以进一步展开，分成更小的包，形成一个描述系统的结构层次，将复杂问题简单化。在不可再分的包中可以用类和它们的内部协作来进行详细描述。

10.3.2　硬件系统体系结构设计

经过开发得到的软件系统的构件和重用模块必须部署在硬件系统上予以执行。硬件系统体系结构模型涉及系统的详细描述(根据系统所包含的硬件和软件)。它显示硬件的结构，包括不同的节点和这些节点之间如何连接，它还用图形展示了代码模块(这些代码模块实现了逻辑体系结构中定义的概念)的物理结构和依赖关系，并展示了对进程、程序、构件等软件在运行时的物理分配。在UML中，硬件系统体系结构模型用配置图建模。UML配置图反映了系统中软件和硬件的物理架构，表示系统运行时的处理节点以及节点中组件的配置。

在面向对象的系统分析和设计中，硬件系统体系结构模型的作用是：

(1) 指出系统中的类和对象涉及的具体程序或进程；

(2) 指明系统中配置的计算机和其他硬件设备；

(3) 指明系统中各种计算机和硬件设备如何相互连接；

(4) 明确不同代码文件之间的相互依赖关系；

(5) 如果修改某个代码文件，表明哪些相关(与之有依赖关系)的代码文件需要重新进行编译。

图 10-11 显示了客户服务记账系统的配置图，其中用户在 PC 上通过 Web 浏览器访问应用服务器中的网络服务，如记录工时、维护客户或项目信息等；计时管理、数据库服务器存储系统中的客户、活动、时间卡等信息；应用服务器通过以太网<<Ethernet>>与数据库服务器连接。根据需要，可以将服务记录等打印出来。

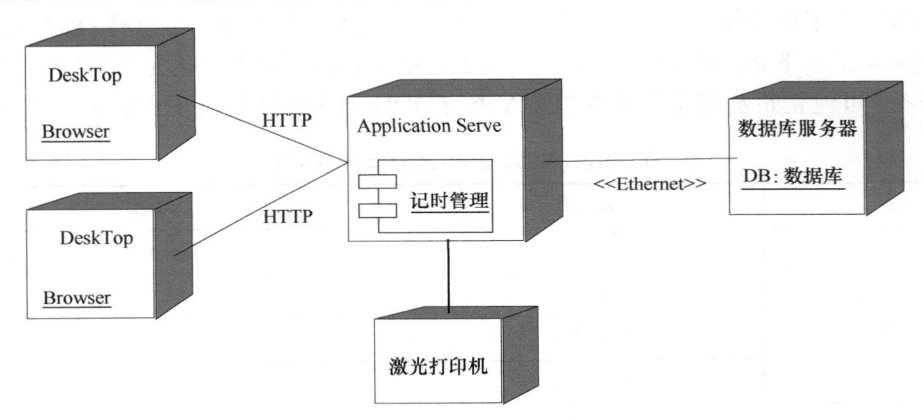

图 10-11　客户服务记账系统的配置图

10.4　系 统 设 计

10.4.1　识别设计元素

当选择软件体系结构策略之后，需要将分析模型中的分析类与设计模型的设计类相对应，有一些分析类可以直接映射到设计元素进行详细设计，有一些分析类可能需要映射成一个子系统接口进行设计。

在客户服务记账系统中，支付系统就映射成一个子系统接口，实现该系统与支付系统的连接，其他分析类直接映射成设计类，如表 10-1 所示。

表 10-1　客户服务记账系统的设计元素

类型	OOA 类	OOD 类
界面类	登录界面类	LoginForm
	记录工时界面类	RecordTimeForm
	…	…
	支付系统类	I_BillSystem

续表

类型	OOA 类	OOD 类
控制类	登录控制类	LoginControl
	记录工时控制类	RecordTime
	…	…
	客户-项目信息维护	Customer_ProInfoMaintain
实体类	项目	Project
	用户	User
	…	…
	时间卡	TimeCard

有时候，为了更加便于设计工作之后的编程、测试及维护工作，可以将 OOA 与 OOD 之间的演化关系记录下来，明确指出 OOA 模型中的哪个(或哪些)类演化为 OOD 模型中的哪个(或哪些)类。可建立如表 10-2 所示的“OOA 类与 OOD 类的映射表”。其中映射方式定义如下。

表 10-2　OOA 类与 OOD 类的映射表

映射方式	OOA 类	OOD 类
1=1	服务活动	服务活动
	服务项目	服务项目
	客户信息	客户信息
	用户信息	用户信息
1 to 1	时间卡	时间卡
	客户-项目	客户-项目
1 to *m*		
m to 1		
m to *m*	界面类	界面类
0 to 1		数据库访问类、活动工时

1=1：OOA 模型中的一个类经过 OOD 之后没有任何演化，完全保持原样。

1 to 1：OOA 模型中的一个类经过 OOD 之后发生了某些演化，包括增加或减少了某些属性或操作、细化了属性或操作的定义等，但演化后仍然是一个类。

1 to *m*：OOA 模型中的一个类演化为 OOD 模型的多个类。

m to 1: OOA 模型中的一组类演化为 OOD 模型中的一个类。

m to *m*: OOA 模型中的一组类演化为 OOD 模型的一组类。

0 to 1:为了满足设计的需要，在 OOD 中增加一个新类。

10.4.2　数据存储策略

每一个应用系统都需要解决对象数据的存储和检索问题。OOD 通常的做法是定义专门的数据管理构件来满足数据对象存储的底层需求。数据管理构件的作用就是将目标软件系统中依赖开发平台的数据存取部分与其他功能分离，使数据存取可通过一般的数据管理系统(如文件管理系统、关系数据库管理系统或面向对象数据库管理系统)实现。

1. 选择数据管理系统

不同的数据管理系统有不同的特点，适用范围也不相同，设计者应该根据应用系统的特点选择适用的系统。

1）文件管理系统

文件管理系统是操作系统的一个组成部分，使用它长期保存数据具有成本低和简单等特点，但是，其文件操作的级别低，为提供适当的抽象级别还必须编写额外的代码。此外，不同操作系统的文件管理系统往往有明显差异。

2）关系数据库管理系统

关系数据库管理系统的理论基础是关系代数，它不仅理论基础坚实，而且有下列一些主要优点。

(1) 提供了各种最基本的数据管理功能(如中断恢复、多用户共享、多应用共享、完整性约束、事务支持等)。

(2) 为多种应用提供了一致的接口。

(3) 标准化的语言(大多数商品化关系数据库管理系统都使用 SQL)。

但是，为了做到通用与一致，关系数据库管理系统通常都相当复杂，具有下述一些具体缺点。

(1) 运行开销大：即使只完成简单的事务(如只修改表中的一行)，也需要较长的时间。

(2) 不能满足高级应用的需求：关系数据库管理系统是为商务应用服务的，商务应用中数据量虽大，但数据结构却比较简单。事实上，关系数据库管理系统很难用在数据类型丰富或操作不标准的应用中。

(3) 与程序设计语言的连接不自然：SQL 支持面向集合的操作，是一种非过程性语言；然而大多数程序设计在本质上却是过程性的，每次只能处理一个记录。

3）面向对象数据库管理系统

面向对象数据库管理系统采用面向对象技术来设计、实现和管理数据库，主要有两种设计途径：扩展的关系数据库管理系统和扩展的面向对象程序设计语言。

(1) 扩展的关系数据库管理系统是在关系数据库的基础上，增加了抽象数据类型和继承机制，此外还增加了创建及管理类和对象的通用服务。

(2) 扩展的面向对象程序设计语言扩展了面向对象程序设计语言的语法和功能，增加了在数据库中存储和管理对象的机制。开发人员可以用统一的面向对象观点进行设计，不需要区分存储数据结构和程序数据结构(即生命周期短暂的数据)。

目前，大多数“对象”数据管理系统都采用“复制对象”的方法：先保留对象值，然后在需要时创建该对象的一个副本。扩展的面向对象程序设计语言则扩充了这种方法，它支持“永久对象”方法：准确存储对象(包括对象的内部标识)，而不是仅仅存储对象值。若使用这种方法，当从存储器中检索出一个对象的时候，它就完全等同于原先存在的那个对象。“永久对象”方法为在多用户环境中从对象服务器共享对象奠定了基础。

2. 设计方法

1）针对文件的数据存储设计

使用数据库系统存取永久对象时，不必担心并发存取和进行记录更新期间的锁定和安全问题，而利用文件进行存取时，可能就要考虑这方面的问题。此外，使用文件管理系统还要考虑对文件进行检索等问题。

针对文件的数据存储设计的具体方法与使用关系数据库进行设计类似，只是类中的属性现在要定义为一个文件的结构，而非表结构。首先列出每个类的属性表，然后将属性表规范成第一范式，并为该表定义一个文件。在设计中往往会根据实际性能和存储需求而修改原设计的第一范式，必要时把泛化结构的属性压缩在单个文件中，以减少文件数量。

由于对文件的存储在速度上较慢，为了保持高性能，可以根据需要对文件进行索引，也可以对文件进行“批量”存取。

2）针对关系数据库的数据存储设计

利用关系数据库对永久对象进行存储是当前使用得最为广泛的方法。关系数据库与面向对象中的概念存在一定的对应，如表 10-3 所示。

表 10-3 关系数据库与面向对象中的概念的对应关系

关系数据库中的关系模型	面向对象的对象模型	关系数据库中的关系模型	面向对象的对象模型
数据库表	类	数据库表的层次	类的层次
表中某条记录	某个类的对象实例	子表	子类
表中主键	对象中的标识属性	父表	超类
表中列或字段	对象中的成员属性		

（1）对永久类的存储设计。

关系数据库不能直接存储永久类对象，需要将对象进行转换，变成表格能够存储的格式，再存储为永久类对象。一般来说，一个永久类映射为一个关系表格时，表格的列或字段对应类的属性，而行或记录对应类的对象实例。

实体类通常都是永久性的，它们所具有的属性和关系是长期需要的，有时甚至在系统的整个生命周期都需要。例如，在客户服务记账系统中，客户、服务项目、服务活动、用户等都是需要存储的永久类对象，可以被转换成如图 10-12 所示的数据库表。

User 表

属性名	是否为空	域
用户号	否	号码
用户名	否	名字
密码	否	数字 + 字号

Customer 表

属性名	是否为空	域
客户名	否	名字
住址	是	地点
账号	否	数字

Project 表

属性名	是否为空	域
项目代码	否	号码
项目名称	是	名字

Activity 表

属性名	是否为空	域
活动代码	否	数字
活动名称	是	名字
单价	否	数字

图 10-12 客户服务记账系统中的永久类存储部分设计

存放在一个关系数据库中的(一条记录)永久对象被提取后，不能直接在系统程序中使用，必须转换成对象的格式后才能使用。这个转换系统是开发人员为系统编写的一个专用转换程序。

(2) 对关系的存储设计。

① 对关联的存储设计。

对于每个一对一关联，可在其中的一个类对应的表中用外键隐含关联。对于每个一对多关联，通常在 *n* 个类对应的表中用外键隐含关联。对于多对多关联，最好把它转化为一对多关联，然后按照上面的方法进行转换。

例 10-1　将一对一关联映射成表。

图 10-13 中有两个需要存储的永久类，二者之间有一个一对一关联。

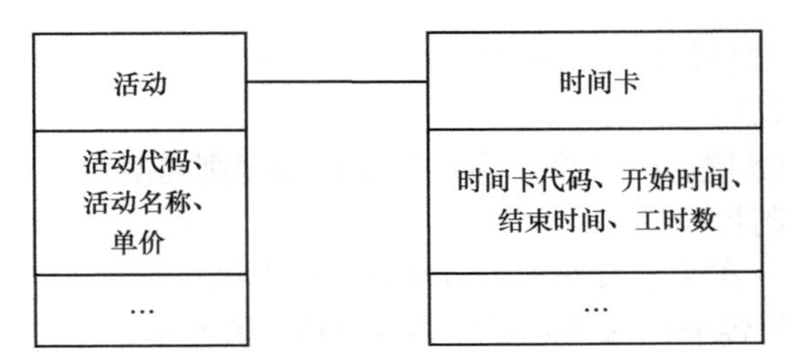

图 10-13　永久类及其间的一对一关联示例

把永久类分别映射成一个表，并把表之间的关联也映射在一个类对应的表中。图 10-14 给出了表的结构。

属性名	是否为空	域
活动代码	否	号码
活动名称	是	名字
单价	是	数字

属性名	是否为空	域
时间卡代码	否	号码
开始时间	是	日期
结束时间	是	日期
工时数	是	数字
活动代码	是	号码

图 10-14　一对一关联映射表

图 10-14 中的两个表与类“活动”和类“时间卡”分别对应，并且在第二个表中用外键“活动代码”隐含了两个类之间的关联。

例 10-2　将一对多关联映射到表。

图 10-15 中有两个需要存储的永久类，二者之间有一个一对多关联。

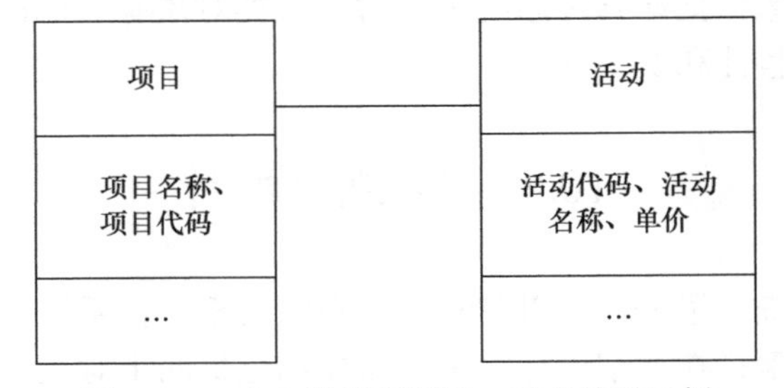

图 10-15　永久类及其间的一对多关联示例

把多重性为多的类“活动”及其与类“项目”的关联映射成一个表，而类“项目”映射为另一个表。图 10-16 给出了表的结构。

属性名	是否为空	域
活动代码	否	号码
活动名称	是	姓名
单价	是	数字
项目代码	否	号码

属性名	是否为空	域
项目代码	否	号码
项目名称	否	名称

图 10-16　一对多关联映射表

左边表中的属性“项目代码”是外键。

② 对聚合的存储设计。

由于聚合就是一种关联，故对聚合的存储设计的规则与对关联的存储设计的规则相同。

③ 对泛化的存储设计。

可采用下述方法之一在关系数据库中对继承进行存储。

方法 1：把一般类的各个特殊类的属性都集中到一般类中，创建一个表。

方法 2：如果一般类能创建对象，可为一般类创建一个表，并为它的各个特殊类创建一个表。一般类的表与各子类的表要用同样的属性(组)作为主关键字。如果一般类为抽象类，则要把一般类的属性放到各子类中，为它的子类各建立一个表。对多继承的处理与此类似。

在对象和表之间对应转换时，需要注意以下几点。

① 类与数据库表之间不必完全对应。一个对象类可以映射成为一个以上的数据库表，同时当类间有一对多的关联时，一个表也可以对应多个类。

② 类中的成员属性与数据库表中的字段之间不必完全对应，因为并不是类中的所有属性均要持久化。

3）针对面向对象数据库的数据存储设计

如果采用的面向对象数据库系统是扩展关系型的，即在关系数据库之上增加了面向对象功能，那么设计方法与关系数据库大致相同；如果是扩展面向对象程序设计语言型的，因为数据库管理系统本身具有把对象值映射成存储值的功能，所以不需要对属性规范化，在面向对象数据库系统中，每个对象都是一个数据单元，具有自己的属性和方法。每个对象能保存自己的状态。以便在需要时进行检索和恢复。通过对象的标识符，可以轻松地跟踪和管理对象的生命周期。面向对象数据库管理系统可以对永久类对象有效地进行直接管理，并从根本上保证永久类对象的完整性和安全性。

10.5　详 细 设 计

在分析阶段，已经确定了分析类以及它们之间的关系；在系统设计阶段，确定了子系统和大多数重要的设计元素；在详细设计阶段，需要细化这两组对象并确定系统所需的其他对象。详细设计通常会涉及对方法、属性、状态和关系的建模。

10.5.1　方法和属性建模

一旦确定了设计元素之后，就需要进一步详细描述设计元素的方法和属性。在设计类图上，需要确定方法的可见性、名称、参数、返回值和构造型。其中，方法也称为操作或成员函数，方法的可见性是指外部对象对该方法的访问级别。方法要使用完整的描述进行命名，可以采用 methodName()这种形式。一个方法如何被其他对象访问是由其可见性定义的，在UML 中，可见性有 public、private、protected 三种(用“+”、“–”和“#”表示)。建立方法的可见性应遵从“让方法按照需要提供可见性，不要超过限度”的原则。例如，如果一个方法的可见性只需要 protected，就将其设置为 protected 而不必是 public。

属性的建模与方法的建模类似，类的属性建模也要进行命名和设置可见性。一般情况下，为了降低类之间的耦合，属性建模包括以下原则：

(1) 将所有属性的可见性设置为 private；

(2) 仅通过 set 方法更新属性；

(3) 仅通过 get 方法访问属性；

(4) 在属性的 set 方法中，实现简单的有效性验证，而在独立的验证方法中，实现复杂的逻辑验证。

在面向对象设计过程中还应该进一步设计实现服务的方法，主要应该完成以下几项工作。

(1) 设计实现服务的算法。在设计实现服务的算法时，要考虑算法复杂度，以及算法是否容易修改、是否容易理解。

(2) 要选择能够方便、有效地实现算法的物理数据结构。

(3) 定义内部类和内部操作。在面向对象设计过程中，可能需要增加一些在需求陈述中没有提到的类，这些新增加的类主要用来存放在执行算法的过程中所得到的某些中间结果。

在客户服务记账系统中，以实体类 User、TimeCard 为例，经过方法和属性建模，可得到如图 10-17 所示的类图。

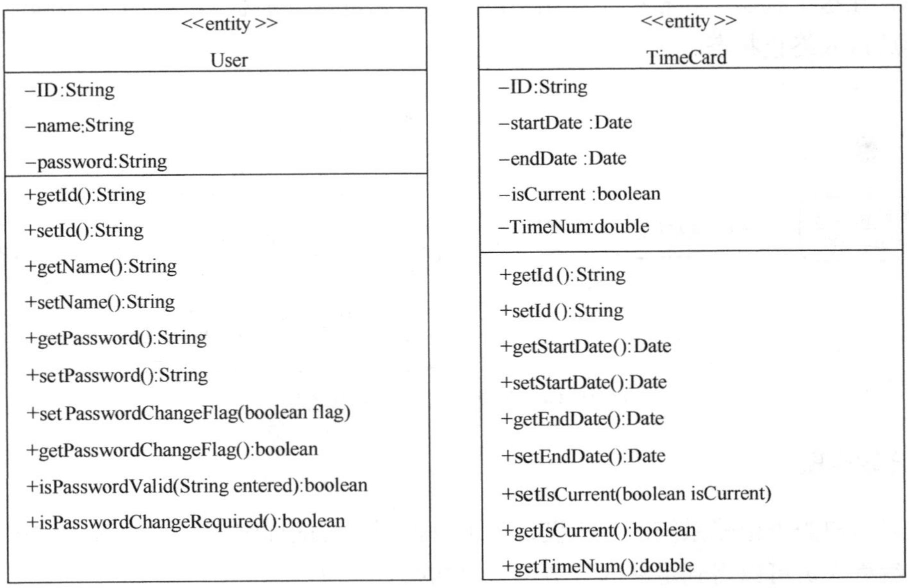

<<entity>>
User
–ID:String
–name:String
–password:String
+getId():String
+setId():String
+getName():String
+setName():String
+getPassword():String
+setPassword():String
+setPasswordChangeFlag(boolean flag)
+getPasswordChangeFlag():boolean
+isPasswordValid(String entered):boolean
+isPasswordChangeRequired():boolean

(a) 类User

<<entity>>
TimeCard
–ID:String
–startDate :Date
–endDate :Date
–isCurrent :boolean
–TimeNum:double
+getId ():String
+setId ():String
+getStartDate():Date
+setStartDate():Date
+getEndDate():Date
+setEndDate():Date
+setIsCurrent(boolean isCurrent)
+getIsCurrent():boolean
+getTimeNum():double

(b) 类TimeCard

图 10-17　属性和方法建模示例

10.5.2 状态建模

状态建模是一种动态建模技术，它主要用于确定系统的行为。在状态建模中，状态通过对象属性的值来表示，转移是方法调用的结果，经常会反映业务规则。

例如，在客户服务记账系统中，时间卡对象在生命周期中具有初始化、就绪、记录、已记录、终止五个状态。时间卡对象在创建时就处于初始化状态，需要对该对象的一些属性进行初始化操作；初始化操作完毕后就转入就绪状态，等待对所指定的活动记录时间，如果指定的活动不可用，则继续等待，直到可以对指定的活动进行记录为止，此时就转入记录状态，对某个项目的活动进行一一记录，完成后就转入已记录状态，如图 10-18 所示。

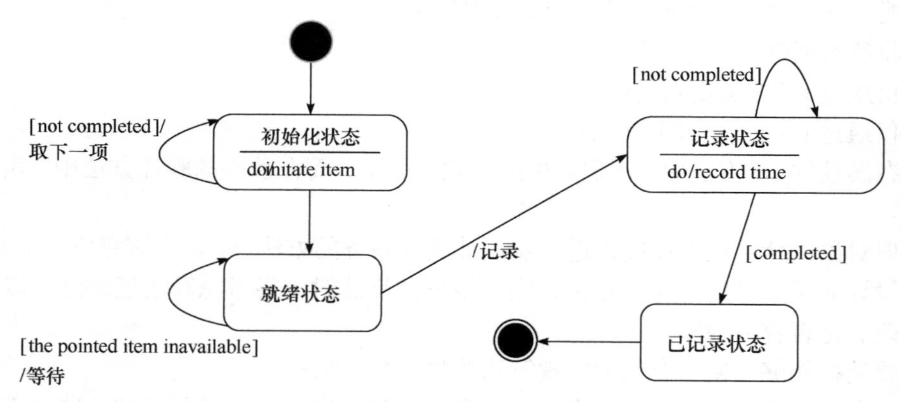

图 10-18 时间卡对象状态图

在客户服务记账系统中，收费项目类对象具有如图 10-19 中的一些状态。收费项目类对象在创建时处于初始化状态，随后转入就绪状态，在维护的动作下进入维护状态，这是一个组合状态，在这个状态下，根据系统用户的操作可以进入添加状态、更新状态和删除状态，处理完毕后进入终止状态。

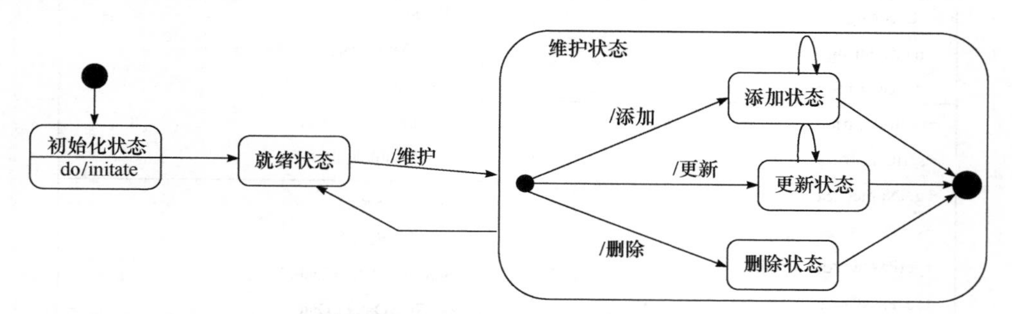

图 10-19 收费项目类对象状态图

10.5.3 详细类图

通过对客户服务记账系统的分析设计，可以得到需要的详细类图，如图 10-20 所示。通过该图，编程人员可以得到足够的细节以写出初始类代码。

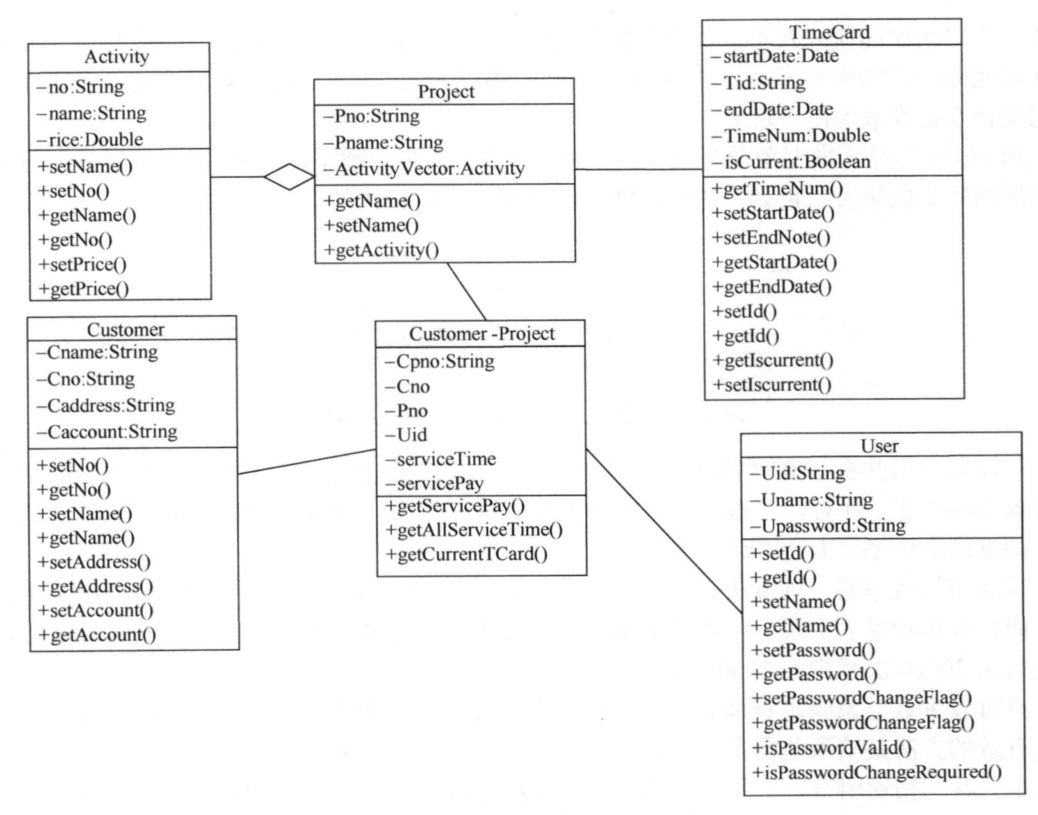

图 10-20　客户服务记账系统详细类图

10.6　设计优化

10.6.1　确定优先级

系统的各项质量指标并不是同等重要的，设计人员必须确定各项质量指标的相对重要性(即确定优先级)，以便在优化设计时制定折中方案。

系统的整体质量与设计人员所指定的折中方案密切相关。最终产品成功与否，在很大程度上取决于是否选择好了系统目标。最糟糕的情况是，没有站在全局高度正确确定各项质量指标的优先级，以致系统中各个子系统按照相互对立的目标做了优化，从而导致系统资源的严重浪费。

在折中方案中设置的优先级应该是模糊的。事实上，不可能指定精确的优先级数值(例如，速度 48%，内存 25%，费用 8%，可修改性 19%)。

最常见的情况是在效率和清晰性之间寻求适当的折中方案。下面讲述在优化设计时提高效率的技术，以及通过调整建立良好的继承关系的方法。

10.6.2　提高效率的技术

(1) 增加冗余关联以提高访问效率。

在面向对象分析过程中，应该避免在对象模型中存在冗余的关联，因为冗余关联不仅没有增添关于问题域的任何信息，还会降低模型的清晰程度。但是，在面向对象设计过程中，当考虑用户的访问模式及不同类型的访问之间彼此的依赖关系时，就会发现分析阶段确定的关联可能并没有构成效率最高的访问路径。下面用设计公司雇员技能数据库的例子说明分析访问路径及提高效率的方法。

图 10-21 是从面向对象分析模型中摘取的一部分。公司类中的服务 Find_skill 返回具有指定技能的雇员的集合。例如，用户可能询问公司中会讲日语的雇员有哪些。

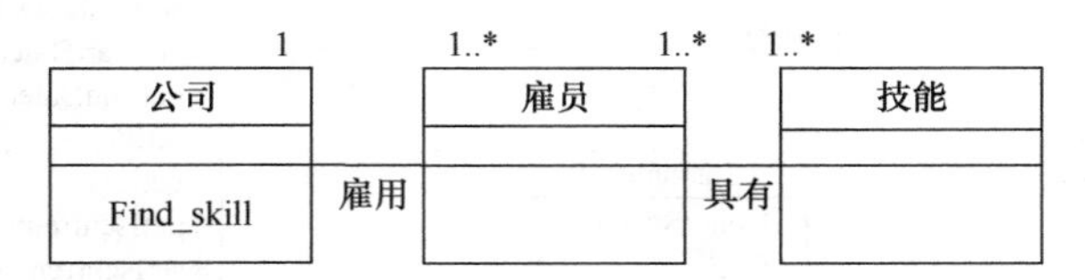

图 10-21　公司、雇员及技能之间的关联链

假设某公司共有 2000 名雇员，平均每名雇员会 10 种技能，则简单的嵌套查询将遍历雇员对象 20000 次，针对每名雇员平均再遍历技能对象 10 次。如果全公司仅有 5 名雇员精通日语，则查询命中率仅有 1/4000。

提高访问效率的一种方法是使用哈希(Hash)表："具有技能"这个关联不再利用无序表实现，而是改用哈希表实现。只要"会讲日语"用唯一的技能对象表示，这样改进后就会使查询次数由 20000 次减少到 2000 次。

只有极少数对象满足查询条件，查询命中率很低，查询效率也很低。这时，提高查询效率更有效的方法是给那些需要经常查询的对象建立索引。例如，针对上述例子，可以增加一个冗余关联"精通语言"，用来联系公司与雇员这两类对象，如图 10-22 所示。利用适当的冗余关联，可以立即查到精通某种具体语言的雇员，而无须多余的访问。当然，索引也必然带来了开销：占用内存空间，而且每当修改其关联时也必须相应地修改索引。因此，应该只给那些经常执行并且开销大、命中率低的查询建立索引。

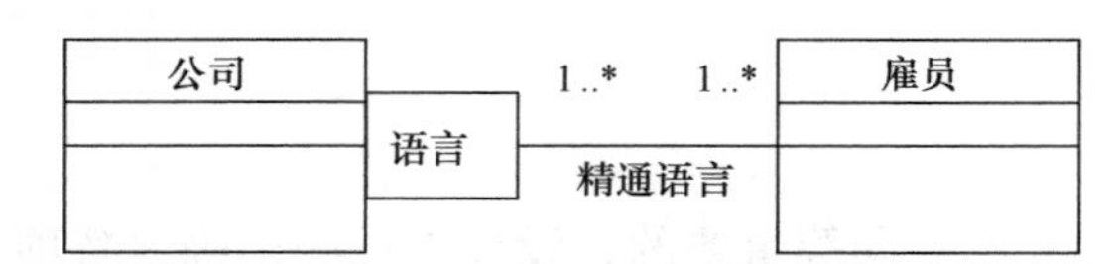

图 10-22　为雇员技能数据库建立索引

(2) 调整查询次序。

改进了对象模型的结构，从而优化了常用的遍历之后，就应该优化算法了。

优化算法的一个途径是尽量缩小查找范围。例如，假设用户在使用上述的雇员技能数据库的过程中，希望找出既会讲日语又会讲法语的所有雇员。如果某公司只有 5 名雇员会讲日语，会讲法语的雇员却有 200 人，则应该先查找会讲日语的雇员，然后从这些会讲日语的雇员中查找同时会讲法语的人。

(3) 保留派生属性。

通过某种运算从其他数据派生出来的数据是一种冗余数据。通常把这类数据"存储"(或称为"隐藏")在计算它的表达式中。如果希望避免重复计算复杂表达式所带来的开销，可以把这类冗余数据作为派生属性保存起来。

派生属性既可以在原有类中定义，也可以定义新类，并用新类的对象保存它们。每当修改了基本对象之后，所有依赖于它的、保存派生属性的对象也必须相应地修改。

10.6.3　调整继承关系

在面向对象设计过程中，建立良好的继承关系是优化设计的一项重要内容。继承关系能够为一个类族定义一个协议，并能在类之间实现代码共享以减少冗余。一个基类和它的子孙类在一起称为一个类继承。在面向对象设计中，建立良好的类继承是非常重要的。利用类继承能够把若干个类组织成一个逻辑结构。

下面讨论与建立类继承有关的问题。

(1) 抽象与具体。

在设计类继承时，很少使用纯粹的自顶向下的方法。通常的做法是首先创建一些用于具体用途的类，然后对它们进行归纳，形成一些通用的类，再进行具体类的派生，然后再次归纳……这是一个迭代和持续演化的过程。

图 10-23 用一个人们在日常生活中熟悉的例子说明上述从具体到抽象再到具体的过程。

(2) 为提高继承程度而修改类定义。

如果在一组相似的类中存在公共的属性和行为，则可以把这些公共的属性和行为抽取出来放在一个共同的祖先类中，供其子类继承，如图 10-23(a)和(b)所示。在对现有类进行归纳的时候，要注意下述两点：①不能违背领域知识和常识；②应该确保现有类的协议(即外部世界的接口)不变。

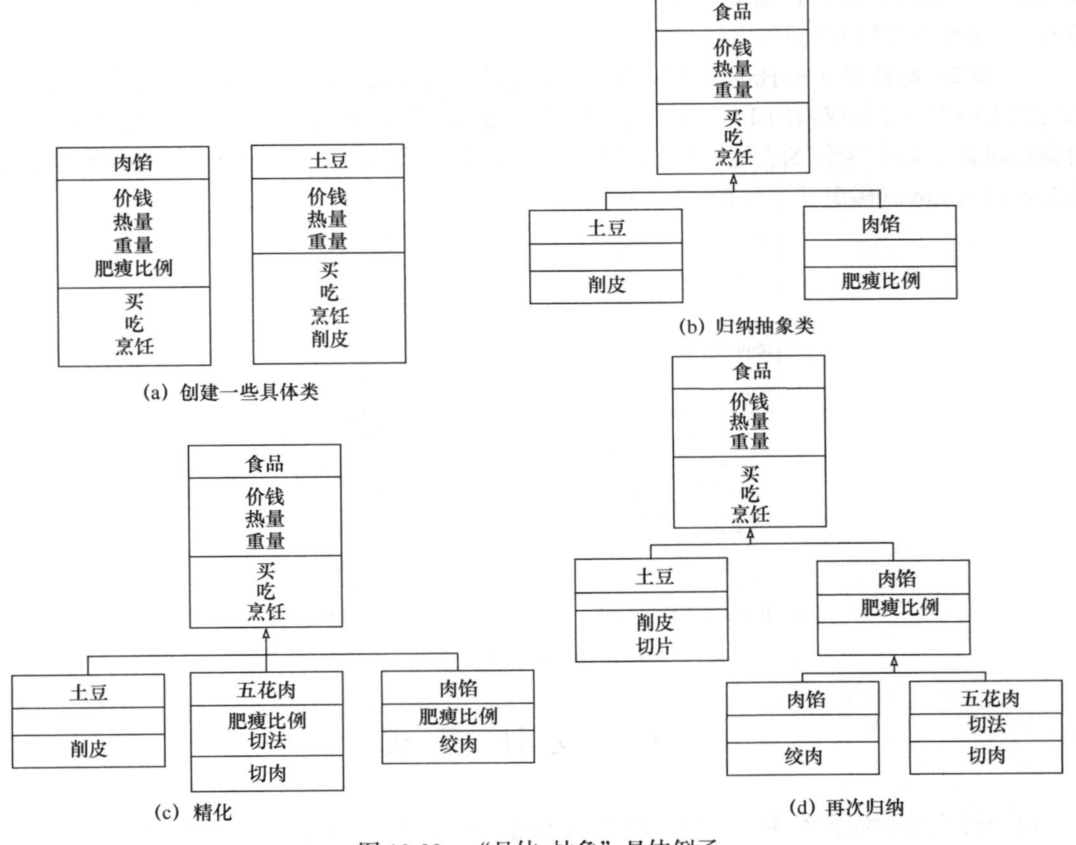

图 10-23　“具体-抽象”具体例子

更常见的情况是各个现有类中的属性和行为(操作)虽然相似，却并不完全相同。在这种情况下需要对类的定义稍加修改，才能定义一个基类供其子类从中继承需要的属性或行为。

有时抽象出一个基类之后，在系统中暂时只有一个子类能从它继承属性和行为，显然，在这种情况下抽象出这个基类并没有获得共享的好处。但是，这样做通常仍然是值得的，因为将来可能重用这个基类。

(3) 利用委托实现行为共享。

当且仅当存在真实的一般-特殊关系(即子类确实是父类的一种特殊形式)时，利用继承机制实现行为共享才是合理的。

有时程序员只想将继承作为实现操作共享的一种手段，并不打算确保基类和派生类具有相同的行为。在这种情况下，如果从基类继承的操作中包含了子类不应该有的行为，则可能引起麻烦。例如，假设程序员正在实现一个Stack(先进后出栈)类，类库中已经有一个List(表)类。如果程序员从List类派生出Stack类，则如图10-24(a)所示：把一个元素压入栈等价于在表尾加入一个元素；把一个元素弹出栈相当于从表尾移走一个元素。但是，与此同时，stack类也继承了一些不需要的操作。例如，从表头移走一个元素或在表头增加一个元素。万一用户错误地使用了这类操作，Stack类将不能正常工作。

如果只想把继承作为实现操作共享的一种手段，则利用委托(即把一类对象作为另一类对象的属性，从而在两类对象间建立组合关系)也可以达到同样的目的，而且这种方法更安全。使用委托机制时，只有有意义的操作才委托另一类对象实现，因此，不会发生不慎继承了无意义(甚至有害)操作的问题。

图10-24(b)描绘了委托List类实现Stack类操作的方法。Stack类的每个实例都包含一个私有的List类实例(或指向List类实例的指针)。Stack类对象的操作push(压栈)委托List类对象通过调用last(定位到表尾)和add(加入一个元素)操作实现，而pop(出栈)操作则通过List的last和remove(移走一个元素)操作实现。

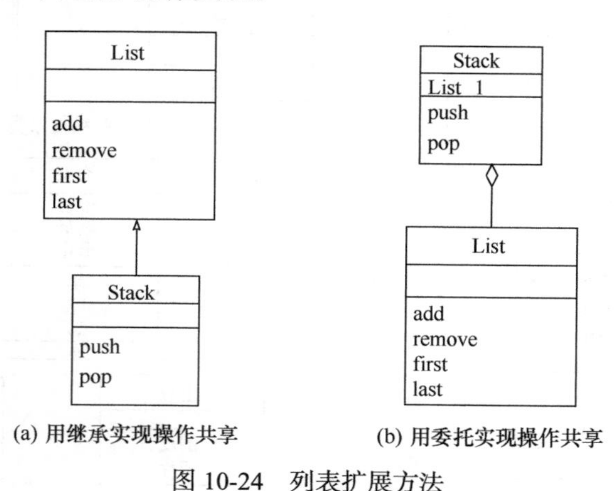

(a) 用继承实现操作共享　　(b) 用委托实现操作共享

图10-24　列表扩展方法

10.7　设计模式

设计模式是软件开发中一种重要的复用策略，它提供了一种经验性的解决方案，用于解决在特定情况下常见的问题。从广义的角度理解，设计模式是对用来在特定场景下解决一般设计问题的类和相互通信的对象的描述。从狭义的角度理解，设计模式就是对特定问题的描述或常见问题的解决方案的模板。通过不断积累和文档化这些解决方案，形成了针对不同问题的处理模式，为开发人员提供了一种快速的参考指南。在面向对象领域中，设计模式的形成和采用是一个持续的过程，通常经过实践验证，适用于多种类似的问题，因此在软件开发中具有很高的价值。

10.7.1　设计模式的作用和研究意义

设计模式记录和提炼了软件人员在面向对象软件设计中的成功经验和问题的解决反馈，是系统可复用的基础。正确地使用设计模式，有助于快速开发出可复用的系统。

设计模式的作用和研究意义表现在以下方面。

(1) 优化的设计经验。设计模式为开发者提供了良好的经过优化的设计经验。模式中所描述的解决方案是人们从不同角度对某个问题进行研究得出来的最通用、最灵活的解决方案。其中蕴含了有经验的程序员的设计经验，反映了开发者的经验、知识和洞察力，使系统的开发者更容易理解，避免失误。

(2) 极高的复用性。设计模式为重用面向对象代码提供了一种方便的途径，使得复用某些成功的设计和结构更加容易。没有经验的程序员也可借助设计模式提高设计水平。多种模式可以组合起来构成完整的系统，这种基于模式的设计具有更好的灵活性、可扩展性和可重用性。

(3) 强大的表达能力。设计模式极富表达能力。在面向对象的编程中，软件编程人员往往更加注重以往代码的重用性和可维护性。通过提供某些类和对象的相互作用关系以及它们之间的潜在联系的说明规范，设计模式甚至能够提高已有系统的文档管理和系统维护的有效性。

(4) 极低的耦合。设计模式的基本思想是将程序中可能变化的部分与不变的部分分离，尽量减少对象之间的耦合，使得当某些对象发生变化时，不会导致其他对象都发生变化。这使得代码更容易扩展和维护，而且也让程序更容易读懂。

10.7.2　经典设计模式

下面介绍几个经典的设计模式，对于其他设计模式，读者可以参考相关资料。

1. 抽象工厂模式

抽象工厂(Abstract　Factory)模式为创建一组相关或相互依赖的对象提供一个接口，而不需要指出用于创建对象的具体类。该设计模式封装具体的平台的信息，从而使应用程序可以在不同的平台上运行。抽象工厂模式的类图结构如图 10-25 所示。抽象工厂模式有 4 个角色。

(1) 抽象工厂类(AbstractFactory)角色：抽象工厂角色是抽象工厂模式的核心，它与应用程序无关。任何在模式中创建对象的工厂类都必须实现这个接口，或继承这个类。

(2) 具体工厂类(ConcreteFactory)角色：与应用程序紧密相关，是在应用程序的直接调用下创建产品实例的一些类。

(3) 抽象产品类(AbstractProduct)角色：抽象工厂模式所创立的对象的父类，或它们共同拥有的接口。

(4) 具体产品类(ConcreteProduct)角色：抽象工厂模式所创立的任何对象所对应的具体类。

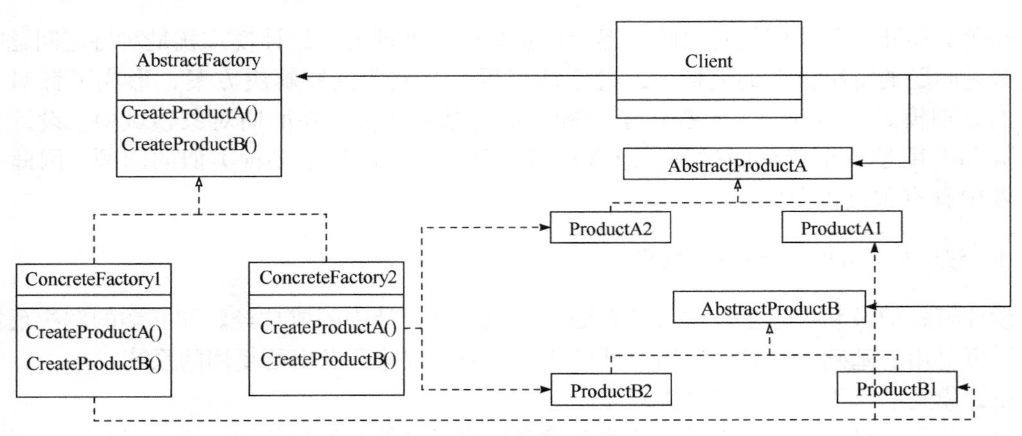

图 10-25　抽象工厂模式的类图结构

在下述几种情况下可以使用抽象工厂模式：

(1) 当一个系统要独立于它的产品的创建、组合和表示时；

(2) 当一个系统要由多个产品系列中的一个来配置时；

(3) 当要强调一系列相关的产品对象的设计以便进行联合使用时；

(4) 当提供一个产品类库，但只想显示它们的接口而不是实现时。

2. 适配器模式

适配器(Adapter)模式可以将某个类的接口转换成客户希望的另一个类的接口，以使接口不兼容的类能够一起协作。

在软件开发过程中，有时专门为复用而设计的工具箱类与特定领域所需的接口不匹配，通过创建一个适配器类，可以将工具箱类的接口转换为特定领域所需的接口，从而实现两个不兼容类之间的交互和通信。这样可以提高代码的可重用性和灵活性，使得工具箱类在更多场景下得到应用。

以下是适配器模式的使用场景：

(1) 想要使用一个已经存在的类，而它的接口不符合需求；

(2) 创建一个可以复用的类，该类可以与其他不相关的类或不可预见的类(即那些接口可能不一定兼容的类)协同工作；

(3) (仅适用于对象适配器)意图使用一些已经存在的子类，但是不可能对每一个子类都单独匹配它的接口，对象适配器可以适配它的父类接口。

适配器模式有类适配器模式和对象适配器模式两种。类适配器模式使用多重继承对一个接口与另一个接口进行匹配，类适配器模式的类图结构如图 10-26 所示。

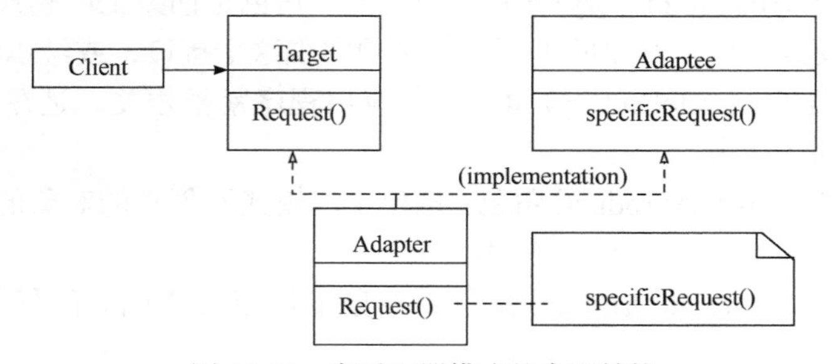

图 10-26　类适配器模式的类图结构

对象适配器模式依赖于对象组合，其类图结构如图 10-27 所示。

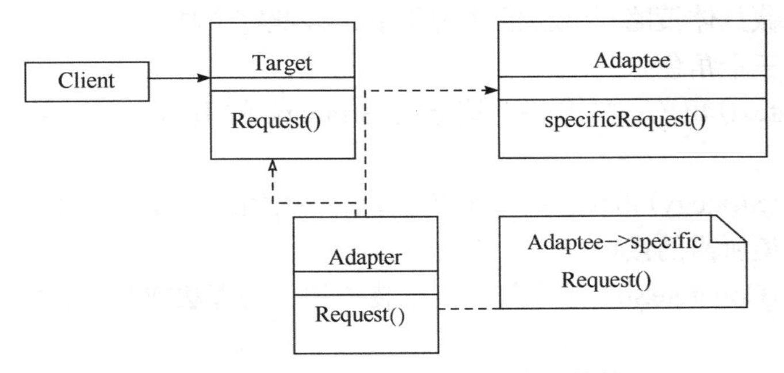

图 10-27　对象适配器模式的类图结构

从图 10-26 和图 10-27 可以看到，Target 定义 Client 使用的与特定领域相关的接口，Client 与符合 Target 接口的对象协同工作，Adaptee 则定义一个已经存在的接口，这个接口需要适配，而 Adapter 对 Adaptee 接口与 Target 接口进行适配。

类适配器模式和对象适配器模式有不同的权衡。类适配器模式用一个具体的 Adapter 类对 Adaptee 接口和 Target 接口进行适配，结果是当想要适配一个类以及它所有的子类时，Adapter 类将不能胜任工作。对象适配器模式则允许一个 Adapter 与多个 Adaptee 同时工作，Adapter 也可以一次给所有的 Adaptee 添加功能，使得扩展或覆盖 Adaptee 的行为比较困难。在实际应用适配器模式时，需要考虑多方面的因素。

3. 策略模式

策略(Strategy)模式属于对象行为型模式。策略模式的用意是针对一组算法，将每一个算法封装到具有共同接口的独立的类中，从而使得它们可以相互替换。策略模式使得算法可以在不影响客户端的情况下发生变化。

策略模式通常把一系列的算法包装到一系列的策略类里面，作为一个抽象策略类的子类，用一句话来说，就是“准备一组算法，并将每一个算法封装起来，使得它们可以互换”。策略模式的类图结构如图 10-28 所示。

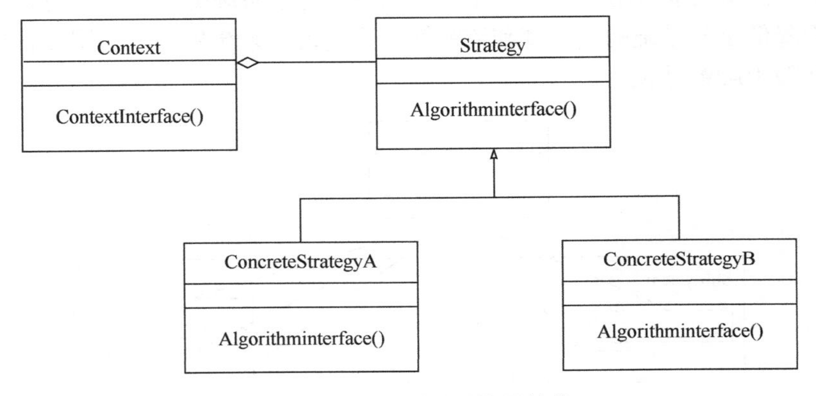

图 10-28　策略模式的类图结构

通常在以下情况下可以使用策略模式：

(1) 多个类的区别在于行为，在运行时动态选择具体要执行的行为；

(2) 需要在不同情况下使用不同的策略(算法)，或者策略还可能在未来用其他方式实现；

(3) 对客户隐藏具体策略(算法)的实现细节，彼此完全独立。

策略模式涉及三个角色。

(1) 语境(Context)角色：持有一个策略类 Strategy 的引用。可定义一个接口让 Strategy 访问它的数据。

(2) 抽象策略(Strategy)角色：一个抽象角色，通常由一个接口或抽象类实现。此角色给出所有的具体策略类所需的接口。

(3) 具体策略(ConcreteStrategy)角色：包装了相关的算法或行为，实现 Strategy 接口，包括具体算法。

由图 10-28 可以看出，Strategy 和 Context 相互作用可以实现选定的算法。当算法被调用时，Context 可以将该算法所需要的所有数据都传递给 Strategy，或者 Context 可以将自身作为一个参数传递给 Strategy。这就让 Strategy 在需要时可以回调 Context，Context 将客户的请求转发给它的 Strategy。客户通常创建并传递一个 ConcreteStrategy 对象给 Context，这样客户仅与 Context 交互。

策略模式提供了管理相关算法簇的办法并提供了一种替代继承的方法，而且既保持了继承的优点(代码重用)，还比继承更灵活，避免在程序中使用多重条件转移语句，使系统更灵活，并易于扩展。但是客户端必须知道所有的策略类，而且由于每个具体策略类都会产生一个新类，所以会增加系统需要维护的类的数量。在实现策略模式的过程中，要注意在定义 Strategy 和 Context 接口时，必须使得 ConcreteStrategy 能有效地访问它所需要的 Context 中的任何数据；要根据 Context 的行为，尽量使 Strategy 对象能够成为可选择的对象。

4. 外观模式

在真实的应用系统中，一个子系统可能由很多类组成。子系统的客户为了满足他们的需求，需要和子系统中的一些类进行交互。客户和子系统的类进行直接的交互会导致客户端对象和子系统之间高度耦合。如果对子系统中类的接口进行修改，可能会对依赖于它的客户类产生影响。

外观(Facade)模式很适用于上述情况。外观模式为子系统提供了一个更高层次、更简单的接口，从而降低了子系统的复杂度和依赖性。这使得子系统更易于使用和管理。外观模式的类图结构如图 10-29 所示。

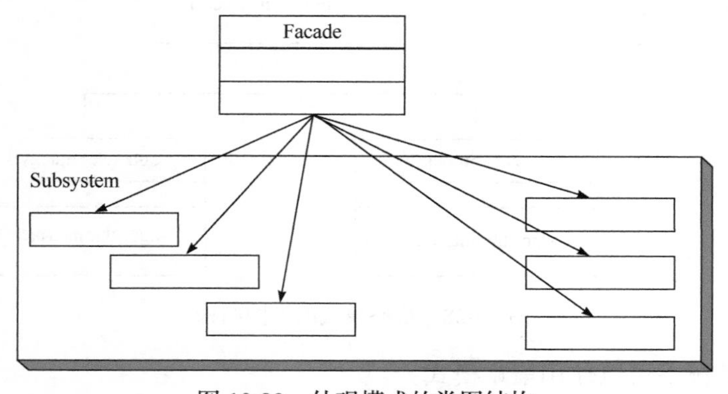

图 10-29　外观模式的类图结构

外观是一个能为子系统和客户提供简单接口的类。当正确应用外观模式时，客户不再直接和子系统中的类交互，而是与外观交互。外观承担与子系统中的类交互的责任。实际上，外观是子系统与客户的接口，这样外观模式就降低了子系统和客户的耦合。而且由于 Facade 类是唯一的通信接口，可以加入如安全访问控制和负载均衡等重要的系统功能。

5. 原型模式

原型(Prototype)模式是一种创建设计模式，它允许通过复制已有对象来创建新对象，而无需通过显示的构造函数调用。它提供了创建对象的最佳方式，实现了一个原型接口，该接口用于进行当前对象的克隆。当直接创建对象成本较高时，可采用该模式。例如，需要在昂贵的数据库操作之后创建对象时，可以缓存该对象，当返回的对象被请求时，可以返回该对象的克隆(或副本)，在必要时才会更新数据库，这样就可以减少数据库调用。原型模式的类图结构如图 10-30 所示。

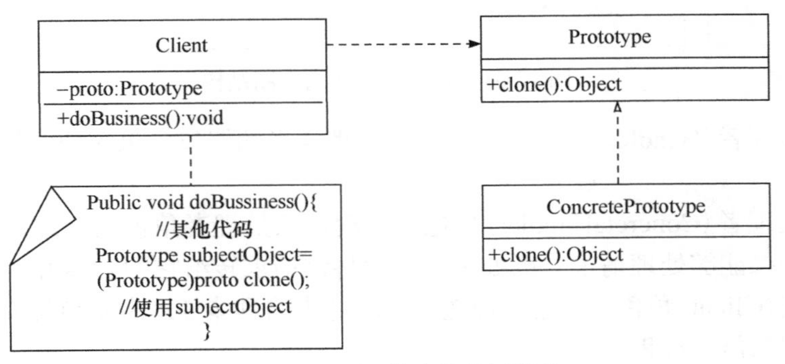

图 10-30　原型模式的类图结构

通常在以下情况下可以使用原型模式：

(1) 资源优化场景；

(2) 一个对象多个修改者的场景；

(3) 类初始化需要消耗非常多的资源，这个资源包括数据、硬件资源等。

6. 责任链模式

责任链(Chain of Responsibility)模式为请求创建一个接收者对象链。此模式给出请求的类型，并对请求的发送者和接收者进行解耦，属于行为型模式。通常每个接收者都包含对另一个接收者的引用。如果一个对象不能处理该请求，则将相同的请求传递给下一个接收者，以此类推，避免请求发送者与接收者耦合在一起，让多个对象都有可能接收请求。对于多个对象，每个对象持有对下一个对象的引用，形成一个请求传递链，直到对象决定处理该请求，但是发送者不知道最终哪个对象将处理请求。责任链模式的类图结构如图 10-31 所示。

通常在以下情况下可以使用责任链模式：

(1) 有多个对象可以处理同一个请求，具体哪个对象处理该请求由运行时刻自动确定；

(2) 在不明确指定接收者的情况下，向多个对象中的一个提交一个请求；

(3) 可动态指定一组对象处理请求。

以下为责任链模式涉及的角色。

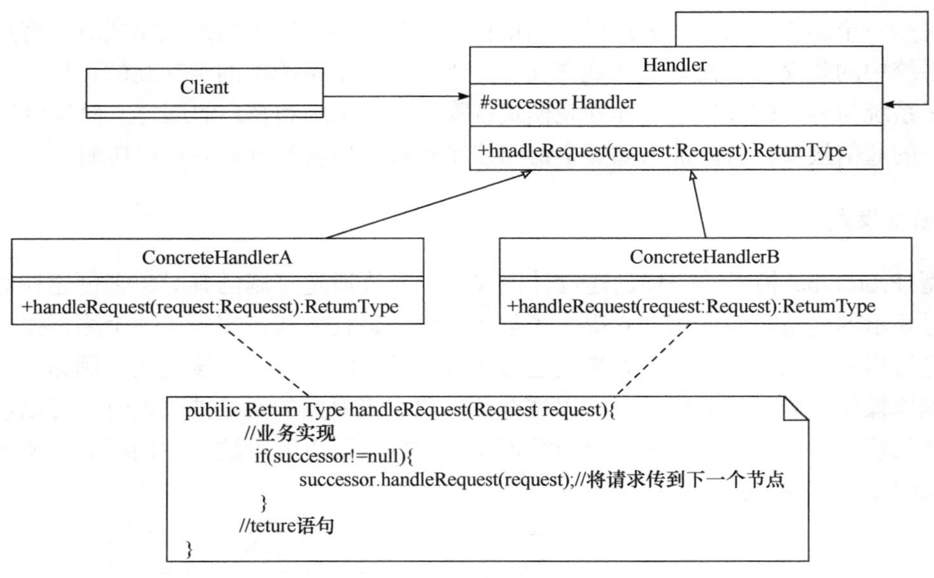

图 10-31　责任链模式的类图结构

(1) 抽象处理者(Handler)角色：定义一个处理请求的接口，包含抽象处理方法和一个后继连接。

(2) 具体处理者(ConcreteHandler)角色：实现抽象处理者角色的处理方法，判断能否处理本次请求，如果能够处理请求，则处理，否则将该请求转给它的后继者。

(3) 客户类(Client)角色：创建处理链，并向链头的具体处理者角色提交请求，它不关心处理细节和请求的传递过程。

7. 观察者模式

观察者模式定义对象间的一种一对多的依赖关系，以便当一个对象的状态发生改变时，所有依赖于它的对象都得到通知并做出响应。观察者模式属于行为型模式，目标对象管理所有依赖于它的观察者对象，并在其状态发生变化时主动通知观察者对象，这通常是通过调用观察者对象提供的方法来实现的。例如，当一个对象被修改时，会自动通知依赖于它的对象。观察者模式的类图结构如图 10-32 所示。

观察者(Observer)模式的主要角色如下。

(1) 抽象主题(Subject)角色：也称为抽象目标类，它提供了一个用于保存观察者对象的聚集类和增加、删除观察者对象的方法，以及通知所有观察者对象的抽象方法。

(2) 具体主题(ConcreteSubject)角色：也称为具体目标类，它实现抽象目标类中的通知方法，当具体主题的内部状态发生改变时，通知所有注册过的观察者对象。

(3) 抽象观察者(Observer)角色：一个抽象类或接口，它包含了一个更新自己的抽象方法，当接到具体主题角色的更改通知时被调用。

(4) 具体观察者(ConcreteObserver)角色：实现抽象观察者角色中定义的抽象方法，以便在得到目标的更改通知时更新自身的状态。

通常在以下情况下可以使用观察者模式：

(1) 抽象模型有两个方面，其中一个依赖于另一个，这些方面被封装在独立的对象中，以便能够独立地更改和重用它们；

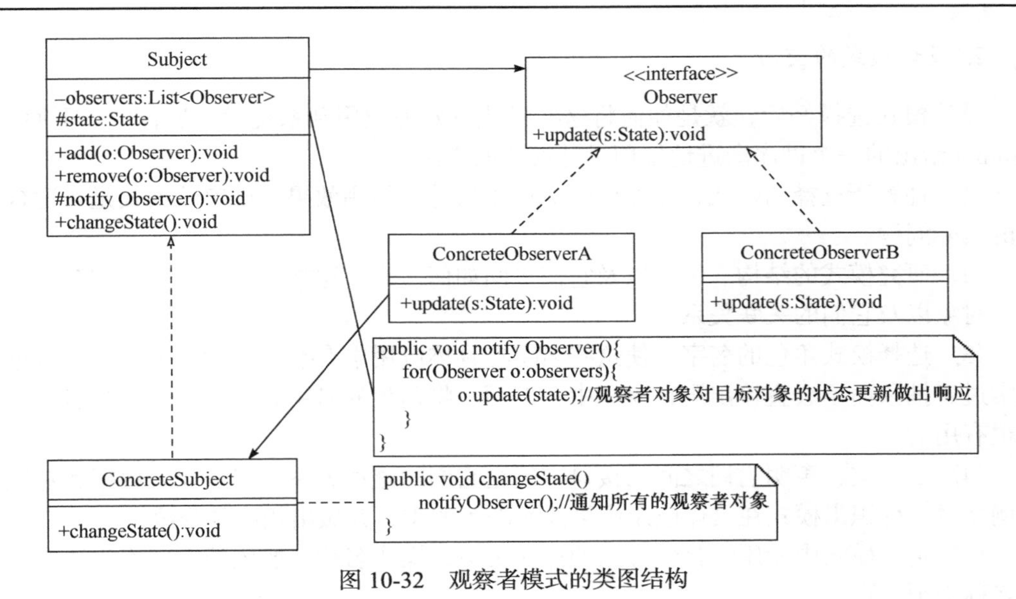

图 10-32　观察者模式的类图结构

(2) 一个对象的变化会导致一个或多个其他对象的变化，而且不知道会有多少对象发生变化；

(3) 一个对象必须通知其他对象，而并不知道这些对象是谁。

10.7.3　设计模式的使用策略

在实际的软件开发过程中，对于任意一个给定的设计问题，要想从中找出具有针对性的设计模式可能很困难，尤其是当面对一组新模式，而设计人员又不太熟悉它的时候，就更加困难。因此，合理、正确地选择和使用设计模式是相当重要的。

1. 设计模式的选择方法

(1) 理解问题需求。任意一个需求都会涉及一个或几个特定的问题领域。例如，假定现在要准备设计一个编译器，可能设计者马上会想到这与解释器模式有关；而在解释器模式中，客户首先要创建抽象语法树，抽象语法树中的终结符是一种使用量很大的细粒度的对象，这很可能要用到享元模式来共享终结符；而为了遍历抽象语法树，设计者很可能会想到用迭代器模式进行遍历；等等。这种首先理解问题需求，然后循序渐进地不断找出可能要用到的模式或模式组，从宏观的角度上选择设计模式的方法在设计过程中是值得推荐的(此处提到的模式需要读者扩展学习)。

(2) 研究和掌握设计模式是如何解决设计问题的。每一种模式都用来具体解决某一类软件的设计问题，每一种模式均有其目的，研究每种模式的目的，然后找出与实际问题相关的一种或多种模式。各模式之间的功能总是相互补充的，因此，必须研究模式之间的相互关联，弄清设计模式之间的关系，这对寻找合适的模式或模式组具有指导作用。此外，面对一个实际问题时，必须考虑到设计中哪些功能是可变的，而这些变化是否会导致系统必须重新设计，然后找出相关的模式以尽量避免引起重新设计。这是从微观角度上选择设计模式的方法，它要求设计人员对各种模式有比较清楚的理解和掌握。

2. 设计模式的使用

设计模式选择好后，就是如何将这些模式有效地应用到系统设计过程中。下面是 Erich Gamma 给出的一个循序渐进地使用设计模式的方法。

(1) 理解所选择的模式，注意模式的适用条件和使用效果，确定该模式是否适合所要解决的实际问题。

(2) 研究模式的结构、组成以及它们之间如何协作，这将确保设计人员理解这个模式的类、对象以及它们的关联关系。

(3) 选择模式角色的名字，使这些名字在具体应用中有意义。设计模式中的角色的名字通常过于抽象而不会直接出现在应用中，然而，将角色的名字和应用中出现的名字合并起来是很有用的。

(4) 定义类，声明它们之间的接口，建立它们的继承关系，定义代表数据和对象引用的实例变量，标识出模式在具体应用中可能影响到的类，并做出相应的修改。

(5) 定义模式中专用于具体应用的操作名称，操作名称一般依赖于应用，所有相关的操作名称必须一致。

(6) 实现执行模式中确保每个对象都明确其责任，并且各对象之间能够进行有效的协作。

设计模式不能随意使用，只有当它提供的性能是真正需要的时候，才有必要使用。一位资深的系统设计人员曾经讲过，做设计或者程序的时候，如果碰到第三次做基本上相同的设计或者程序的情况，就要考虑是否要使用某种设计模式了，可见设计模式的目的就是提高软件可复用的程度。设计模式的核心目标之一就是封装变化，并解耦不变的部分。通过这种方式，可以更好地应对需求变更，提高代码的可维护性和可复用性。

10.8 小　结

确定了用户需求，并建立了问题域模型后，系统分析的任务就基本完成了。下一步是将分析的成果用于设计当中，就是根据成本和要求，规划出系统应该如何实现。从面向对象分析到面向对象设计是一个逐渐扩充模型的过程。分析以问题为中心，而设计则是面向计算机的“实现”开发活动。分析和设计是前后衔接的两个阶段，但在实际开发过程中，二者需要多次反复迭代，通过 OOA 得到的问题域模型为建立求解空间模型奠定了坚实基础。在设计过程中，还需要不断修正对系统的需求分析。

OOD 采用了和 OOA 一致的表示法，使得从 OOA 到 OOD 不存在转换，只需要做必要的修改和调整，或补充某些细节，并增加几个与实现有关的相对独立的部分。OOD 主要包括三个方面的工作：系统体系结构设计、用例实现方案设计和用户界面设计。OOD 的成果有以 UML 包图等表示的软件体系结构、以交互图和类图表示的用例实现、针对复杂对象的状态图和用以描述流程化处理过程的活动图等。本章延续了第 6 章介绍的客户服务记账系统的例子，介绍了该系统的结构设计和详细设计。

软件设计原则在提高一个系统的可维护性的同时，可以提高系统的可复用性。在设计中应用这些原则，有助于正确地进行对象设计，提高设计模型的灵活性和可维护性，提高类的内聚，降低类之间的耦合。本章介绍了七个有影响的设计原则，即单一职责原则、开放-封闭原则、里氏替换原则、接口隔离原则、依赖倒置原则、迪米特法则、合成聚合复用原则。

通常应该在设计工作开始之前，对系统的各项质量指标的相对重要性做认真分析和仔细权衡，制定出恰当的系统目标。在设计过程中应根据既定的系统目标，做必要的优化工作。系统的各项质量指标并不是同等重要的，设计人员必须确定各项质量指标的相对重要性(即确定优先级)，以便在优化设计时制定折中方案。

设计模式记录和提炼了软件人员在面向对象软件设计中的成功经验和问题的解决反馈，是系统可复用的基础。正确地使用设计模式，有助于快速开发出可复用的系统。本章介绍了一些经典的设计模型和使用策略。

习　题　10

1. 简述面向对象设计阶段要做的工作。
2. 简述单一职责原则的含义。
3. 依赖倒置原则，中高层模块与低层模块之间是如何实现依赖关系的倒置的？
4. 如何设计系统体系结构？包括哪些工作？
5. 简述面向对象分析中的分析类转化为面向对象设计中的设计元素的方法。
6. 如何进行数据存储设计？设计类与数据库表之间有什么关系？
7. 什么是设计评审？有什么评审指标？
8. 分析各设计模式的特点，阐述其适用场合。

第 11 章 软 件 实 现

从宏观上说，软件实现包括详细设计、程序编码、单元测试和继承测试。从微观上讲，软件实现是指编码和单元测试。本章主要介绍软件程序编码的过程和方法。程序编码是详细设计之后的一个阶段，程序设计语言的选择、软件程序编码规范的设计等因素对程序的可靠性、可读性、可测试性和可维护性都有着直接的影响。

11.1 软件实现的目标和任务

软件实现的目标就是选择某种程序设计语言，将详细设计结构进行编码实现，并形成可执行的软件系统。程序编码作为软件工程过程的一个阶段，是详细设计的延续。作为完成程序编码的程序员，除了要熟悉所使用的编码语言和程序开发环境外，还要仔细阅读设计文档，弄清楚要实现的模块的外部接口和内部过程。

软件实现的任务包括以下 4 个。

(1) 程序设计语言的选择。根据软件系统的特点和设计方案，选择一种或多种程序设计语言作为编码实现的工具。

(2) 集成开发环境的选择。集成开发环境是用来帮助程序员组织、编译、调试程序的开发工具软件。

(3) 程序实现算法的设计。针对要实现特定功能的程序模块，设计其实现所需的数据结构和算法。

(4) 程序的编码实现。完成上述任务之后，在集成开发环境中使用选择好的程序设计语言，按照设计好的算法和数据结构将程序实现，并通过集成环境进行调试，发现并改正错误，完成程序编码工作，输出正确的可执行程序。

11.2 软件程序编码规范

软件开发过程经常面临着用户需求变化快、开发周期短、资金周转困难、开发队伍不稳定、技术延续性差等诸多问题的困扰，而软件开发又是技术性较强，具有创造性和灵活性的活动，因此，在软件开发过程中，需要遵循一定的规范，以提高程序的可靠性、可读性、可修改性、可维护性、一致性，使开发人员之间的工作成果可以共享，并充分利用资源。

一般来说，软件程序编码规范的制定有如下几个方面的内容：头文件规范、注释规范、命名规范、排版规范、目录结构规范等。下面以 C++语言为例来介绍软件程序编码规范。

11.2.1 头文件规范

头文件的主要功能是为多个源文件提供信息，这些信息通常定义了相应的代码的接口部分。实际上，头文件是代码中唯一需要最终用户了解的部分，所以保证头文件的良好设计、易于理解和易于使用显得尤为重要。

头文件规范通常从以下几个方面制定：文件头注释、预处理块、头文件引用格式等。

文件头注释：所有 C++的源文件均必须包含一个规范的文件头注释，文件头注释包含了该文件的名称、所属模块名称、功能概述、作者、版本以及修改记录等内容。

例 11-1　文件头注释风格。

```
/*! @file
*****************************************************************
<PRE>
模块名: 文件头注释风格示例模块
文件名: sample.h
相关文件: sample.cpp、sample.inl
文件实现功能: 演示正确的代码风格
作者: XXX
版本: 1.0
------------------------------------------------------------
----------------
备注: -
------------------------------------------------------------
----------------
修改记录:
日期          版本      修改者         修改内容
2008/7/24   1.0      XXX          创建
</PRE>
****************************************************************/
```

预处理块：为了防止头文件被重复引用，应当用 ifndef/define/endif 结构产生预处理块。

例 11-2　预处理块说明。

```
#ifndef  MY_CLASS_HPP
#define  MY_CLASS_HPP
//真正的头文件内容
…
#endif
```

头文件引用格式：用 #include<filename.h>格式来引用标准库和系统库的头文件(编译器将从标准库目录开始搜索)。用 #include “filename.h” 格式来引用当前工程中的头文件(编译器将从该文件所在目录开始搜索)。

11.2.2　注释规范

注释一般有三种风格：块注释、单行注释、行尾注释。注释一般有以下原则。

(1) 注释的缩进要与相应代码一致；缩进的使用是理解程序结构的辅助工具，通过将注释与代码对齐或使用一致的缩进，可以进一步增强注释的可读性。

(2) 每行注释用至少一个空行分开。

如果想对程序有总体的认识，最有效的方法是看注释而非代码，而将注释用空行分开有助于读者扫视代码。

(3) 为所有的常量、变量、数据结构声明添加注释，说明其用途和含义。

(4) 头文件、源文件的头部应进行注释。

在文件的开头处用注释块说明文件内容的简要概述和背景信息；将代码作者或修改者信息放入注释块中，对于大型项目，源代码的作者，特别是责任者的信息是很重要的。在注释块中应包含版本控制信息。同时最好将文件命名为与其内容相关的名字，文件名一般应与其中的公开类的类名有密切关系。例如，类名为 Employee，则文件名应是 Employee.cpp

例 11-3　文件头注释。

```
/*! @file
*************************************************************
<PRE>
文件名: Employee.cpp
相关文件: Employee.h
文件实现功能: 处理雇员 Employee 的信息
作者: XXX
版本: 1.0
-------------------------------------------------------------
备注: -
-------------------------------------------------------------
修改记录:
日期          版本    修改者        修改内容
2008/7/24     1.0     XXX           创建
</PRE>
*************************************************************/
```

(5) 函数头应进行块注释，应列出函数的功能、输入参数、输出参数、修改日志等；对于功能非常简单的函数，头部注释也可采用单行注释，例如：

```
// <简要说明该函数所完成的功能>
```

例 11-4　块注释函数头。

```
ULONG GetAllSubDirs(OUT VSTR& VResult,
IN tstringEx dirPattern/*=byT"*")*/,
IN bool includeSubdir /*=false*/,
IN bool includeHidden/*=true*/,
IN bool includeDot/*=false*/)
{
…
}
/*!@function
*************************************************************
```

```
<PRE>
函数名: GetAllSubDirs
功能: 获得符合条件的所有子目录列表
参数: [OUT] vResult,用来储存结果
      [IN] dirPattern,表示要查找的子目录通配符
      [IN] includeSubdir,表示是否包含子目录
      [IN] includeHidden,表示是否包含隐含目录
      [IN] includeDot,表示是否包含"."和".."隐含目录
返回值: 符合条件的子目录数量
抛出异常: -
----------------------------------------------------------------
备注: 无论是否成功,vResult 中的原内容都将被清空
典型用法: -
----------------------------------------------------------------
作者: XXX
</PRE>
**************************************************************/
```

11.2.3 命名规范

好的命名应该是直观而容易理解的，并且在移入新环境或上下文后仍能保持这种清晰的特点，不易与其他组件产生命名冲突。

变量的好坏在很大程度上取决于它的命名的好坏，因此变量命名对于高效编程来说非常重要。下面是一个不良变量名的例子：

```
x = x - xx;
y = fido + SalesTax( fido );
```

这段代码究竟在做什么？读者很难理解代码的意思，因此需要修改变量名，具体如下：

```
balance = balance - lastPament;
monthlyTotal = newPurchases + SalesTax( newPurchases );
```

从两个实例代码的比较可以看出，一个好的变量名是可读、易记和恰如其分的。C++命名示例表如表 11-1 所示。

表 11-1 C++命名示例表

项	描述	举例
类名	类名混合使用大小写，首字母大写，分隔字母大写	class DogList

类的属性名	属性名以“m”开头	class DogList
		{
		private:
		int mNumber;
		…
		};

类型名	与类名规则相同	enum WeekDay{MON,TUE WED, THUR, FRI };
枚举符名	全部大写	如上例

续表

项	描述	举例
局部变量名	局部变量名混合使用大小写，首字母小写，应该能够反映该变量所代表的事物	int resultSet;
方法名	采用与类名同样的规则，不过类名和对象名应该为名词，方法名一般为动词等	void StartEngine();
方法参数名	方法参数名的格式与局部变量名的格式相同	int totalCount;
指针变量名	指针变量名用“p”开头	char *pName;
全局变量名	全局变量名用“g”开头	Logger gLog;
静态变量名	静态变量名用“S”开头	static int StatusInfo;
常量名	全部大写	const double PI = 3.1415926;
宏名	全部大写	#define MAX(a, b)

11.2.4 排版规范

好的排版能够准确表现代码的逻辑结构，能够改善程序的可读性，并且经得起修改。

实现好的排版所采用的技术一般是空白或括号；空白包括空格、制表符、换行符、空行等，这些都是展现程序结构的主要手段。从另一个角度来说，空白也是分组，确保相关语句成组放在一起。写作的时候，思路以段落分组，同样，一个代码段应由完成某任务的语句组成，这些语句彼此相关。正如将相关语句分组很重要一样，将不相关语句隔开也很有必要，可以用空行将相关语句各自划分成段落，分开各子程序，突出注释部分。缩进有助于展现程序的逻辑结构，一般缩进 2 个或 4 个空格比较合适。括号能使表达式的求值次序更加清晰，对包含两个以上项的表达式，建议使用括号。下面为 C++排版规范。

(1) 程序块采用缩进风格编写，缩进 2 个空格。

(2) 在每个类声明之后和每个函数定义结束之后，都要加空行。

(3) 在一个函数体内，逻辑上密切相关的语句之间不加空行，其他地方应加空行以进行分隔。

(4) 一行代码只做一件事情，例如，只定义一个变量，或只写一条语句。这样的代码容易阅读。

(5) if、for、while、do、try 和 catch 等语句自占一行，执行语句不得紧跟其后。不论执行语句有多少，都要加“{　}”，这样可以防止书写和修改代码时出现失误。

(6) 代码行最大长度宜控制在 70～80 个字符。代码行不要过长。

(7) 关键字之后要留空格。像 const、virtual、inline 和 case 等关键字之后至少要留一个空格，否则无法辨析关键字。像 if、for、while 和 catch 等关键字之后应留一个空格再跟左括号“(”，以突出关键字。

(8) 函数名之后不要留空格，紧跟左括号“(”，以与关键字区别。

(9) “(”向后紧跟，而“)”、“,”和“;”向前紧跟，紧跟处不留空格。

(10) “,”之后要留空格，如 Function(x, y, z)。如果“;”不是一行的结束符号，其后要留空格，如 for(initialization; condition; update)。

(11) 赋值操作符、比较操作符、算术操作符、逻辑操作符、位域操作符，以及“=”、“+=”、“>=”、“<=”、“+”、“*”、“%”、“&&”、“||”、“<<”和“^”　等二元操作符的前后应当加空格。

(12) 一元操作符如　“!”、“～”、“++”、“–”和“&”(地址运算符)等前后不加空格。

(13) 像“[]”、“.”和“->”这类操作符前后不加空格。

(14) 对于表达式比较长的 for、do、while、switch 语句和 if 语句，为了紧凑，可以适当地去掉一些空格，如 for(i=0; i<10; i++)和 if((a<=b)&&(c<=d))，示例如下：

```
void Func1(int x, int y, int z); //良好的风格
void Func1(int x,int y,int z);    //不良的风格
//=================================================
if(year >= 2000) //良好的风格
if(year>=2000)   //坏风格

if((a >= b) && (c <= d))   //良好的风格
if((a>=b)&&(c<=d))  //坏风格
//=================================================
for(i = 0; i < 10; i++) //良好的风格
for(i=0; i<10; i++) //坏风格
```

(15) 为便于理解和统一，应当将修饰符“*”和“&”紧靠数据类型，如 char *pName;。

11.2.5　目录结构规范

在开发过程中目录结构也应该通过标准化和规范化确定。

一般一个软件包或一个逻辑组件所含的头文件和源文件应放在一个单独的目录下，这样有利于查找相关文件。

公共头文件：整个项目需要的公共头文件(自己实现的代码，不是系统头文件)应放在一个单独的目录下，这些头文件只是一些连接，它们指向各个逻辑组件目录下真正的文件。这样做既保证了文件的一致性(没有同一个文件有两份以上副本的情况)，又避免了别人引用时带来源目录太分散的问题。

11.3　程 序 效 率

程序效率的高低取决于多个方面，主要包括需求分析阶段模型的生成、设计阶段算法的选择和编码阶段语句的实现。正是由于编码阶段在很大程度上影响着软件的效率，在进行编码时必须充分考虑程序生成后的效率。程序效率分为全局效率、局部效率、时间效率及空间效率。全局效率是站在整个系统的角度上的效率；局部效率是站在模块或函数角度上的效率；时间效率是程序处理输入任务所需的时间；空间效率是程序所需的内存空间，如机器代码空间、数据空间、栈空间等。

软件的“高效率”即用尽可能短的时间及尽可能少的存储空间实现软件要求的所有功能，

是程序设计追求的主要目标之一。软件效率的高低是一个相对的概念，它与程序的简单性直接相关，不应因过分追求高效率而忽视了程序设计中的其他要求。一定要遵循“先使程序正确，再使程序有效率；先使程序清晰，再使程序有效率”的原则。软件效率的高低应以能满足用户的需要为主要依据。在满足以上原则的基础上，可依照下面的方法来提高程序的效率。

11.3.1　运行速度的提高

为了提高程序的运行速度，应尽量避免和简化复杂的运算，所应遵循的原则如下。

（1）改善循环的效率。改善循环的效率可以采用一些手段，例如，尽量减少循环嵌套的次数；将循环体内的工作量最小化；在多重循环中，应将最长的循环放在最内层，以减少 CPU 切入循环层的次数；尽量避免循环内有判断语句，以减少判断的次数。

（2）采用快速的算术运算。例如，用乘法或其他方法代替除法，特别是浮点运算中的除法，因为浮点运算中的除法要占用较多的 CPU 资源。

（3）提高空间效率。通过对数据结构进行划分和改进，以及对程序算法的优化来提高空间效率。

（4）避免类型混杂。不要混淆数据类型，避免在表达式中出现类型混杂。

（5）尽量采用整数算术表达式和布尔表达式。

（6）编码前，尽量简化有关的算术表达式和逻辑表达式。

（7）选用等效的高效率算法。

许多编译程序都具有优化功能，可以自动生成高效率的目标代码。它们可删除重复的表达式计算，采用循环求值法、快速的算术运算以及一些能够提高目标代码运行效率的算法来提高效率。对于效率至上的应用来说，这样的编译程序是很有效的。

11.3.2　存储空间的优化

目前，采用虚拟存储管理技术使软、硬件协同工作，为应用程序提供比实际物理内存更大的逻辑地址空间，基于操作系统的分页技术是实现这一目标的关键机制。当一个程序无法一次性完全加载到可用的物理内存中时，操作系统会使用分页技术将程序的不同部分（或“页面”）加载和卸载到内存中。这允许程序在有限的物理内存中运行，同时仍然能够访问其完整的逻辑地址空间。然而，频繁的页面倒换（即不断地将一个页面的数据移入和移出内存）需要时间和计算资源，会导致性能下降。

对于变动频繁的数据，最好采用动态存储；采用结构化程序设计，将程序功能合理分块，使每个模块或一组密切相关的模块的程序规模与每页的容量相匹配，可减少页面调度和内外存交换，提高存储效率。

在微型计算机系统中，存储器容量对软件设计和编码的制约很大。因此要选择可生成较短目标代码且存储压缩性能优良的编译程序，有时需采用汇编程序。通过程序员富有创造性的努力，可提高应用程序的时间与空间效率。程序的简单性是提高存储器效率的关键。

11.3.3　输入输出效率的提高

输入输出是人机交互的手段，一般可分为两种类型：一种是面向人（操作员）的输入输出；另一种是面向设备的输入输出。好的输入输出程序设计风格对提高输入输出效率会有明显的效果。如果操作员能够十分方便、简单地录入输入数据，或者能够十分直观、一目了然地了解输出信息，则说明面向人的输入/输出是高效的。以下是一些提高输入输出效率的指导原则。

(1) 对所有的输入数据都进行检验，从而识别错误的输入数据，以保证每个数据的有效性。

(2) 检查输入项的各种重要组合的合理性，必要时报告输入状态信息。

(3) 输入的步骤和操作尽可能简单，并保持简单的输入格式。

(4) 输入数据时，应允许使用自由格式，允许缺省值；输入一批数据时，最好使用输入结束标志，而不要由用户指定输入数据数目；在以交互输入方式进行输入时，要在屏幕上使用提示符明确提示交互输入的请求，指明可使用选择项的种类和取值范围，同时，在数据输入的过程中和输入结束时，也要在屏幕上给出状态信息。

(5) 对所有的输入输出操作，安排适当的缓冲区，以减少频繁的信息交换。

(6) 对辅助存储(如磁盘)，应当成块传送，以提高输入输出效率。

(7) 对辅助存储的输入输出，应考虑设备特性，以提高输入输出效率。

(8) 对终端或打印机的输入输出，应考虑设备特性，以提高输入输出效率。

(9) 任何不易理解的与改善输入输出效果关系不大的措施都是不可取的。

(10) 不应该为追求超高效的输入输出而损害程序的可理解性。

(11) 良好的输入输出程序设计风格对提高输入输出效率会有明显的效果。

11.4　软件代码审查

为了获得高质量的代码，有必要对代码进行检查，因为软件实现的目的是编写正确的源程序，没有编译错误的源程序并不一定就是正确的。代码审查通常在开发人员之间开展，用眼睛检查代码是否符合编程规范，判定标准有以下几个。

首先，在语法上没有错误的程序模块在语义上是否是正确的；代码是否遵循编码规范。

其次，即使没有编译错误，在某些功能上或性能上是否存在不足；以 C++语言为例，经常出现的问题有内存泄漏问题、指针参数问题、异常处理问题、性能问题等。

根据以上标准，通常检查的基本内容有以下几个。

1. 类

(1) 类的命名是否与需求和设计相符？

(2) 类能否设计成抽象的？

(3) 类的头部是否能说明该类的目的及功能？

(4) 类的头部是否引用了相关的需求和设计元素？

(5) 是否说明了该类所从属的模块？

(6) 是否能尽量设定为私有？

(7) 是否应用了文档标准？

2. 属性

(1) 该属性是否有必要设定？

(2) 能否设定为静态的(Static)?
(3) 是否正确地应用了命名规范?
(4) 是否能尽量设定为私有(Private)?
(5) 属性之间是否应尽可能独立?
(6) 初始化方法是否可理解?
① 说明时初始化。
② 使用构造函数初始化。
③ 使用静态块 Static 初始化。
④ 混合使用上述方法。

3. 构造函数

(1) 该构造函数是否必要?使用工厂方法是否更合适?
(2) 是否将所有的属性进行了初始化?
(3) 是否能尽量设定为私有?
(4) 必要时,是否执行了继承的构造函数?

4. 方法头

(1) 该方法是否被适当地命名?是否与需求或设计一致?
(2) 是否能尽量设定为私有?
(3) 能否设定为静态的?
(4) 方法的头部是否描述了方法的目的及功能?
(5) 方法的头部是否引用了该方法的需求或所需的设计元素?
(6) 参数的书写是否完整?
(7) 参数命名、顺序是否正确?
(8) 参数个数是否太多?
(9) 函数名与返回类型是否有语义冲突?
(10) 参数类型是否受限?

5. 方法体

(1) 算法是否与设计伪码或流程图相符?
(2) 代码假设只有前置条件吗?
(3) 代码是否产生了所有后置条件?
(4) 代码是否遵守了所要求的不变式?
(5) 是否每一个循环都能够终止?
(6) 是否遵循了所要求的符号标准?
(7) 是否每一行代码都进行了彻底检查?
(8) 所有括号是否匹配?
(9) 是否考虑了所有非法参数?
(10) return 语句是否返回指向“栈内存”的“指针”或“引用”?
(11) 代码是否被清楚地注释?

6. 数组或指针

(1) 用 malloc 或 new 申请内存之后，是否立即检查指针值是否为 null?
(2) 是否忘记为数组和动态内存赋初值?
(3) 数组或指针的下标是否越界?
(4) 动态内存申请或释放是否配对?
(5) 是否修改了“指向常量的指针”的内容?
(6) 是否出现了“野指针”?
(7) 创建和释放动态对象数组时，new 和 delete 语句是否正确无误?

11.5 小　结

软件实现的目的就是把详细设计的结果翻译成选定的编程语言书写的源程序。程序的质量主要是由设计的质量决定的，但编码的规范和使用的程序设计语言对软件的质量也有重要影响。

良好的程序设计风格也是提高编码质量的一个方面，除了以结构化程序设计的原则为指导外，还需要注意数据说明、注释、良好的输入输出方式等。

软件效率的高低与程序的简单性直接相关，不应因过分追求高效率而忽视了程序设计中的其他要求。软件效率的高低应以能满足用户的需要为主要依据，可以通过运行速度的提高、存储空间的优化和输入输出效率的提高来提高软件效率。

习　题　11

1. 为了具有良好的程序设计风格，应该注意哪些方面的问题?

2. 简述软件代码审查内容。

3. 思考一个待开发软件的题目，如票务管理系统、住院病人管理系统、图书信息管理系统、学生教务管理系统等，并进一步思考以下问题：它包含哪些主要功能，采用哪种开发方法比较合适，选择哪种程序设计语言比较合适；应该设计怎样的编程规范以保证代码质量，并选择部分功能模块进行实现。

第 12 章　软 件 测 试

软件测试是软件开发中不可或缺的环节，也是软件工程的重要组成部分，软件测试的效果直接关系到软件产品的质量。本章将介绍软件测试的基础知识，包括测试基本原理、测试技术、测试策略、面向对象测试、测试工具、测试管理等方面的内容。

12.1　软件测试基础

因为软件缺陷直接影响软件的质量，所以需要进行软件测试以及早发现软件缺陷。

12.1.1　失败的软件案例

软件是人写的，所以不可能十全十美，难免存在各种缺陷，比如以下的几个典型例子。

（1）游戏软件。1994 年秋天，华特迪士尼公司发布了首款面向儿童的多媒体光盘游戏“狮子王动画故事书”。该游戏成了全美儿童当年夏季的必买游戏，但后来却出现了意想不到的后果，刚刚过完圣诞节售后电话就开始响个不停。很快，售后服务支持部门就淹没在愤怒的家长和哭诉玩不成游戏的孩子的电话狂潮之中。后来证实，华特迪士尼公司未能对市面上不同类型的 PC 进行广泛测试，该游戏仅仅在程序员用于开发游戏的少数系统中运行正常，而在公众使用的其他系统中却存在问题。

（2）爱国者导弹防御系统。美国爱国者导弹防御系统是里根总统提出的战略防御计划（即星球大战计划）的缩略版本，它首次应用在海湾战争中对抗伊拉克飞毛腿导弹的防御战中。但它在拦截几枚导弹中失利，包括 1991 年在沙特阿拉伯的多哈误伤了 28 名美国士兵。经分析发现症结在于一个软件缺陷，系统时钟的一个很小的计时错误积累起来达到 14h，跟踪系统不再准确。在多哈的这次袭击中，系统已经运行了 100 多个小时。

（3）千年虫问题。这是一个非常著名的计算机软件缺陷。当时，计算机存储和处理日期的能力有限，通常只能使用两位数来表示年份，例如，用“70”代表 1970 年，用“84”代表 1984 年。然而，当时间跨越 2000 年时，这种表示方法就可能导致混乱，因为系统无法区分“00”是代表 2000 年还是 1900 年。这个问题在当时引起了广泛的关注和担忧，因为许多重要的计算机系统都在使用这种日期表示方法。为了避免千年虫问题，人们开始采取各种措施，包括修改计算机程序、升级软件和硬件等。同时，各国政府和国际组织也加强了对千年虫问题的监管和协调，以确保全球范围内的计算机系统能够顺利地过渡到 21 世纪。解决千年虫问题的费用是一个相当庞大的数字，据估计高达数千亿美元。

从上面的例子可以看出软件存在缺陷时对人类生活造成的各种影响，轻则给用户带来不便，重则造成重大生命财产的损失，因此，需要对软件进行测试，尽可能地修复缺陷。那么什么是软件缺陷呢？软件测试又是什么呢？下面对这两个问题分别予以介绍。

12.1.2 软件缺陷概念

1. 软件缺陷的定义

作为软件测试员，在不同环境下要用不同的名称描述软件失败时的现象，如缺点、偏差、故障、失败、问题、矛盾、错误、特殊、事件、缺陷、异常等。基于公司的文化和开发软件的过程考虑，不同的开发小组可能会选择不同的名称，但在本书中，不论规模大小，所有软件问题都称为缺陷。

在给出缺陷的明确定义之前，首先需要了解一个辅助术语：产品说明书。产品说明书有时又简称为说明或产品说明，是软件开发小组的一个协定，从简单的口头说明到正式的书面文档有多种形式。它对开发的产品进行定义，给出产品的细节，以及如何做、能做什么、不能做什么。

出于本书和软件行业的原因，只有至少满足下列 5 条规则之一才称发生了一个软件缺陷。

(1) 软件未实现产品说明书要求的功能。

(2) 软件出现了产品说明书指明的不应该出现的错误。

(3) 软件实现了产品说明书未提到的功能。

(4) 软件未实现虽然产品说明书未明确提及但应该实现的目标。

(5) 软件难以理解、不易使用、运行缓慢，或者从测试员的角度看，最终用户会认为软件不好。

为了更好地理解每一条规则，下面以计算器为例进行说明。

计算器的产品说明书可能声称它能够准确无误地进行加、减、乘、除运算。假如软件测试员拿到计算器后，按下加“+”键，结果什么反应也没有，根据第(1)条规则，这是一个缺陷。假如得到错误答案，根据第(1)条规则，这同样是个缺陷。

产品说明书可能声称计算器永远不会崩溃、锁死或者停止反应。假如软件测试员乱敲键盘使计算器停止接收输入，根据第(2)条规则，这是一个缺陷。

假如软件测试员拿计算器进行测试，发现除了加、减、乘、除之外，它还可以求平方根，但产品说明书中从没提到这一功能，开发这个计算器的程序员只是因为觉得这是一个强大的功能而把它加入，根据第(3)条规则，这不是功能，而是软件缺陷。对于这些额外增加的功能，有了更好，但会增加测试的工作，甚至可能带来更多的缺陷。

第(4)条规则中双重否定的目的是捕获那些产品说明书上的遗漏之处。在测试计算器时，会发现电池没电可以导致计算不正确，而电池没电这种情况下计算器会如何反应很容易被忽略，测试员会想当然地假定电池一直都是充足了电的。测试要考虑到让计算器持续工作直到电池完全没电，至少要用到出现电力不足的提醒。电力不足时计算器无法正确计算，但产品说明书未指出这个问题。根据第(4)条规则，这是个缺陷。

第(5)条规则是全面的。软件测试员是第一个真正使用软件的人，如果软件测试员发现某些地方使用不方便，无论什么原因，都要将其认定为缺陷。在计算器例子中，也许测试员觉得按键太小；也许“=”键的布置位置使得该键使用起来极不方便；也许在亮光下显示屏难以看清。根据第(5)条规则，这些都是缺陷。

虽然软件缺陷的定义涉及面甚广，但是使用上面 5 条规则有助于在软件测试中区分不同类型的问题。

2. 软件缺陷的来源

大多数软件缺陷并非源自代码错误。研究表明，软件缺陷的主要来源是产品说明书，其次是设计方案、代码错误和其他来源。

产品说明书成为软件缺陷的主要来源有许多原因。例如，在许多情况下，说明书没有写；说明书不够全面、经常更改，或者整个开发小组没有很好地沟通。如果没有做好软件计划，软件缺陷就会出现。

软件缺陷的第二大来源是设计方案。这是程序员规划软件的过程，产生软件缺陷的原因与产品说明书是一样的——缺失、片面、易变、沟通不足。

编码错误对于程序员来说很常见。通常，编码错误可以归咎于软件的复杂性、文档不足(特别是升级或修订过的代码的文档)、进度压力或者普通的低级错误。另外，许多看上去是编码错误的软件缺陷实际上是由产品说明书和设计方案造成的，错误的产品说明书和设计方案导致了错误的编码。

其他来源只占极小的比例，可归为一类。某些缺陷产生的原因是把误解(即把本来正确的)当成缺陷。一些缺陷可能在多处反复出现，实际上它们是由同一个原因引起的。还有一些缺陷可以归咎于测试错误。

软件通常要靠有计划、有条理的开发过程来实现。在从开始到计划、编程、测试再到公开使用的过程中，都有可能发现软件缺陷。通常情况下，修复软件缺陷的费用是随着时间推移指数级地增长的。例如，当早期编写产品说明书时发现并修复缺陷，费用可能只要 1 美元甚至更少。同样的缺陷如果到软件编写完成开始测试时才发现，费用可能要 10～100 美元。如果是客户发现的，费用可能达到数千甚至数百万美元。因此，软件缺陷发现得越早，修复的费用就越少。

12.1.3 软件测试概念

正确设计测试的目标是十分重要的，测试目标决定了测试方案的设计。1979 年，Glen Myers 在他的关于软件测试的著作中陈述了一系列关于测试目标的规则。

(1) 测试是一个为了发现缺陷而执行程序的过程。

(2) 一个好的测试用例是指很可能找到迄今为止尚未发现的缺陷的用例。

(3) 一个成功的测试是指揭示了迄今为止尚未发现的缺陷的测试。

1983 年，IEEE 对软件测试进行了明确的定义：软件测试是使用人工或自动手段来运行或测定某个系统的过程，以检验它是否满足规定的需求或弄清预期结果与实际结果之间的差别。

对于软件测试的实质应该有一些基本的认识。

(1) 完全测试程序是不可能的，即使是最简单的程序也不行。主要原因有 4 个：输入量太大；输出结果太多；软件执行路径太多；产品说明书是主观的。

(2) 软件测试是有风险的行为。软件测试员不能做全部的测试，不完全测试又会漏掉软件缺陷。软件测试员要学会如何设计和选择测试用例以减少风险、优化测试。

(3) 测试无法显示潜在的软件缺陷。测试不能证明软件是正确的。即使经过了最严格的测试，仍然有可能存在还没有被发现的缺陷。测试只能查找出软件中的缺陷，不能证明软件中没有缺陷。

（4）找到的软件缺陷越多，就说明很可能未发现的软件缺陷越多。一个软件缺陷表明附近很可能还有更多的软件缺陷。

（5）有时软件缺陷对测试具有免疫力。反复使用相同的测试程序最后会使软件缺陷具有免疫力，软件测试员必须不断编写不同的、新的测试程序，对程序的不同部分进行测试，以找出更多的软件缺陷。

（6）并非所有软件缺陷都要修复。可能没有足够的时间进行修复，可能找到的不是真正的软件缺陷，可能修复的风险太大而决定不理睬，也可能缺陷太小而不值得修复，这些都要归结于商业风险决策。

（7）产品说明书经常变化。为了应对激烈的行业竞争，未曾计划测试的功能可能会增加，经过测试并报告软件缺陷的功能可能会发生变化甚至被删除，产品说明书从没有最终版本。软件测试员必须要想到产品说明书可能改变，需要灵活地制订测试计划和执行测试。

12.1.4　软件测试原则

软件测试是对软件进行评估和验证的过程，旨在减少最终交付的软件中存在的缺陷。传统的软件测试是为了保证软件满足规格说明，而不是努力寻找软件中的缺陷。软件测试是一个极具创造性的工作，对人的智力有很大的挑战。但是在测试过程中遵循一定的原则可以提高测试效率和效果。软件测试中需要遵循和特别注意的一些基本原则如下。

（1）软件测试能够发现软件存在的缺陷，但不能证明软件没有缺陷。

软件测试不能够发现软件所有的缺陷，好的测试可以使软件中遗留的缺陷非常少。这使得软件测试的作用被夸大，甚至有些人认为软件只要通过了测试，就不再存在任何缺陷，可以放心使用。这种把软件测试神化了的现象是违背这一原则的。实际上即使软件测试没有发现任何缺陷，也不能证明软件当中就没有缺陷。

（2）软件测试应尽早介入。软件测试应当尽早地介入软件开发过程，这样就可以尽早地发现软件缺陷，而越早发现软件缺陷，缺陷的修复成本就会越小。因此让测试人员参加需求开发过程，确认每条需求的正确性、可测试性等，可以有效地降低开发成本。

（3）杀虫剂悖论。1990 年，Boris Beizer 在其《软件测试技术》一书中引用了“杀虫剂现象”一词，用于描述软件测试进行得越多，缺陷对测试的免疫力越强的现象。测试中的杀虫剂现象有两种情况：一种情况是同一个软件由同一个人测试，那么在几天后就会发生杀虫剂现象；另一种情况是用同样的测试用例对同一个软件重复测试，几天后同样也会发生杀虫剂现象。对于后者，需要通过对测试用例的定期评审和完善来克服，对于前者，则需要采用轮流测试的方式来克服。

（4）缺陷集群性。缺陷并不是平均的，而是集群分布的，Pareto 原则表明“80%的错误集中在 20%的程序模块中”。实际经验也证明，通常情况下，大多数的缺陷只存在于测试对象的极小部分中。因此，如果在一个模块中发现了很多缺陷，那么通常在这个模块中还可以发现更多的缺陷，所以在测试过程中要充分注意错误集群现象，对发现错误较多的程序段或者软件模块应进行反复的深入的测试。

（5）穷举测试是不可能的。穷举测试就是把程序所有可能的执行路径都检查一遍。即使是一个中等规模的程序，其执行路径的排列数也十分庞大，受时间、人力以及其他资源的限制，在测试中不可能执行每个可能的路径。但是，精心地设计测试方案，有可能充分覆盖程序逻辑并使程序达到所要求的可靠性。另外，软件中存在的一些无关紧要的缺陷并不会影响软件的使用。因此，软件通常会遵循一个“good enough”原则——通过衡量测试的投入产出比可知，测试既不能太少，也不能太多。

(6) 软件测试活动依赖于软件测试背景。不同领域的软件测试都有它自己的特殊的测试策略。比如，军用软件会重视可靠性和安全性的测试，信息化系统软件则会强调压力测试等性能测试。

(7) 无法正常使用的软件不需要测试。如果一个软件根本无法正常使用，或者它最主要的软件功能都不能正常使用，则这样的软件是完全没有必要进行测试的。

因为无法判定当前发现的缺陷是否为最后一个，所以决定什么时候停止测试是一件非常困难的事情。但是受到经济条件的限制，测试过程终要停止。下面给出一些常用的停止测试的标准。

第 1 类标准：测试超过了预定的时间。

第 2 类标准：执行了所有测试用例但没有发现缺陷。

第 3 类标准：使用特定的测试用例作为判断测试是否停止的基础。

第 4 类标准：正面指出测试完成的要求，如发现并修复 70 个软件缺陷。

第 5 类标准：根据单位时间内查出的缺陷的数量决定是否停止测试。

12.2　软件测试过程模型

软件测试和软件开发一样，都遵循软件工程原理和管理学原理。随着软件测试技术和测试管理水平的提高，软件测试专家总结了一些经典的测试过程模型。这些模型将测试活动进行了抽象，明确了测试与开发之间的关系，是测试过程管理的重要参考依据。

下面主要对几个典型的测试过程模型进行介绍。测试人员在实际测试过程中应该尽可能地应用各模型中对项目有实用价值的方面，不能强行为使用模型而使用。

12.2.1　V 模型

V 模型是最具有代表性的测试过程模型。V 模型最早是由 Paul Rook 在 20 世纪 80 年代后期提出的，旨在提高软件开发的效率和改善软件开发的效果。

V 模型是软件开发瀑布模型的变种，它反映了测试活动与分析和设计的关系，从左到右描述了基本的开发过程和测试行为，明确地标明了测试过程中存在的不同阶段，清楚地描述了这些测试阶段和开发过程各阶段的对应关系，如图 12-1 所示。

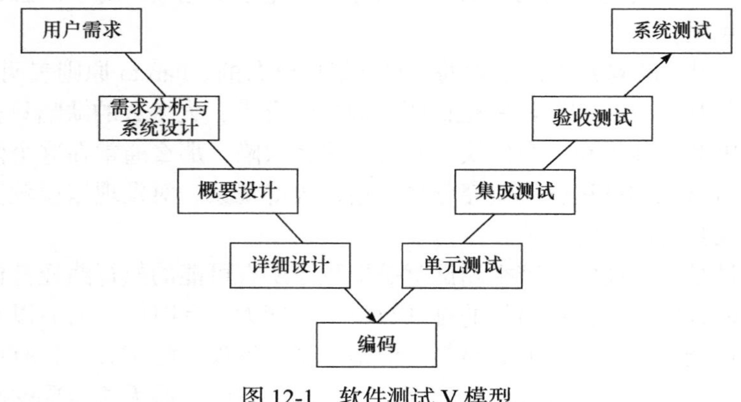

图 12-1　软件测试 V 模型

如图 12-1 所示，箭头代表了时间方向，左边下降的是开发过程的各阶段，与此相对应的是右边上升的部分，即测试过程的各个阶段。V 模型的软件测试策略既包括低层测试，又包括高层测试，低层测试是为了保证源代码的正确性，高层测试是为了使整个系统满足用户的需求。V 模型存在一定的局限性，它仅仅把测试过程作为在需求分析与系统设计、概要设计、详细设计及编码之后的一个阶段。

12.2.2 W 模型

W 模型由 Evolutif 公司提出，相对于 V 模型，W 模型增加了软件开发各阶段中同步进行的验证和确认活动。

W 模型是在 V 模型的基础上改进的，也称为双 V 模型，一个 V 指的是软件开发的生命周期，另一个 V 指的是软件测试的生命周期，克服了 V 模型不容易找到问题的根源和难以修改的缺点。

如图 12-2 所示，W 模型由两个 V 字形模型组成，分别代表测试与开发过程，图中明确表示出了测试与开发的并行关系。测试与开发同步进行，测试的对象不仅包括程序，还包括需求和设计，W 模型可以尽早地发现软件缺陷，以降低软件开发的成本。同时，在 W 模型中存在一定的局限性，需求分析、设计、编码等活动被视为串行的，同时，测试和开发也保持着一种线性的前后关系，上一阶段的工作完全结束后，才可正式开始下一个阶段的工作。W 模型无法支持迭代的开发模型，对于当前软件开发复杂多变的情况，W 模型并不能解除测试管理面临的困惑。

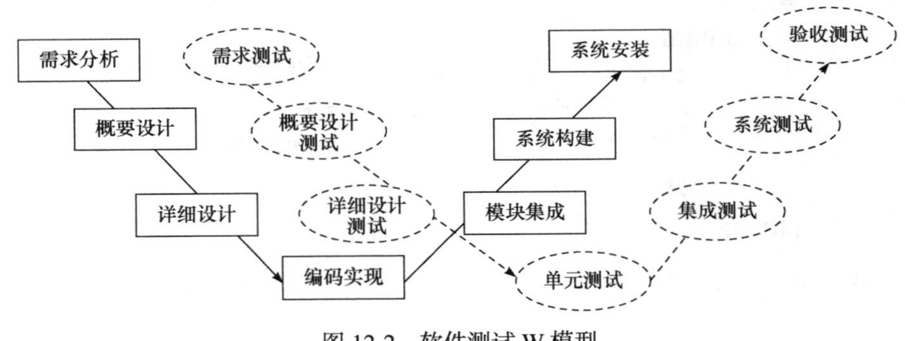

图 12-2 软件测试 W 模型

12.2.3 H 模型

相对于 V 模型和 W 模型，H 模型将测试中的活动完全独立出来，形成了一个完全独立的流程，将测试准备活动和测试执行活动清晰地体现出来。

如图 12-3 所示，H 模型揭示了软件测试中除测试执行外的其他活动，软件测试完全独立，贯穿软件开发的整个生命周期，且与其他流程并发进行。软件测试活动可以尽早准备、尽早执行，

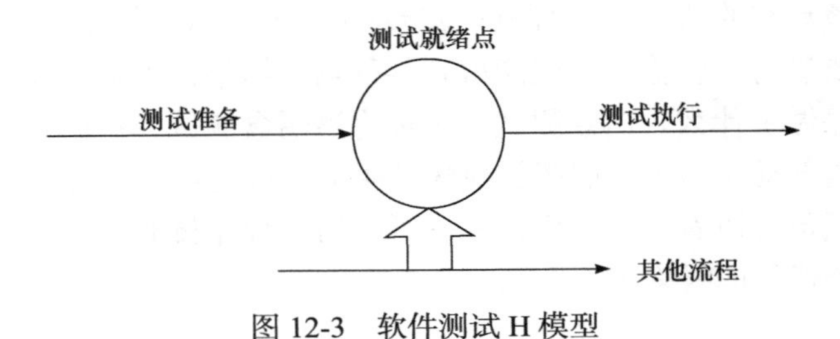

图 12-3 软件测试 H 模型

具有很强的灵活性，并可根据被测物的不同而分层次、分阶段、分次序地执行，同时也是可以迭代的。由于H模型很灵活，必须要定义清晰的规则和管理制度，否则测试过程将非常难以管理和控制，H模型要求能够很好地定义每个迭代的规模，不能太大，也不能太小，同时选择合适的测试就绪点，整体的测试流程对整个项目组的人员要求非常高。

12.2.4　X 模型

X模型是对V模型的改进，它的基本思想是由Marick提出的，他认为一个模型必须能处理开发的所有方面，包括交接、频繁重复的集成以及需求文档的缺乏等。

如图12-4所示，X模型的左边描述针对单独程序片段所进行的相互分离的编码和测试，此后将进行频繁的交接，通过集成最终合成可执行的程序，并对这些可执行程序进行测试。已通过集成测试的程序可以进行封装并提交给用户，也可以作为在更大规模和范围内集成的一部分，多条并行的曲线表示变更可以在多个阶段发生。X模型还定位了探索性测试，这是不进行事先计划的特殊类型的测试，这一测试往往能帮助有经验的测试人员在测试计划之外发现更多的软件缺陷。但这一测试可能造成人力、物力和财力的浪费，对测试员的熟练程度要求比较高。

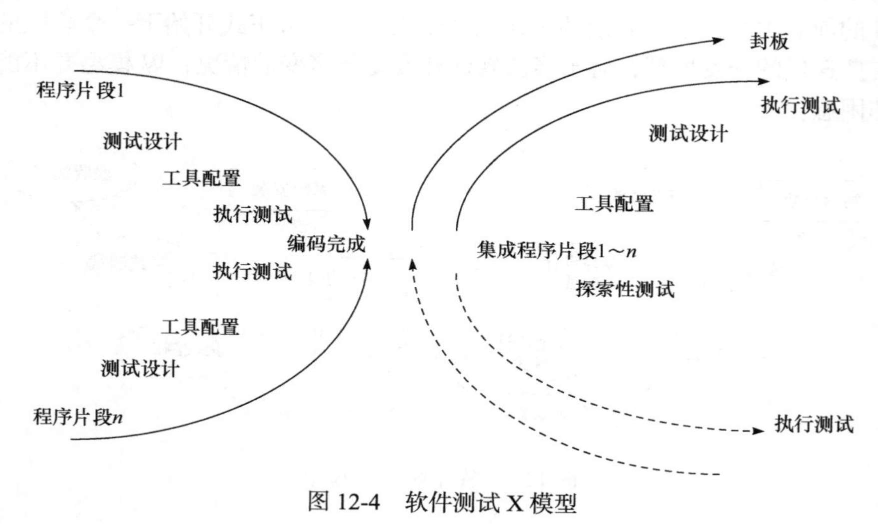

图12-4　软件测试X模型

12.3　软件测试技术

软件测试员用于描述软件测试的两个术语是黑盒测试和白盒测试。

黑盒测试有时又称为功能性测试或行为测试，指完全不考虑程序的内部结构和处理过程，只知道软件产品应该具有的功能，通过测试检验每个功能是否都能正常使用。如图12-5所示，在黑盒测试中，只要进行一些输入，就能得到某种输出结果，不知道软件如何运行、为什么会这样，只知道程序做了什么。白盒测试有时称为透明盒测试，指已知产品内部工作过程，通过测试检验产品内部动作是否按照产品规格说明书的规定正常进行。如图12-6所示，在白盒测试中，软件测试员可以看到盒子内部——可以访问程序员的代码，根据程序结构来设计测试过程，通过检查代码的线索来协助测试。

图 12-5 黑盒测试　　图 12-6 白盒测试

描述软件测试的另外两个术语是静态测试和动态测试。

静态测试是相对于动态测试而言的，即不要求在计算机上实际运行所测试的软件而进行的测试，通常只是静态检查和审核；动态测试是指通常意义上的测试，即使用和运行软件。对这些术语最好的一个类比是检查二手汽车的过程。踢一下轮胎、看看车漆、打开引擎盖进行检查都属于静态测试技术。发动汽车、听听发动机声音、上路行驶都属于动态测试技术。

从这两种不同的角度出发和组合，可将软件测试技术分为静态黑盒测试、动态黑盒测试、静态白盒测试和动态白盒测试等 4 种类型，下面对其分别予以介绍。

12.3.1 静态黑盒测试

测试产品说明书属于静态黑盒测试。产品说明书是书面文档，而不是可执行程序，因此是静态的。软件测试员可以利用书面文档进行黑盒测试，认真查找其中的缺陷。

可以从两个方面对产品说明书进行测试：高级审查和低层次测试。

1. 产品说明书的高级审查

测试产品说明书的第一步不是马上找缺陷，而是站在一个高度上进行审查。审查产品说明书是为了找出根本性的问题、疏忽或遗漏之处。通常从如下三个方面对产品说明书进行高级审查。

（1）从用户角度出发进行审查。

软件测试员第一次接到需要审查的产品说明书时，可以先把自己当作用户，从用户的角度来审查说明书。研究用户会是什么人；和市场人员或销售人员进行交流，了解他们对最终用户的认识；如果产品是一个供内部使用的软件，则和使用它的人进行交流。质量的定义是“满足用户要求”，软件测试员必须了解并测试软件是否符合那些要求。

（2）研究现有的标准和规范。

现在的软件开发都要遵循一定的标准和规范。标准和规范的差别在于严格程度，标准比规范更加严格。软件测试员的任务不是定义软件要符合何种标准和规范，而是观察、检查采用的标准和规范是否正确、有无遗漏。在对软件进行确认和验收时，还要注意软件是否与标准和规范相抵触，把标准和规范视为产品说明书的一部分。

（3）审查和测试类似软件。

了解软件最终结果的最佳方法是研究类似软件，如竞争对手的软件或者小组开发的类似软件。软件通常不会完全一样，但是类似软件有助于设计测试条件和测试方法，还可能暴露意想不到的潜在的问题。

2. 产品说明书的低层次测试

通过产品说明书的高级审查，可以很好地了解产品以及影响其设计的外部因素。有了这些信息，有助于在更低的层次测试产品说明书。低层次测试主要是检查属性和问题用语。

1）产品说明书属性检查清单

优秀的产品说明书应具有 8 个重要的属性，如表 12-1 所示。在测试产品说明书、阅读文字、检查图表时，要仔细对照该清单，看看它们是否具备这些属性。如果不具备，那就是发现了需要指出的缺陷。

表 12-1　产品说明书属性检查清单

属性	说明
完整	是否有遗漏和丢失？是否完全？单独使用时是否包含所有内容
准确	既定解决方案是否正确？目标定义是否明确？是否有错误
精确清晰	描述是否一清二楚？是否有单独的解释？是否容易看懂和理解
一致	产品功能描述是否自相矛盾？与其他功能有无冲突
贴切	产品功能描述是否必要？是否有多余信息？功能是否符合原来的用户要求
合理	在规定的预算和进度下，以现有人力、工具和资源能否实现
代码无关	产品说明书是否坚持定义产品，而不是定义其软件设计、架构和代码
可测试性	功能能否测试？给测试员提供的进行验证操作的信息是否足够

2）产品说明书问题用语检查清单

在审查产品说明书时，作为前一个清单的补充，还需要问题用语检查清单，如表 12-2 所示。出现问题用语通常表明功能没有被仔细考虑，需要从产品说明书中找出这样的用语，仔细审查它们在上下文中如何使用。产品说明书后面可能会有文字对这些问题用语进行阐明或掩饰，也可能含糊其词，无论是哪一种情况，都可视为软件缺陷。

表 12-2　产品说明书问题用语检查清单

问题用语	说明
总是、每一种、所有、没有、从不	如果看到此类绝对或肯定的用语，需要确认确实是这样的。软件测试员需要考虑不符合这些用语所描述的情况的用例
当然、因此、明显、显然、必然	这些用语意图说服用户接受假定情况，不要中了圈套
某些、有时、常常、通常、惯常、经常、大多、几乎	这些用语太过模糊。“有时”产生作用的功能无法测试
等等、诸如此类、以此类推、例如	以这样的用语结束的功能清单无法测试。功能清单要绝对或者解释明确，以免让人对功能清单的内容产生疑惑
良好、迅速、廉价、高效、小、稳定	这些是无法量化的用语，它们无法测试。如果说明书中出现这些用语，必须进一步准确定义其含义
处理、进行、拒绝、跳过、排除	这些用语可能会隐藏大量需要说明的功能
如果……那么……(没有否则)	找出有“如果……那么……”结构而缺少配套的“否则”结构的陈述。想一想“如果”没有发生会怎样

高级审查技术可以查出遗漏和丢失之处，低层次测试技术则可以确保所有细节都被定义。产品说明书的格式千变万化，无论是什么类型的产品说明书，都可以应用这些技术找出软件缺陷。

12.3.2　动态黑盒测试

不深入代码细节的测试软件的方法称为动态黑盒测试。它是动态的，因为程序在运行，软件测试员像用户一样使用它；同时，它是黑盒的，因为测试时不知道程序内部是如何工作的。测试员输入数据、接收输出、检验结果。动态黑盒测试常常称为行为测试，因为测试的是软件在使用过程中的实际行为。

有效的动态黑盒测试需要关于软件行为的一些定义，即需求文档或者产品说明书，不必了解软件“盒子”内发生的事情，而只需知道输入 A 时输出 B 或执行操作 C 得到结果 D。好的产品说明书会提供这些细节信息。

清楚了解被测试软件的输入和输出之后，就要开始定义测试用例。测试用例是指进行测试时使用的特定输入，以及测试软件的过程步骤。表 12-3 给出了用于测试计算器加法功能的一些测试用例。

表 12-3　计算器加法功能的一些测试用例

输入	预期输出
0+0	0
0+1	1
254+1	255
255+1	256
256+1	257
1022+1	1023
1023+1	1024
1024+1	1025
…	…

选择测试用例是软件测试员最重要的一项任务。不正确的选择可能导致测试量过大或者过小，甚至测试目标不对。因此，软件测试员需要准确评估风险，把无穷大的可能性减小到可以控制的范围之内。

动态黑盒测试主要包括数据测试和状态测试两部分。对不同的测试类型，有不同的测试用例选择策略。

1. 数据测试

简单来讲，软件可分成两部分：数据(或其范围)和程序。数据包括键盘输入、单击、磁盘文件、打印输出等。程序是指可执行的流程、转换、逻辑和运算。软件测试常用的一个方法是把测试工作按同样的形式划分。

对数据进行软件测试，就是检查用户输入的信息、返回的结果以及中间的计算结果是否正确。即使是最简单的程序，要处理的数据量也可能极大，如计算器。使所有这些数据得以测试的技巧是根据一些关键的原则进行等价类划分，以合理减少测试用例。

等价类划分是指分步骤地把海量的测试用例集变得很小，但过程同样有效。一个等价类是指测试相同目标或者暴露相同软件缺陷的一组测试。把具有相似输入、相似输出、相似操作的软件分在一组，这些组都是等价类。

例如，对于一个根据输入的三角形的三边长来求三角形的面积的计算程序，对其测试用例进行等价类划分。根据不同的要求，可划分出不同的等价类。比如，根据输入数据个数划分，可有一个有效输入的等价类(输入数据的个数为 3)和两个无效输入的等价类(输入数据的个数为 2 和 4)；根据输入的边长是否合法划分，可有一个有效输入的等价类(输入数据的任何两个数据之和大于第 3 个数据)和一个无效输入的等价类(输入数据的任何两个数据之和小于或等于第 3 个数据)；等等。

一般来讲，划分等价类的关键原则包括边界条件、次边界条件、空值和无效数据等。

1）边界条件

边界条件是指软件计划的操作界限所在的边缘条件。边界条件是特殊情况，因为程序从根本上说容易在边界上产生问题，因此，如果要选择在等价划分中包含的数据，从边界条件中选择，会找出更多的软件缺陷。在设计测试用例时，对边界附近的处理必须给予足够的重视，一定要测试邻近边界的有效数据、最后一个可能有效的数据，以及刚超过边界的无效数据。

例如，如果文本输入域允许输入 1～10 个字符，就尝试输入 1 个字符和 10 个字符代表合法划分的数据，还可以输入 9 个字符作为合法输入。然后输入 0 个字符和 11 个字符代表非法划分的数据。

如果测试飞行模拟程序，尝试控制飞机正好在地平线上以及在最大允许高度飞行，或尝试控制飞机在地平线或海平面以下以及在外太空飞行。

2）次边界条件

普通边界条件是最容易找到的，它们在产品说明书中有定义，或者在使用软件的过程中最明显。而有些边界在软件内部，最终用户几乎看不到，但是软件测试员仍有必要进行检查。这样的边界条件称为次边界条件或者内部边界条件。

一个常见的次边界条件是 ASCII 表。ASCII 是非常流行的字符信息编码方案，比如，0～9 的 ASCII 值是 48～57，大写字母 A～Z 对应的 ASCII 值是 65～90，小写字母 a～z 对应的 ASCII 值是 97～122。这些情况都代表次边界条件。

如果测试进行文本输入或文字转换的软件，在定义数据划分包含哪些值时，参考 ASCII 表是相当明智的。例如，如果测试的文本框只接收用户输入的字符 A～Z 和 a～z，就应该在非法划分中包含 ASCII 表中这些字符前后的值——“@”、“[”、“‘”和“{”等。

3）默认值、空白、空值、零值和无输入

一定要考虑建立处理默认值、空白、空值、零值或者无输入等情况的等价划分。使用软件时经常会遇到这种情况，比如，当软件要求在文本框中输入数据时，用户不是没有输入正确的信息，而是根本没有输入任何内容，可能仅仅按了 Enter 键。好的软件会处理这种情况。它通常将输入内容默认为边界内的最小合法值，或者在合法划分中的某个合理值，或者返回的错误提示信息。

4）非法值、错误值和垃圾数据

经过边界测试、次边界测试和默认值测试等通过性测试证实软件能够工作之后，还要关注非常规的数据，如非法值、错误值和垃圾数据。

如果软件要求输入数字，就输入字母。如果软件只接收正数，就输入负数。如果软件对日期敏感，就看它在 3000 年是否还能正常工作。尝试同时按下多个键。

此类测试没有实际的规则，只是设法破坏软件。软件要能应对用户各种各样的使用方式。

2. 状态测试

软件测试的另一方面是通过不同的状态验证程序的逻辑流程。软件状态是指软件当前所处的条件或者模式。在当前的软件状态下，通过执行某一操作或指令，使软件改变了外观、菜单或者某些操作，就是改变了该软件的状态。软件通过代码执行进入某一个分支，触发一些数据位，设置某些变量，读取某些数据，转入一个新的状态。

软件测试员必须测试程序的状态及其转换，既要进行通过性测试，又要进行失效性测试。

1）测试软件的逻辑流程

对程序进行测试的候选数据很多，要使测试可以控制，就必须通过建立只包含最关键数据的等价划分来减少候选数据。测试软件的状态也是如此。除了极其简单的程序之外，基本上不可能走遍所有分支，到达所有状态，因此，也需要运用等价划分技术来选择状态和分支。

测试软件的逻辑流程时，首先要建立状态转换图，然后通过一定的策略减少要测试的状态及其转换的数量，最后定义测试用例进行具体测试。具体步骤如下。

(1) 建立状态转换图。

绘制状态转换图有几种技术，图12-7给出了两个例子：一个使用方框和箭头；另一个使用圆圈和箭头。

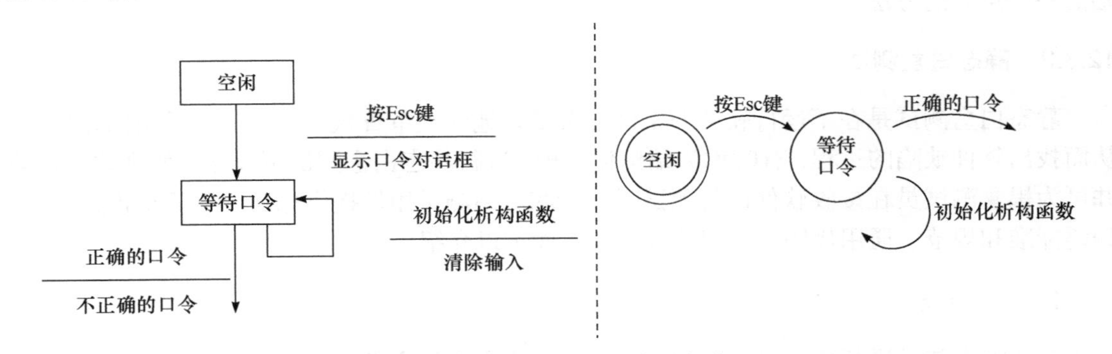

图12-7 状态转换图的表示方法

状态转换图应该标示出以下项目。

① 软件可能进入的每一种独立状态。

② 从一种状态转入另一种状态所需的输入和条件。

③ 进入或者退出某种状态时的设置条件及输出结果。

(2) 减少要测试的状态及其转换的数量。

通常有以下5种实现方法。

① 每种状态至少访问一次。

② 测试看起来最常见和最普遍的状态转换。

③ 测试状态之间最不常用的分支。

④ 测试所有错误状态及其返回值。

⑤ 测试随机状态转换。

(3) 进行具体测试。

确定要测试的状态及其转换之后，就可以定义测试用例了。

测试状态及其转换包括检查所有的状态变量，如与进入和退出状态相关的静态条件、信息、值、功能等。无论状态是看得见的窗口和对话框等，还是看不见的通信程序和金融软件包的组成部分等，都采用同样的过程来确定状态条件。

2）失效性测试

以上状态测试都属于通过性测试，还需进行如下失效性测试：竞争条件和时序混乱以及重复、压迫和重负。

(1) 竞争条件和时序混乱。

在多任务环境中，软件可能会遇到竞争条件问题而导致时序发生混乱。比如，两个不同的程序同时保存和打开同一个文档；当软件处于读取或者改变状态时按键或者单击；同时使用不同的程序访问一个共同的数据库等。软件必须足够强壮以应对此类情况。

(2) 重复、压迫和重负。

重复测试是不断执行同样的操作，目的是检查是否存在内存泄漏。压迫测试是使软件在内存小、磁盘空间小、CPU 速度慢、网络速率低等不够理想的条件下运行，以观察软件对外部资源的要求和依赖程度。重负测试是尽量提供条件，最大限度地发掘软件的能力，比如，让软件处理尽可能大的数据文件、尽可能长时间持续运行等，使其不堪重负。

重复、压迫和重负测试应联合使用，同时进行，这是找出以其他测试难以发现的严重缺陷的一个可靠的方法。

12.3.3 静态白盒测试

静态白盒测试是在不运行软件的条件下有条理地仔细审查软件设计、体系结构和代码，从而找出软件缺陷的过程，有时称为结构化分析。进行静态白盒测试可以尽早发现软件缺陷，并可为黑盒测试员在接收软件进行测试时设计和应用测试用例提供思路。下面从正式审查、编码标准和规范、通用代码审查清单等三个方面予以介绍。

1. 正式审查

正式审查就是进行静态白盒测试的过程。正式审查的含义很广，从两名程序员之间的简单交谈到软件设计和代码的详细、严格检查均属于此过程。正式审查需要确定问题、遵守规则、审查准备和编写报告。按照已经建立起来的过程执行，正式审查可以较早发现软件缺陷，如果执行过程随意，就会遗漏软件缺陷。

正式审查通常采用同事审查、走查和评审等三种方法。

1）同事审查

召集小组成员进行初次正式审查最简单的方法就是同事审查，这是要求最低的正式审查方法，也称为伙伴审查。这种方法大体类似于“如果你给我看你的，我也给你看我的”类型的讨论，常常仅在编写代码或设计体系结构的程序员，以及充当审查者的其他一两名程序员和测试员之间进行。

2）走查

走查是比同事审查更正式的下一步。走查中编写代码的程序员向其所在的开发小组或者其他程序员和测试员组成的小组做正式陈述。审查人员应该在审查之前接到软件副本，以便检查并编写备注和问题，在审查过程中提问。审查人员之中应该至少有一位资深程序员。

陈述者逐行或者逐个功能地通读代码，解释代码为什么且如何工作。审查人员聆听叙述，提出有疑义的问题。由于公开陈述的参与人数要多于同事审查，因此，为审查做好准备和遵守规则是非常重要的。同样重要的是审查之后，陈述者要编写报告说明发现了哪些软件缺陷，计划如何修复发现的软件缺陷。

3）评审

评审是最正式的审查类型，具有高度组织化，要求每一个参与者都接受训练。评审与同事审查和走查的不同之处在于表述代码的人——陈述者或者读者不是原来的程序员。这就迫使他学习和了解要表述的材料，从而使他有可能在检验会议上提出不同的看法和解释。

其余的参与者称为评审员，其职责是从不同的角度(如用户、测试员或者产品支持人员的角度)审查代码。这有助于从不同视角来审查产品，通常可以指出不同的软件缺陷。评审员甚至要担负着倒过来审查代码的责任——也就是说，从尾至头确保材料的彻底和完整。

召开评审会议之后，评审员可能再次碰头讨论他们发现的软件缺陷，并与会议协调员共同准备一份书面报告，明确修复软件缺陷所必须重做的工作。然后程序员进行修改，由会议协调员验证修改结果。根据修改的范围和规模以及软件的关键程度，可能还需要进行重新评审，以便找到其余的软件缺陷。

评审经证实是所有软件交付内容中，特别是设计文档和代码中非常有效的发现软件缺陷的方法，随着公司和产品开发小组发现其效果显著而日趋流行。

2. 编码标准和规范

标准是建立起来经过修补和必须遵守的规则——做什么和不做什么。规范是建议最佳做法、推荐更好的方式。标准没有例外情况，缺少结构化的放弃步骤。规范就要松一些。基于可靠性、可读性、可维护性、可移植性考虑，软件开发必须遵守标准或规范。

项目要求可能从严格遵守国家或国际标准到松散符合小组内部规范，不一而足。重要的是开发小组在编程过程中拥有标准和规范，并且这些标准和规范被正式审查验证。

大多数计算机语言和信息技术的国家或国际标准可以通过以下站点获得。

(1) 美国国家标准学会(ANSI)：www.ansi.org。

(2) 国际电工委员会(IEC)：www.iec.ch。

(3) 国际标准化组织(ISO)：www.iso.org。

(4) 美国国家信息科技标准委员会(NCITS)：www.ncits.org。

以下专业组织还提供演示程序规范和最佳实践的文档。

(1) 美国计算机协会(ACM)：www.acm.org。

(2) 电气电子工程师学会(IEEE)：www.ieee.org。

3. 通用代码审查清单

在静态白盒测试的正式审查中，验证软件应该检查的内容如表12-4所示，清单内容是将代码与标准或规范进行比较，确保代码符合项目的设计要求。

表12-4　通用代码审查清单

检查内容	说明
数据引用错误	使用未经正确声明和初始化的变量、常量、数组、字符串或记录而导致软件缺陷
数据声明错误	不正确地声明或使用变量和常量
计算错误	因为计算或运算错误而无法得到预期结果

续表

检查内容	说明
比较错误	比较和判断错误很可能源于边界条件问题
控制流程错误	来源是编程语言中循环等控制结构未按预期方式工作。它们通常由计算或者比较错误直接或间接造成
子程序参数错误	来源是软件子程序不正确地传递数据
输入输出错误	包括文件读取错误、接收键盘或者鼠标输入错误以及向打印机或者屏幕等输出设备写入错误
其他检查	如字符编码、可移植性、兼容性等

12.3.4 动态白盒测试

动态白盒测试是指利用通过查看代码功能和实现方式得到的信息来确定哪些需要测试、哪些不需要测试、如何展开测试。它也称为结构化测试，因为软件测试员可以查看并使用代码的内部结构，从而设计和执行测试。

动态白盒测试不仅包括查看代码的运行情况，还包括直接测试和控制软件。动态白盒测试包括以下 4 个部分：

(1) 直接测试底层函数、过程、子程序和库，在 Microsoft Windows 中这称为应用程序编程接口(API)；

(2) 以完整程序的方式从顶层测试软件，根据对软件运行的了解调整测试用例；

(3) 从软件获得读取变量和状态信息的权限，以便确定测试结果与预期结果是否相符，同时，强制软件以正常测试难以实现的方式运行；

(4) 估算执行测试时“命中”的代码量和具体代码，然后调整测试，去掉多余的测试用例，补充遗漏的用例。

下面对相关的测试策略和测试内容分别予以介绍。

1. 分段测试

对代码进行分段构建和测试，最后将其合在一起形成更大的部分是目前常用的测试策略。在底层进行的测试称为单元测试或者模块测试。经过单元测试，找到一些底层软件模块的缺陷，在修复之后，将这些模块组合，再对模块的组合进行集成测试。随着测试过程的继续进行，会加入越来越多的软件模块，直至整个产品(至少是产品的主要部分)在称为系统测试的过程中进行测试。

这种测试策略很容易隔离软件缺陷。在单元测试这一过程中发现软件缺陷时，软件缺陷就在底层的单元中。如果在多个单元集成时发现软件缺陷，那么就与模块之间的交互有关。当然也有例外，但是总的来说，分组测试和调试比一起测试所有内容要有效得多。本章后面将详细介绍该测试策略。

2. 数据覆盖

动态白盒测试中，可以通过查看代码决定如何调整测试用例。除了仔细阅读软件找好思路之外，还可以像黑盒测试那样把软件代码分成数据和状态(或者程序流程)。从同样的角度看软件，可以相当容易地把得到的白盒信息映射到已经写完的黑盒测试用例上。

首先考虑数据。数据包括所有的变量、常量、数组、数据结构、键盘和鼠标输入、文件、屏幕输入输出，以及调制解调器、网络等其他设备的输入输出。

1）数据流

数据流覆盖主要是指在软件中完全跟踪一批数据。在单元测试级，数据仅仅通过了一个模块或者函数。同样的跟踪方式可以用于多个集成模块，甚至整个软件产品，尽管这样做是非常耗时的。

如果在底层测试函数，就会使用调试器观察变量在程序运行时的值。通过黑盒测试，只能知道变量在程序运行开始和结束时的值。通过动态白盒测试，还可以在程序运行期间检查变量的中间值。根据观察结果就可以决定更改哪些测试用例，保证变量取得感兴趣的，甚至具有风险的中间值。

2）次边界

次边界条件在本章前面的 ASCII 表问题中讨论过。软件的各个部分都有自己独特的次边界，以下是其他一些例子。

(1) 计算税收的模块在某些财务结算处可能从使用数据表转向使用公式。

(2) 在 RAM 底端运行的操作系统也许开始把数据移到硬盘上的临时存储区。这种次边界甚至无法确定，它随着磁盘上剩余空间的数量而发生变化。

(3) 为了获得更高的精度，复杂的数值分析程序根据数字大小可能切换到不同的等式以解决问题。

如果进行白盒测试，就需要仔细检查代码，找到次边界条件，并建立能测试它们的测试用例。

3）公式和等式

公式和等式通常深藏于代码中，从外部看，其形式和影响不是非常明显。比如，财务程序中包含的计算复利的公式 $A=P(l+r/n)^{nt}$，其中 P 为本金，r 为年利率，n 为每年复加的利率次数，t 为年数，A 为 t 年后的本息总和。黑盒测试员很可能选择 $n=0$ 的测试用例，但是白盒测试员在看到代码中的公式之后，就知道这样做将导致除零错，从而使公式乱套。

然而，如果 n 是另一项计算的结果，比如，软件根据用户输入来设置 n 的值，或者为了找出最低赔付金额而从算法角度试验各种 n 值，软件测试员就需要考虑有没有 n 值为零的情形出现，指出什么样的程序输入会导致它出现。

4）错误强制

如果执行在调试器中测试的程序，则不仅能够观察到变量的值，还能够强制改变变量的值。

在进行复利计算时，如果找不到将复加数设置为零的直接方法，就可以利用调试器来强制赋值。于是软件不得不处理这情况，或者报告处理不了。

在使用错误强制时，小心不要设置现实世界中不可能出现的情况。如果程序员在函数开头检查 n 值必须大于零，而且 n 值仅用于该公式中，那么将 n 设为零使程序失败的测试用例就是非法的。

3. 代码覆盖

与黑盒测试一样，测试数据只是一半的工作，还必须测试程序的状态以及程序流程，必须设法进入和退出每一个模块，执行每一行代码，进入软件的每一条逻辑和决策分支。这种类型的测试称为代码覆盖。

代码覆盖最简单的形式是利用编译环境的调试器通过单步执行程序查看代码。对于小程序或者单独模块，使用调试器一般就足够了。然而，对大多数程序进行代码覆盖要用到称为代码覆盖率分析器的专用工具。

代码覆盖率分析器挂接在正在测试的软件中，当执行测试用例时在后台执行。每当执行一个函数、一行代码或一个逻辑决策分支时，分析器就记录相应的信息，从中可以获得指示软件哪些部分被执行、哪些部分未被执行的统计结果。利用该结果可以得到以下信息。

(1) 测试用例没有覆盖软件的哪些部分。如果某个模块中的代码从未执行，就需要额外编写测试该模块代码的用例。

(2) 哪些测试用例是多余的。如果执行了一系列测试用例，而代码覆盖率未增加，那么这些测试用例就可能处于同一个等价划分。

(3) 为了使覆盖率更高，需要建立什么样的新测试用例。通过观察覆盖率低的代码，看它如何工作、做了什么，从而建立可以更彻底地测试它的新测试用例。

(4) 得到软件质量的大致情况。如果测试用例覆盖了软件的90%而未发现任何软件缺陷，就说明软件质量非常好。相反，如果测试只覆盖了软件的50%就已经发现了一些软件缺陷，就说明软件还需要加大改进力度。

代码覆盖通常包括语句覆盖、分支覆盖、条件覆盖、条件/判定组合覆盖、组合覆盖、路径覆盖等常用形式。

1) 语句覆盖

代码覆盖最直接的形式称为语句覆盖或者代码行覆盖。如果在测试软件的同时监视语句覆盖，目标就是保证程序中每一条语句最少执行一次。对于下面的小程序，100%语句覆盖就是从第1行执行到第4行。

```
PRINT "Hello World"
PRINT "The date is: "; Date$
PRINT "The time is: "; Time$
END
```

语句覆盖并不是完全测试程序的最好方法，即使全部语句都被执行了，也不能说走遍了软件的所有路径。

2) 分支覆盖

试图覆盖软件中的所有路径称为路径覆盖。路径覆盖最简单的形式称为分支覆盖。如下面的程序：

```
PRINT "Hello World"
IF Date$ = "01-01-2000" THEN
   PRINT "Happy New Year"
END IF
PRINT "The date is: "; Date$
PRINT "The time is: "; Time$
END
```

如果要使程序测试达到100%语句覆盖的目的，就只需执行将变量Date$设为01-01-2000

的测试用例，这时程序将执行路径：第 1、2、3、4、5、6、7 行。代码覆盖率分析器将声称每一条语句都得到了测试，实现了 100%覆盖。其实这样做虽然测试了所有语句，但是未测试所有分支，还需要尝试日期不等于 2000 年 1 月 1 日的测试用例。于是在测试用例中，程序将执行其他路径：第 1、2、5、6、7 行。

大多数代码覆盖率分析器将根据代码分支，分别报告语句覆盖和分支覆盖的结果，使软件测试员更加清楚测试的效果。

3）条件覆盖

下面给出了一个和前面略有不同的例子。第 2 行的 IF 增加了一个条件——同时检查日期和时间。条件覆盖将分支语句的条件考虑在内。

```
PRINT "Hello World"
IF Date$ = "01-01-2000" AND Time$ = "00:00:00" THEN
   PRINT "Happy New Year"
END IF
PRINT "The date is: "; Date$
PRINT "The time is: "; Time$
END
```

在这个简单程序中，为了得到完整的条件覆盖，就需要增加如表 12-5 所示的 4 组测试用例。这些用例可以保证 IF 语句中的每一个条件都被覆盖。

表 12-5 实现多重 IF 语句条件完全覆盖的测试用例

Date$	Time$	执行路径
01-01-1999	11:11:11	1、2、5、6、7
01-01-1999	00:00:00	1、2、5、6、7
01-01-2000	11:11:11	1、2、5、6、7
01-01-2000	00:00:00	1、2、3、4、5、6、7

如果只考虑分支覆盖，前 3 个条件就是多余的，可以等价划分到一个测试用例中。但是，对于条件覆盖，所有 4 个条件都是重要的，因为它们用于测试第 2 行中 IF 语句的各种条件——“错-错”、“错-对”、“对-错”和“对-对”。

与分支覆盖一样，代码覆盖率分析器可以被设置为在报告结果时将条件考虑在内。如果测试条件被覆盖，就能实现分支覆盖，顺带也能实现语句覆盖。

4）条件/判定组合覆盖

条件/判定组合覆盖是一种常见的软件测试覆盖技术，用于确保软件中所有的条件和判定都经过充分的测试。这种方法主要关注条件和判定语句的各个分支，以确保它们都能被触发并经过相应的测试。在条件/判定组合覆盖中，测试用例设计会尽量覆盖程序中的每个条件分支，以及各种可能的判定组合。通过这种方式，可以确保软件在各种情况下都能正常工作，并且能够发现潜在的错误和缺陷。

对于条件覆盖的用例：

```
PRINT "Hello World"
IF Date$ = "01-01-2000" AND Time$ = "00:00:00" THEN
```

```
    PRINT "Happy New Year"
END IF
PRINT "The date is: "; Date$
PRINT "The time is: "; Time$
END
```

只需要设计如表 12-6 所示的两个测试用例就可以实现条件/判定组合覆盖。

表 12-6 实现条件/判定组合覆盖的测试用例

Date$	Time$	执行路径
01-01-1999	11:11:11	1、2、5、6、7
01-01-2000	00:00:00	1、2、3、4、5、6、7

条件/判定组合覆盖从表面上看测试了所有条件的取值，但实际上一些条件掩盖了另一些条件。对于逻辑与，若第一个条件判断为假，则判断表达式为假，就不再对第二个条件进行判断，同理，对于逻辑或，若第一个条件判断为真，则不会再对第二个条件进行判断。

对于本例中的表达式 Date$ ="01-01-2000" AND Time$ ="00:00:00"来说，只有两个条件都为真才能判定表达式为真，如果 Date$ = "01-01-2000"为假，则编译器不会再对 Time$ = "00:00:00"进行判断。因此，采用条件/判定组合覆盖不一定能够检查出逻辑表达式中的错误。

5）组合覆盖

组合覆盖也称为条件组合覆盖，设计的测试用例应该使得每个判定中的各个条件的各种可能组合都至少出现一次。满足组合覆盖的测试用例一定满足判定覆盖、条件覆盖和条件/判定组合覆盖。

对于条件覆盖的用例：

```
PRINT "Hello World"
IF Date$ = "01-01-2000" AND Time$ = "00:00:00" THEN
    PRINT "Happy New Year"
END IF
PRINT "The date is: "; Date$
PRINT "The time is: "; Time$
END
```

组合覆盖的测试用例与条件完全覆盖的测试用例应完全相同。组合覆盖的覆盖率较高，但是组合覆盖的测试用例数量相对来说也是比较多的。

6）路径覆盖

路径覆盖是通过设计足够多的测试用例，覆盖程序中所有可能的路径。

对于条件覆盖的用例：

```
PRINT "Hello World"
IF Date$ = "01-01-2000" AND Time$ = "00:00:00" THEN
    PRINT "Happy New Year"
END IF
PRINT "The date is: "; Date$
```

```
PRINT "The time is: "; Time$
END
```

路径覆盖的测试用例应覆盖程序中所有可能路径，如表 12-7 所示。

表 12-7 路径覆盖的测试用例

Date$	Time$	执行路径
01-01-1999	11:11:11	1、2、5、6、7
01-01-1999	00:00:00	1、2、5、6、7
01-01-2000	11:11:11	1、2、5、6、7
01-01-2000	00:00:00	1、2、3、4、5、6、7

这种覆盖形式可以对程序进行彻底的测试用例覆盖，比前面讲的五种形式的覆盖率都要高。但是它的缺点也是显而易见的，由于需要对所有可能的路径进行覆盖，所以需要设计数量巨大的而且较为复杂的测试用例，用例数量将呈现指数级的增长。因此从理论上来讲，路径覆盖是最彻底的测试用例覆盖，但实际上很多时候路径覆盖的可操作性不强。

4. 程序插桩

程序插桩是通过对程序中的特定点插入额外的代码或标记，以收集程序执行过程中的各种信息。这些信息可以包括程序点的执行次数、变量的值、程序的执行路径等。程序点是程序中需要关注和监控的关键点，如函数的入口和出口、循环的开始和结束等。计数语句是一种常见的插桩技术，用于记录程序点的执行次数。通过在程序中插入计数语句，可以统计程序点的执行次数，从而了解程序的执行流程和性能特征。

以计算整数 X、Y 的最大公约数的程序为例，如果想要了解该程序中每条语句的实际执行次数，就可以利用程序插桩技术。

图 12-8 表示这一程序的流程图，图中虚线框部分是为了记录语句执行次数而插入的计数语句，其形式为

$$C(i) = C(i) + 1, \quad i = 1, 2, \cdots, 6$$

程序从入口开始执行，到出口结束。程序运行中所经历的计数语句都能记录下该程序点的执行次数。如果在入口插入对计数器 $C(i)$ 初始化的语句，在出口插入打印这些计数器的语句，就会构成完整的插桩程序，能记录和输出各程序点上语句的实际执行次数。

5. 变异测试

程序变异(Program Mutation)是一种用于评价测试优良程度的有效技术，它为测试评价和测试增强提供了一套严格的标准。

当测试人员采用程序变异技术来评价测试集的充分性或增强测试集时，这种活动就称为变异测试。变异测试(有时也称为“变异分析”)是一种在细节方面改进程序源代码的软件测试方法。

让变异测试生成代表被测程序所有可能缺陷的变异体的策略并不可行，传统变异测试一般通过生成与原有程序差异极小的变异体来充分模拟被测软件的所有可能缺陷。其可能性基于两个原则，也是两个重要假设。

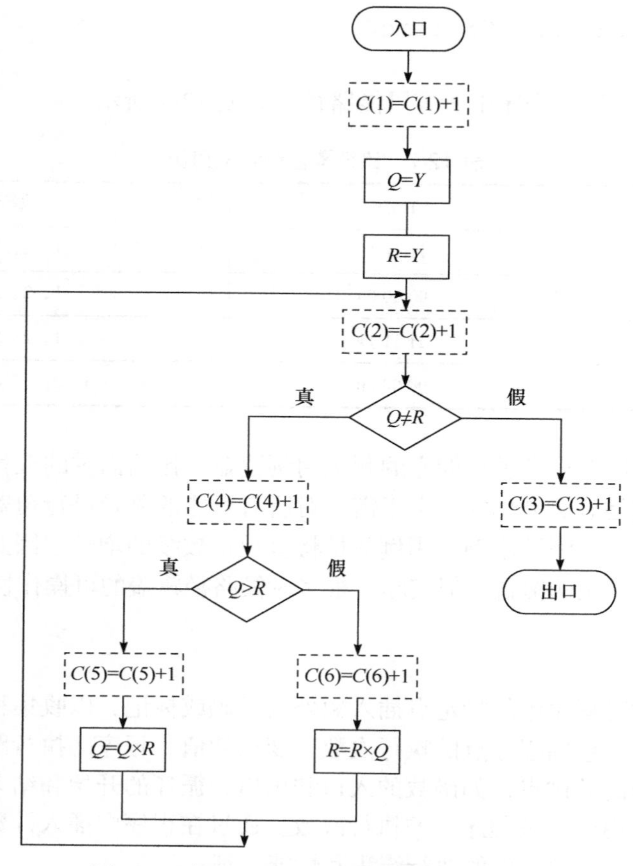

图 12-8 插桩后求最大公约数的程序流程图

假设 1：熟练程序员假设(Competent Programmer Hypothesis, CPH)是 DeMillo 等在 1978 年首次提出的，即假设编程人员是有能力的，并且他们尽力去更好地开发程序，得到正确可行的结果，而不是搞破坏，他们编写出的有缺陷的代码与正确代码非常接近，仅需做小幅度的修改就可以完成缺陷的移除。

CPH 假设程序员具备解决手上问题的算法、知识，即使面对未知问题，他们也能够快速找到合适的算法。这个假设对代码质量和软件可靠性产生了深远影响。基于这个假设，变异测试仅需通过对被测程序进行小幅度代码修改就可以模拟熟练程序员的实际编程行为。

假设 2：耦合效应(Coupling Effect)假设，与假设 1 关注熟练程序员的编程行为不同，假设 2 关注的是软件缺陷类型。该假设同样由 DeMillo 等首先提出。他们认为，若测试用例可以检测出简单缺陷，则该测试用例也易于检测更为复杂的缺陷。美国 Ofdutt 博士随后对简单缺陷和复杂缺陷进行定义，即简单缺陷是仅在原有程序上执行一次单一语法修改形成的缺陷，而复杂缺陷是在原有程序上执行多次单一语法修改形成的缺陷。

12.3.5 软件测试技术的选择策略

1. 黑盒测试方法选择策略

测试用例的设计方法不是单独存在的，具体到每个测试项目里可能会用到多种方法。不同类型的软件有各自的特点，每种测试用例的设计方法也有各自的特点，确定不同软件如何有效利用这些黑盒测试方法是非常重要的。在实际测试中，往往只有综合使用各种方法才能有效地提高测试效率和测试覆盖率，这就需要认真掌握这些方法的原理，积累更多的测试经验，以有效地提高测试水平。

在黑盒测试中，使用各种测试方法的综合策略参考如下。

(1) 考虑等价类划分，包括输入条件和输出条件的等价类划分，将无限测试变成有限测试，这是减少工作量和提高测试效率的最有效的方法。可以充分利用不同的等价类方法，最好既考虑有效的等价类，也考虑无效的等价类。

(2) 在任何情况下都必须使用边界值分析法。经验表明，用这种方法设计出的测试用例发现软件缺陷的能力最强。但是，边界值分析法没有考虑变量之间的依赖关系，所以，如果被测软件的变量有比较严密的逻辑关系，最好在使用边界值分析法的同时考虑使用决策表法和因果图法之类的方法。

(3) 可以用错误推测法追加一些测试用例作为补充，这需要依靠测试工程师的智慧和经验。

(4) 如果软件的功能说明中含有输入条件的组合情况，也就是输入变量之间有很强的依赖关系，则一开始就可选用因果图法或决策表法。但是不要忘记用边界值分析法或其他方法设计测试用例作为补充。

(5) 如果被测软件的业务逻辑清晰，同时又是系统级别的测试，那么可以考虑用场景法来设计测试用例。涉及系统级别的测试时，在考虑使用场景法的同时，理解需求规约尤为重要。在分析测试是否实现了所有功能点的覆盖时，功能点的划分要根据具体情况，划分得越细越好，但要考虑每个功能点的高内聚和低耦合。同时，综合考虑使用其他测试方法。

(6) 对于参数配置类的软件，选用正交试验法可以达到测试用例数量少且分布均匀的目的。

2. 白盒测试方法选择策略

在白盒测试中，使用各种测试方法的综合策略参考如下。

(1) 在测试中，应尽量先用人工或工具进行静态结构分析。

(2) 测试中可采取先静态后动态的组合方式：先进行静态结构分析、代码检查，并进行静态质量度量，再进行覆盖率测试。

(3) 利用静态分析的结果作为引导，通过代码检查和动态测试的方式对静态分析结果进行进一步的确认，使测试工作更为有效。

(4) 覆盖率测试是白盒测试的重点，一般可使用基路径测试法达到语句覆盖标准；对于软件的重点模块，应使用多种覆盖率标准衡量代码的覆盖率。

(5) 在不同的测试阶段，测试的侧重点不同：在单元测试阶段，以检查代码、逻辑覆盖为主；在集成测试阶段，需要增加静态结构分析、静态质量度量；在系统测试阶段，应根据黑盒测试的结果，进行相应的白盒测试。

12.4 软件测试策略

软件测试策略主要考虑如何把设计测试用例的技术组织成一个系统的、有计划的测试步骤，从模块测试开始，一级一级向外扩展，直至整个系统测试完毕。在测试的各个阶段，应选择适宜的白盒测试方法和黑盒测试方法，由软件开发人员和一个独立的测试小组(对大项目而言)共同完成测试任务。

测试策略应包含测试规划、测试用例设计、测试实施和测试结果收集评估等。其中，测试规划包括测试的步骤、工作量、进度和资源等，而测试步骤又通常分为 4 步，即单元测试、集成测试、确认测试和系统测试，如图 12-9 所示。本节只讨论测试步骤。

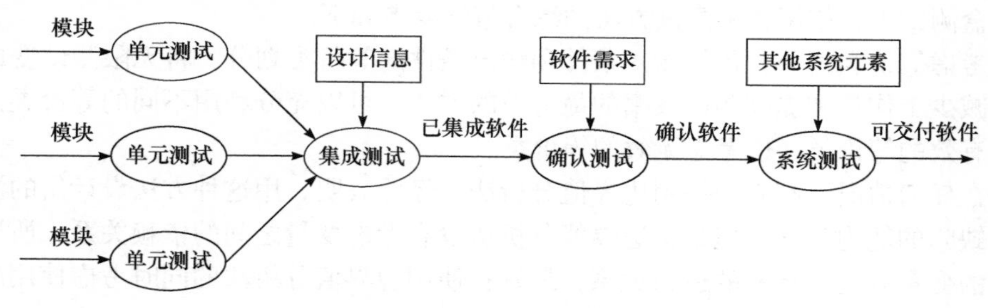

图 12-9　软件测试步骤

12.4.1　单元测试

单元测试也称为模块测试，是针对软件设计的最小单元程序模块进行测试的工作。其目的是发现模块内部的软件缺陷，并修复这些缺陷以使其代码能够正确运行。其中，多个功能独立的程序模块可并行进行测试。

单元测试主要从以下 5 个方面进行。

(1) 模块接口测试。

程序模块作为一个独立的功能模块，需要有输入信息和输出信息。输入信息可根据具体情况选择：如果输入信息是通过参数传递得到的，则主要检查形参和实参的数目、次序、类型是否能够匹配；如果是由终端读入的，则检查读入数据的数目、次序、类型是否符合要求。另外，需要根据程序模块的功能查看输出的结果是否正确。

(2) 局部数据结构测试。

模块的局部数据结构是最常见的缺陷来源之一，应该设计测试数据以检查各种数据类型的说明是否符合语法规则、变量命名和使用是否一致、局部变量在引用之前是否被赋值或初始化等。

(3) 路径测试。

设计一些有代表性的测试数据，尽量覆盖模块中的可执行路径，重点是各种逻辑情况的判定、循环条件的内部和边界的测试，从程序的执行流程上发现缺陷。

(4) 程序异常测试。

好的程序设计要具有健壮性，也就是能够预见到程序隐藏的缺陷的触发。通常情况下，这类缺陷不会暴露出来，但并不表示它们不存在。例如，代码中的除法操作要求除数不能为 0，如果对程序中除数可能为 0 的情况没有进行处理，一旦运行过程中出现除数为 0，程序就会出错。再如，计算机突然断电，在异常关闭程序前，不能自动对重要数据进行存储等问题。因此，程序中要设置适当的处理异常的通路，保证程序出现异常时能够由该通路进行干预，防止程序崩溃，并为用户提供有用的错误信息。

(5) 边界条件测试。

软件在边界出现缺陷是很常见的，因此，应注意各种边界条件的测试。例如，数据取值范围内的最大值和最小值、n 次循环语句的第 n 次执行等都存在出错的可能，在选择测试用例时，重点对这些方面进行测试。

对于做好单元测试和提高单元测试的质量，仅仅了解单元测试的技术还不够，选择合适的单元测试策略也至关重要。单元测试的各个组件不是孤立的，而是整个系统的组成部分。传统结构化软件开发中的单元测试策略主要包括以下3种类型。

1）自顶向下的单元测试

以单元组件的层次及调用关系为依据，从最顶层的基本单元组件开始进行测试，把被顶层单元组件调用的单元做成桩模块。对第二层单元组件进行测试，如果第二层单元组件又被其上层单元组件调用，则以上层已测试的单元代码为依据开发驱动模块来测试第二层单元组件。同时，如果有被第二层单元组件调用的下一层单元组件，则还需依据其下一层单元组件开发桩模块，桩模块的数量可以有多个。以此类推，直到全部单元组件测试结束。

自顶向下的单元测试存在以下优点。

(1) 单元测试是直接或间接的，以单元组件的层次及调用关系为依据，可以在集成测试之前为系统提供早期的集成途径。

(2) 自顶向下的单元测试策略在顺序上同详细设计一致，测试可以与详细设计和编码工作重叠或交叉进行。

自顶向下的单元测试存在以下不足之处。

(1) 随着单元测试的进行，测试过程变复杂，测试难度和维护成本不断增加。

(2) 低层单元组件的结构覆盖率难以得到保证。

(3) 低层单元测试依赖顶层单元测试，无法进行并行测试，延长测试周期。

2）自底向上的单元测试

以单元组件的层次及调用关系为依据，先对组件调用关系图上的最底层单元组件进行测试，模拟调用该组件的模块为驱动模块。对上一层单元组件进行单元测试，开发调用本层单元组件的驱动模块，同时，要开发被本层单元组件调用的已经完成单元测试的下层单元组件的桩模块。驱动模块的开发依据调用被测单元组件的代码，桩模块的开发依据被本层单元组件调用的已经完成单元测试的下层单元组件的代码。以此类推，直到全部单元组件测试结束。

自底向上的单元测试存在以下优点。

(1) 无须过多依赖单元组件的层次和调用关系，可直接从功能设计中获取测试用例。

(2) 在详细设计文档缺少结构细节时可使用该测试策略。

(3) 减少了桩模块的开发工作量，测试效率较高。

自底向上的单元测试存在以下不足之处。

(1) 随着单元测试的进行，测试过程变复杂，测试难度和维护成本不断增加。

(2) 顶层单元测试易受底层单元组件变更影响。

(3) 底层单元测试结束之后才能进行顶层单元测试，并行性不好，也不能和详细设计、编码工作同步进行。

3）孤立测试

无须考虑每个单元组件与其他组件之间的关系，分别为每个组件单独设计桩模块和驱动模块，逐一完成所有单元组件的测试。

孤立测试存在以下优点。

(1) 测试方法简单，容易操作，测试所需时间短，覆盖率高。

(2) 各组件之间不存在依赖性，单元测试可以并行进行。

孤立测试存在以下不足之处。

该策略不能为集成测试提供早期的集成途径。设计的多个桩模块和驱动模块不依赖于单元组件的层次及调用关系，增加了额外的测试成本。

12.4.2 集成测试

集成测试也称为组装测试，它的任务是按照一定的策略对单元测试的模块进行组装，并在组装过程中进行模块接口与系统功能测试。进行集成测试时要考虑以下几个问题。

(1) 在把各个模块连接起来的时候，注意数据穿越模块接口时是否会丢失。

(2) 一个模块的功能是否会影响另一个模块的功能。

(3) 各个子模块连接后，是否会产生预期的功能。

(4) 全局的数据结构是否会出现问题。

(5) 单个模块的软件缺陷累积起来可能会迅速膨胀。

在进行集成测试的过程中可能会暴露很多单元测试未发现的软件缺陷，如何较好地定位并排除这些软件缺陷在很大程度上取决于集成测试采用的策略与步骤。

下面介绍一些典型的集成测试策略。

1. 基于分解的集成测试

基于分解的集成测试可以分为非增量式集成测试和增量式集成测试两大类。

1) 非增量式集成测试

非增量式集成测试的基本思想是首先分别测试每个模块，然后将所有模块全部组装起来进行测试，形成最终的软件系统。测试不考虑组件之间的相互依赖性及可能存在的风险，目的是尽可能地缩短测试时间，使用尽量少的测试用例来进行集成以验证系统。其具有可同时集成所有模块、充分利用人力物力资源、加快工作进度、工作量较小、测试方法简单易行等优点。这种测试策略的缺点在于：一次将所有模块组装后的程序会很庞大，各模块之间相互影响，情况十分复杂，在测试过程中会同时出现很多软件缺陷，对这些缺陷的定位难度增大，修复的过程中可能又会引发其他缺陷或触发其他潜在的缺陷，这一过程持续下去，会使测试工作十分的漫长。

2) 增量式集成测试

对于增量式集成测试，在实际操作中可采用自顶向下和自底向上两种形式。

(1) 自顶向下：从主控模块开始测试，沿着程序的控制层次自顶向下移动，逐步将所有模块组装起来进行测试。具体的实施步骤如下：

① 先对主控模块进行测试，测试时使用桩模块代替所有直接附属主控模块的功能模块；

② 采用深度优先或广度优先的策略，并用实际模块替换相应的桩模块，再用桩模块代替它们的直接下属模块；

③ 将新加入的待测试模块与已测试的子模块或子系统组装成新的子系统进行测试；

④ 为了保证加入的模块没有引入新的软件缺陷，需要进行回归测试(即全部或部分地重复以前做过的测试)。

重复操作①、②、③步骤，直到所有模块都组装到软件系统中，完成集成测试，具体过程如图 12-10 所示。其中，模块组成图表示了程序中各个模块之间的关系，每测试一个模块，它的下一层模块即为桩模块。

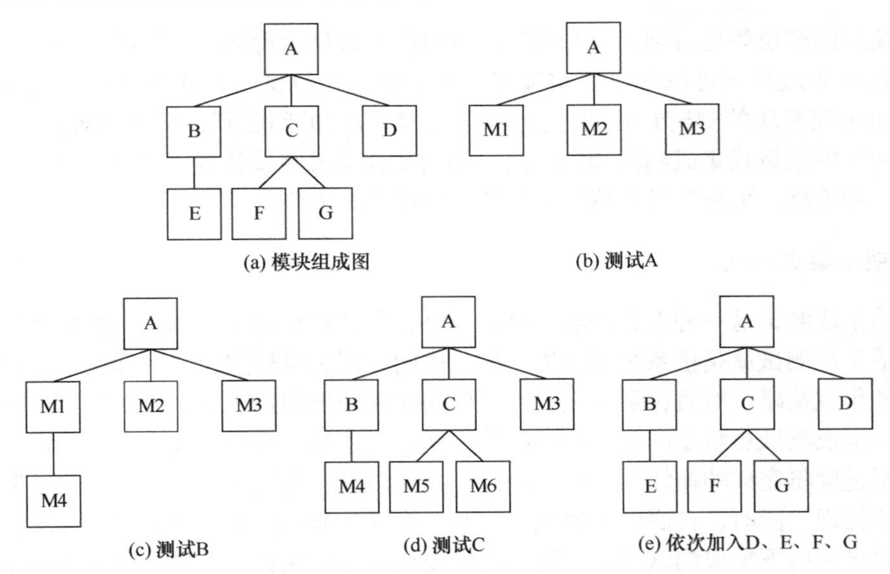

图 12-10 自顶向下的增量式集成测试

(2) 自底向上：从程序模块结构的最底层模块开始组装和测试。因为是从底部向上组合模块，当前运行的模块总能得到下层模块的功能支持，所以不需要桩模块。具体的实施步骤如下：

① 将低层模块组合成实现某个子功能的簇；

② 写一个驱动程序，用来提供该功能簇的执行入口和输入输出界面；

③ 对该功能簇进行测试；

④ 在低层继续寻找模块，将该功能簇扩大，重新修改驱动程序，以适应对当前功能簇的测试。

不断重复③、④步骤，直到将所有模块组装成一个程序，由主模块进行控制，完成测试，如图 12-11 所示。

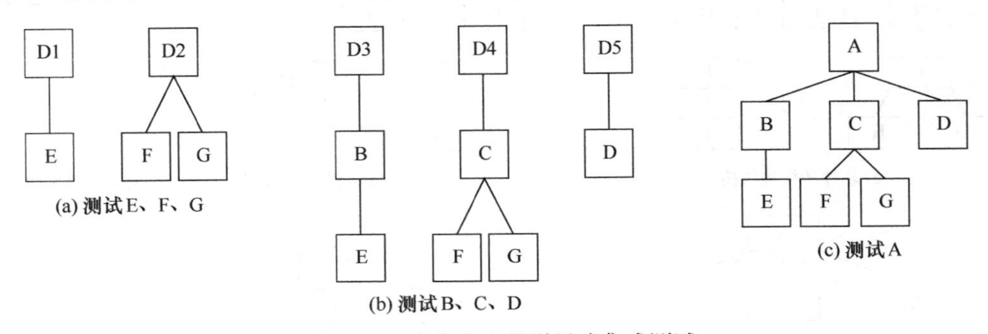

图 12-11 自底向上的增量式集成测试

自顶向下的增量式集成测试的优点是不需要测试驱动程序，能够较早地验证上层模块的功能实现，并容易发现在主要控制方面存在的问题。自顶向下的增量式集成测试的缺点是需要建立桩模块，用桩模块来模拟实际子模块的功能存在一定困难，同时最容易出问题的模块一般在底层，因为它涉及较复杂的算法并涉及输入输出，而这些模块的组装和测试到后期才会遇到，一旦发现问题，就会导致过多的回归测试。

自底向上的增量式集成测试的优点是建立驱动模块相对容易，同时由于涉及复杂算法和真正输入输出的模块最先得到组装和测试，可以把最容易出现问题在早期解决；另外，自底向上的增量式集成测试可以在早期实施多个模块的并行测试。自底向上的增量式集成测试的缺点是对主控模块的测试到后期才会进行，控制方面的问题到最后才会解决。

自顶向下的增量式集成测试和自底向上的增量式集成测试各有优缺点，测试时不必完全拘泥于某一种策略，可根据具体情况混合使用两种测试策略。

2. 三明治集成测试

三明治集成测试是一种混合增量式测试策略，是“自顶向下”和“自底向上”策略的组合。三明治集成测试就是把系统划分为三层，中间一层为目标层，对目标层上面的一层使用自顶向下的集成策略，对目标层下面的一层使用自底向上的集成策略，最后测试在目标层会合。三明治集成测试更重要的是采取持续集成测试的策略，软件开发中各个模块不是同时完成的，根据进度将完成的模块尽可能早地进行集成测试，有助于尽早发现缺陷，避免集成阶段大量缺陷涌现。同时，自底向上集成测试时，先期完成的模块将是后期完成的模块的被调用程序，而自顶向下集成测试时，先期完成的模块将是后期完成的模块的驱动程序，从而使后期完成的模块的单元测试和集成测试出现了部分交叉，不仅减少了测试代码的编写工作量，也有利于提高工作效率。总的来说，三明治集成测试综合了自顶向下集成测试策略和自底向上集成测试策略的优点。不需要大量的桩模块，因为在测试开始的自底向上集成中已经验证了底层模块的正确性。然而，中间层在被集成前测试不充分。由于中间层在早期没有得到充分的测试，可能引入缺陷。同时，中间层的选择也很重要，如果中间层选择不当，可能会增加驱动模块和桩模块的设计负担。

举例说明三明治集成测试过程。图 12-12(a)是软件的模块结构图，图 12-12(b)和图 12-12(c)是集成步骤。

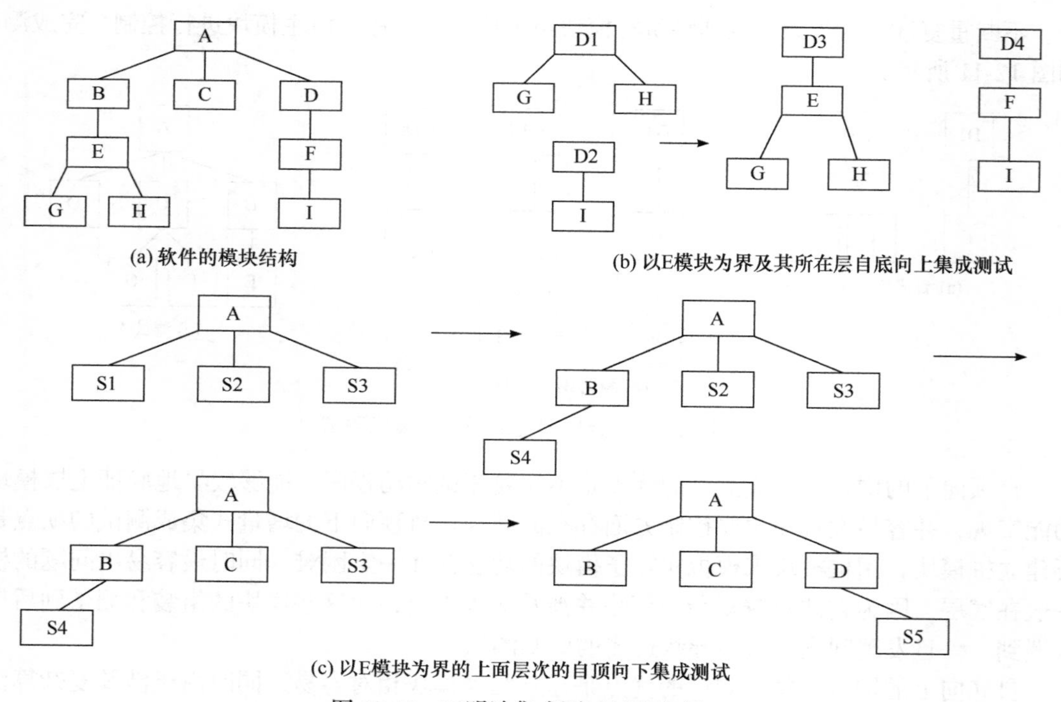

图 12-12 三明治集成测试过程实例

（1）首先选择分界层，这里确定以E模块所在层为界。
（2）E模块所在层以下自底向上集成测试(图12-12(b))。
（3）E模块为界的上面层次的自顶向下集成测试(图12-12(c))。
（4）对系统所有模块进行整体集成测试(图12-12(a))。

3. 分层集成测试

分层集成测试就是针对分层模型使用的一种集成测试策略，系统的层次划分可以通过逻辑的或物理的两种不同方式进行。逻辑划分是根据功能和流程对系统进行层次划分，而物理划分则是根据硬件和软件的物理结构进行划分。在分层集成测试中，每个层次都有明确的功能和职责，并且各层次之间相互独立，互不影响。分层集成测试策略对具有明显层次关系的系统比较合适。对于那些各层次之间存在着拓扑网络关系的系统，则不适合使用该方法。首先划分系统的层次，确定每个层次内部的集成测试方法。层次内部的集成可以使用非增量式集成、自顶向下集成、自底向上集成和三明治集成中的任何一种。一般对于顶层还有第二层的内部采用自顶向下的集成方法；对于中间层的内部采用自底向上的集成方法。最后，确定层次间的集成方法，也可以使用非递增式集成、自顶向下集成、自底向上集成和三明治集成中的任何一种方法。

4. 基于功能的集成测试

基于功能的集成测试是一种常见的集成测试策略，它主要关注系统或组件之间的功能交互和通信。在这种集成策略测试中，系统的各个部分被划分为不同的功能模块，每个模块完成特定的任务或功能。通过将不同的功能模块进行集成，可以构建出一个完整的系统。基于功能的集成测试是先对最主要的功能模块进行集成测试，以此类推，最后完成整个系统的集成测试。基于功能的集成测试首先确定功能的优先级，分析优先级最高的功能路径，把该路径上的所有模块都集成到一起，必要时需要开发驱动模块和桩模块。在集成测试过程中，每次增加该路径中的一个关键功能，直至该路径上的模块集成测试结束。再根据优先级继续集成测试其他路径，直到所有模块都被集成到被测系统中。基于功能的集成测试能较早地实现系统中的关键功能，但是不适用于复杂系统，复杂系统的功能之间的相互关联性强，不易于分析主要模块。

12.4.3　系统测试

经过了前面一系列测试过程，软件的功能已基本符合要求，进行系统测试的目的是测试软件安装到实际的应用系统中后，能否与系统的其余部分协调工作，以及其对系统运行可能出现的各种情况的处理能力。

系统测试的任务主要有：测试软件系统是否能与硬件协调工作，以及其与其他软件协调运行的情况。系统测试应该由若干个不同方面的测试组成，目的是充分运行系统，验证系统各部件是否都能正常工作并完成所赋予的任务。下面介绍几类主要的系统测试策略。

1. 功能测试

功能测试是系统测试必须完成的，是系统测试中最基本的测试工作，属于黑盒测试技术范畴。其主要的测试依据是系统需求规格说明书和系统需求说明书，可用于验证产品是否满足功能需求、是否有不正确或遗漏或多余的功能、是否满足系统需求规格说明书中明确定义或未明确定义的功能需求、是否对输入输出做出响应，以及输出结果是否正确。

2. 性能和压力测试

性能测试检验安装在系统内的软件的运行性能。虽然从单元测试起，每个测试过程都包含性能测试，但是只有当系统真正集成之后，才能在真实环境中全面、可靠地测试软件的运行性能。这种测试有时需与强度测试结合起来进行，以测试系统的数据精确度、时间特性(如响应时间、更新处理时间、数据转换及传输时间等)、适应性(在操作方式、运行环境和与其他软件的接口发生变化时，应具备的适应能力)是否满足设计要求。压力测试检验系统的能力最高能达到什么实际限度。在一定时期内，让软件在其设计能力极限状态甚至超极限状态下运行，以验证软件性能的降低会不会出现灾难性问题。

3. 容量测试

在一定程度上，容量测试可以看作性能测试的一部分，一般情况下，容量测试是面向数据的，是在系统能正常运行的情况下进行的，以确定系统能否处理一定容量的数据，也就是观察系统承受超额数据的能力。

4. 安全性测试

安全性测试主要是测试系统对非法侵入的防范能力。测试过程中，测试人员需要尝试通过各种办法冲破安全防线。例如，对密码进行截取或破译；对系统中的重要文件进行破坏等。测试手段包括各种破坏安全性的方法和工具。任何系统都很难做到百分之百的安全，只要能使得非法侵入的代价超过被保护信息的价值，就符合安全性的要求了。

5. 可恢复性测试

可恢复性测试主要是测试系统的容错能力，即当出现软件缺陷时，系统能否在指定时间内修正缺陷并重新启动。可恢复性测试首先要采用各种方法强迫系统失败，然后验证系统是否能尽快地恢复。如果系统的恢复是自动的，则需验证重新初始化、数据恢复和重新启动等机制的正确性；如果系统的恢复靠人工干预，则除以上几方面的验证外，还需评估平均修复时间，确定其是否在可接受的范围内。

6. 备份测试

备份可能涉及数据库备份、文件系统备份及操作系统备份等，但主要是指数据库备份。备份测试主要是测试系统的备份能力及验证系统在软件、硬件、网络等方面出问题时的备份数据的恢复能力，它属于可恢复性测试的一个部分。对于备份测试，可以从以下方面来做分析：备份文件，并同最初的文件进行比较；文件和数据的存储；完整的备份过程；备份是否引起系统性能的降低；手工操作过程备份的有效性；备份期间的安全性；备份期间维护处理日志的完整性。

7. 健壮性测试

健壮性测试又称为容错性测试，不同于可恢复性测试，容错性测试一般是输入异常数据或进行异常操作，以检验系统的保护性。如果系统的容错性好，当出现异常时，系统会给出提示或内部消化掉，而不会导致系统出错甚至崩溃。而可恢复性测试是通过各种手段，让系统强制性地发生故障，然后验证系统已保存的用户数据是否丢失、系统和数据是否能很快恢复。因此，可恢复性测试和容错性测试是互补的关系，可恢复性测试也是测试系统容错能力的方法之一。健壮性测试主要是测试系统是否具有良好的健壮性，要求设计人员在做系统设计时必须周密细致，尤其要注意妥善地进行系统异常的处理。健壮性测试的常用方法有故障插入测试、场景法、错误猜测法等。

8. 兼容性测试

兼容性测试将验证软件对其所依赖的环境的依赖程度，包括对硬件、平台软件、其他软件的依赖程度等。兼容性测试需要在各种各样的软硬件环境下进行，测试中的硬件环境是指进行测试所必需的服务器、客户端、网络连接设备以及打印机、扫描仪等辅助硬件设备所构成的环境；软件环境则是指被测软件运行所需的操作系统、数据库、中间件、浏览器及与被测软件共存的其他应用软件等构成的环境。

9. 可用性测试

可用性测试是指让有代表性的用户尝试对产品进行典型操作，同时，观察人员及开发人员在一旁观察、聆听并做记录。因此，可用性测试一般是面向用户的系统测试，有时也是面向原型的测试。测试的重点是系统的功能、业务、帮助等。可用性测试方法包括认知预演、启发式评估、用户测试法等。

12.4.4　确认测试

确认测试也称为有效性测试，目的是验证软件的有效性，即验证软件的功能和性能及其他特性是否符合用户要求。软件的功能和性能要求参照软件需求说明书。

1. 确认测试内容

确认测试是在开发环境下由用户参加的测试过程，采用的测试方法为黑盒测试法。

首先，制订测试计划，计划的内容可由开发方起草，最终的定稿要和用户协商，以评定此测试计划是否满足要求。

然后，按照测试计划中的测试步骤，严格审查每一项的测试过程和测试结果，对其进行评定，总的测试结果是参照各项的结果确定的。

最后，对软件的相关配置进行审查，包括查看文档是否齐全、内容与实际情况是否一致、产品质量是否符合要求等内容。

2. α(Alpha)测试和β(Beta)测试

确认测试是在用户参加的基础上，运行软件系统进行测试，以查看系统的功能实现情况以及系统性能能否满足用户使用需求。确认测试是软件交付使用前的一项很重要的活动，它最终决定用户对该软件的认可程度。

软件是专门为某个用户开发的，测试工作可以邀请用户参加，以验证该软件是否满足用户需求。当软件是为多个用户开发的(如一些公开出售的软件产品)时，让每个用户都参加确认测试是不切实际的，因此绝大多数的软件生产者都采用称为α测试和β测试的测试方法，尽可能地发现那些看起来只有用户才能发现的问题。

α 测试是邀请用户参加在开发场地进行的测试，软件环境尽量模拟实际运行环境，由开发组成员或用户实际操作运行。测试过程中，软件出现的缺陷或使用中遇到的问题，以及用户提出的修改意见都由开发者记录下来，作为修改的依据，整个测试过程是在受控环境下进行的。

β 测试是由部分用户在实际的使用环境中进行的测试。测试过程中开发者不在现场，由用户自己运行软件，验证软件的各个功能，如界面显示是否友好、交互过程是否方便、功能是否完善、实际使用中还存在什么问题等。同时测试软件性能方面的内容，如程序长时间运行的可靠程度、对异常情况的处理能力等，用户从使用的角度和真实的运行环境出发，对软件进行测试，然后将发现的问题全部记录下来，反馈给开发者，开发者对软件进行必要的修改，并准备最终的软件产品发布。

3. 确认测试的结果

确认测试的结果可分为两种情况：

(1) 测试结果与预期结果相符，系统的功能和性能满足用户需求；

(2) 测试结果与预期结果不相符，将存在的问题列出清单，提供给开发者作为修改依据。

12.5 软件自动化测试

12.5.1 自动化测试的概念及优缺点

软件自动化测试是软件测试技术的一个重要组成部分，它能实现许多手工无法实现或难以实现的测试。正确、合理地实施自动化测试，能够快速、彻底地对软件进行测试，从而提高软件质量，节省经费，缩短产品发布周期。

自动化测试的优点如下。

(1) 对程序的回归测试更方便。由于回归测试的动作和用例是完全设计好的，测试期望的结果也是完全可以预料的，将回归测试自动运行，可以极大提高测试效率，缩短回归测试时间。

(2) 可以执行更多更烦琐的测试。自动化的一个明显的好处是可以在较少的时间内执行更多的测试。

(3) 可以执行一些手工无法执行或难以执行的测试。例如，对于大量用户的测试，不可能让足够多的测试人员同时执行测试，可以通过自动化测试模拟同时有许多用户，从而达到测试的目的。

(4) 更好地利用资源。将烦琐的任务自动化，可以提高准确性和测试人员的积极性，将测试人员解脱出来，从而使其可以投入更多精力到设计更好的测试用例中。

(5) 测试具有一致性和可重复性。由于测试是自动执行的，每次测试的结果和执行的内容的一致性是可以得到保障的，从而达到了测试的可重复效果。

(6) 测试的复用性。由于自动化测试通常采用脚本技术，所以只需要做少量的甚至不做修改，就能实现在不同的测试过程中使用相同的用例。

(7) 增加软件信任度。测试是自动执行的，不存在执行过程中的疏忽和错误，测试的质量完全取决于测试的设计好坏。一旦软件通过了强有力的自动化测试，软件的信任度自然会增加。

自动化测试的缺点如下。

(1) 不能取代手工测试，自动化测试没有思维，设计的好坏决定了测试的质量。

(2) 手工测试比自动化测试发现的缺陷更多。

(3) 不能测试周期很短的项目，不能保证100%的测试覆盖率，不能测试不稳定的软件和软件易用性等。

(4) 自动化测试可能会制约软件开发。由于自动化测试比手动测试更脆弱，所以维护会受到限制，从而制约软件的开发。

12.5.2 自动化测试工具

根据应用领域不同，一般将自动化测试工具分为三类：白盒测试工具、黑盒测试工具以及性能测试工具。

白盒测试工具一般针对代码进行测试，测试中发现的缺陷可以定位到代码级。根据测试工具原理的不同，其又可以分为静态测试工具和动态测试工具。

静态测试工具：直接对代码进行分析，不需要运行代码，也不需要对代码编译链接、生成可执行文件。静态测试工具一般是对代码进行语法扫描，找出不符合编码规范的地方，根据某种质量模型评价代码的质量，生成系统的调用关系图等。

动态测试工具：动态测试工具与静态测试工具不同，动态测试工具一般采用“插桩”的方式，向代码生成的可执行文件中插入一些监测代码，用来统计程序运行时的数据，与静态测试工具最大的不同就是动态测试工具要求被测系统实际运行。

黑盒测试工具适用于黑盒测试的场合。黑盒测试工具的一般原理是利用脚本的录制、回放，模拟用户的操作，然后将被测系统的输出记录下来，同预先给定的标准结果比较。黑盒测试工具可以大大减少黑盒测试的工作量，在迭代开发的过程中，能够很好地进行回归测试。

性能测试的主要手段是通过模拟产生真实业务的压力对被测系统进行加压，研究被测系统在不同压力情况下的表现，找出其潜在的瓶颈。因此，一个良好的性能测试工具必须能做到：提供产生压力的手段；对后台系统进行监控；对压力数据进行分析，快速找出被测系统的“瓶颈”。这类测试工具主要通过模拟成百上千甚至上万个用户并发执行关键业务来完成对应用程序的测试。在实施并发负载的过程中，其通过实时性能监测来确认和查找问题，并根据所发现的问题对系统性能进行优化，确保应用的成功部署。

表12-8列出了一些常用的自动化测试工具。

表12-8 常用的自动化测试工具

	工具名	功能	官方站点
白盒测试工具	AUnit	支持Ada语言的单元测试	https://www.arduino.cc/reference/en/libraries/aunit
	CppUnit	基于C++的单元测试框架	https://sourceforge.net/projects/cppunit
	COMUnit	支持VB.COM语言环境	https://comunit.sourceforge.net
	HtmlUnit	基于Java的自动化测试工具，它可以模拟浏览器行为，并抓取目标网站的数据，支持JavaScript、AJAX等技术	https://htmlunit.sourceforge.io
	Jtest	代码分析和动态类、组件测试	http://www.junit.org

续表

	工具名	功能	官方站点
白盒测试工具	PHPUnit	轻量级的 PHP 测试框架	http://www.phpunit.de
	PerlUint	Perl 的标准单元测试框架	https://sourceforge.net/projects/perlunit
	XMLUnit	一种 JUnit 扩展框架，有助于开发人员测试 XML 文档	https://sourceforge.net/projects/xmlunit
黑盒测试工具	Robot	回归和自动测试	http://www.rational.com
	QARun	回归和自动测试	http://www.compuware.com
	SilkTest	面向 Web 应用、Java 应用，进行自动化测试和回归测试	https://www.microfocus.com/zh-cn/products/silk-test/overview
	e-Test	回归和自动测试	http://www.empirix.com
性能测试工具	QALOAD	压力测试	http://www.empirix.com
	Webload	Web 压力测试	http://www.radview.com
	SilkPerformer	企业级负载测试工具	https://www.microfocus.com/zh-cn/support/Silk%20Performer
	OpenSTA	压力测试	http://www.opensta.com

12.6　小　结

软件测试是软件开发中不可或缺的环节，也是软件工程的重要组成部分，软件测试的效果直接关系到软件产品的质量。软件测试员的目标是尽可能早地找出软件缺陷，并确保其得以修复。

软件测试技术从是否访问代码角度出发，可分为白盒测试和黑盒测试两种类型；而根据是否运行软件，又可分为静态测试和动态测试两种类型。对这两种分类方式进行组合，可将软件测试技术细分为静态黑盒测试、动态黑盒测试、静态白盒测试和动态白盒测试等 4 种类型。

软件测试过程可概括为用单元测试保证模块正确工作，用集成测试保证模块集成到一起后正常工作，用系统测试保证所开发的系统与其他系统元素合成后能够达到系统各项性能要求，用确认测试保证软件需求的满足。

面向对象方法使用独特的概念和技术完成软件开发工作，因此，在测试面向对象程序的时候，除了继承传统的测试技术之外，还必须研究与面向对象程序特点相适应的新的测试技术。

测试过程中一旦发现软件缺陷，必须定位并修复缺陷，即通常所说的调试过程，因此调试与测试是密不可分的两项活动。

软件自动化测试是软件测试技术的一个重要组成部分，它能实现许多手工无法实现或难以实现的测试。正确、合理地实施自动化测试，能够快速、彻底地对软件进行测试，从而提高软件质量，节省经费，缩短产品发布周期。

软件测试是一项十分复杂的工作，利用精心组织的测试计划、测试用例和测试报告，对测试工作进行正确的记录、交流和管理，将使完成目标变得更有可能。

习　题　12

1. 什么是软件缺陷?
2. 什么是软件测试? 软件测试的原则有哪些?
3. 什么是黑盒测试和白盒测试? 什么是动态测试和静态测试?
4. 设计下列伪代码的语句覆盖、分支覆盖和条件覆盖的测试用例。

```
START
INPUT( A, B, C )
IF A>5 AND B>10 THEN
   X=10
ELSE
   X=1
END IF
IF C>15 THEN
   Y=20
ELSE
   Y=2
END IF
PRINT( X, Y )
STOP
```

5. 某图书馆有一个使用 CRT 终端的信息检索系统，该系统有如表 12-9 所示的 4 条基本检索命令，要求：

(1) 设计测试用例，全面测试系统的正常操作；

(2) 设计测试用例，测试系统的非正常操作。

表 12-9　某图书馆信息检索系统的 4 条基本检索命令

名称	语法	操作
BROWSE (浏览)	b(关键字)	系统搜索给出的关键字，找出字母排列与此关键字最相近的字，然后在屏幕上显示约 20 个加了行号的字，与给出的关键字完全相同的字应排在(大约)中央的位置
SELECT (选取)	s(屏幕上的行号)	系统创建一个文件保存含有由行号指定的关键字的全部图书的索引，这些索引都有编号(第一个索引的编号为 1，第二个索引的编号为 2，以此类推)
DISPLAY (显示)	d(索引号)	系统在屏幕上显示与给定的索引号有关的信息，这些信息通常与在图书馆的目录卡上给出的信息相同。这条命令接在 BROWSE/SELECT 或 FIND 命令后面用，以显示文件中的索引信息
FIND (查找)	f(作者姓名)	系统搜索指定的作者姓名，并在屏幕上显示该作者的著作的索引号，同时把索引存入文件

6. 程序 Triangle 读入三个整数值，这三个整数值代表同一个三角形三条边的长度，程序根据这三个值判断是否是三角形，若是三角形，其类型属于不等边三角形、等腰三角形或等

边三角形中的哪一种，并输出“不是三角形”、“不等边三角形”、“等腰三角形”和“等边三角形”等信息。画出程序流程图，并写出对该程序进行动态黑盒测试和动态白盒测试的测试用例。

7. 软件测试分哪些阶段？各阶段的含义是什么？
8. 试述 Alpha 测试与 Beta 测试的区别。
9. 面向对象测试有哪些类型？
10. 面向对象的单元测试、集成测试、系统测试和确认测试有哪些新特点？
11. 以一个具体项目为例分析设计测试用例。

第13章　软 件 维 护

软件维护阶段覆盖了从软件交付使用到软件被淘汰的整个时期。软件维护执行起来并非易事，软件维护被形象地称为“冰山”，即常用浮在海面的冰山来比喻软件开发与软件维护的关系，软件开发如同冰山露出水面的部分，因容易被看到而得到重视，而软件维护工作如同冰山浸在水下的部分，其体积远比露出水面的部分大得多，但由于不易看到而遭到忽视；另外，由于软件维护是乏味的重复性工作，很多技术人员觉得缺乏挑战和创新，因此更重视开发而轻视维护。但在实际应用中，软件维护是软件可靠运行的重要技术保障，必须予以重视。

13.1　软件维护概述

有数据表明，很多机构中软件维护的成本已经达到了整个软件生命周期成本的 40%～70%，所以软件维护的代价是相当大的，如何提高软件维护的效率，并减少维护消耗的大量人力、财力成为不可忽视的问题。

13.1.1　软件维护的产生及其目的

软件开发完成交付用户使用后，就进入到软件的运维和维护阶段。《系统与软件工程 软件生存周期过程》(GB/T 8566—2022)指出，软件维护阶段是对已发布的软件进行日常维护工作，包括故障修复、性能优化、功能更新等。这个阶段的输出就是维护记录。IEEE 对软件维护给出如下定义：软件维护是指软件产品交付使用后，修改软件系统或其部件的活动过程，以修正缺陷、提高性能，适应变化的环境。软件需要不断修改和完善，这是软件的基本特征，软件维护的目的就是保证软件能持续地与用户环境、数据处理操作相协调，最终使软件稳定运行。

在软件运行的过程中，要求进行维护的原因主要分为如下 5 种。

(1) 在运行中发现在测试阶段未能发现的、潜在的软件错误和设计缺陷。

(2) 根据实际情况，需要改进软件设计，以增强软件的功能和提高软件的性能。

(3) 要求在某环境下已运行的软件能够适应新的系统运行环境，或是要求适应变化的数据或文件。

(4) 使投入运行的软件与其他相关的程序有良好的接口，以利于协同工作。

(5) 为使软件的应用范围得到必要的扩充，在软件快速发展的同时，应该考虑软件的开发成本，对软件进行维护的目的是纠正在软件开发过程中未发现的错误，增强、改进和完善软件的功能和性能，以适应软件的发展和延长软件的寿命，让其创造更多的价值。

因此软件维护作为软件工程实施中的一项重要任务，要从根源出发减少维护的工作量并提高维护的质量。

13.1.2 软件维护的分类

软件维护可以分为纠错(改正)性维护、适应性维护、完善性维护和预防性维护四类。

(1) 纠错(改正)性维护(Corrective Maintenance)：在软件交付使用后，因开发时测试得不彻底、不完全，必然会有部分潜在的错误遗留到运行阶段。因为软件测试不可能找出软件中所有潜在的错误，所以当软件在特定情况下运行时，这些潜在的错误可能会暴露出来。在测试阶段未能发现的错误，会在软件投入使用后才逐渐暴露出来。对这类错误的测试、诊断、定位、纠错等过程，称为纠错性维护。纠错性维护约占整个维护工作的 21%。例如，解决软件开发时未能测试各种边界条件带来的问题；解决原来程序中遗漏处理文件中最后一个记录的问题。

(2) 适应性维护(Adaptive Maintenance)：为了使软件适应外部新的硬件和软件环境或者数据环境(如数据库、数据格式、数据输入输出方式、数据存储介质等)发生的变化而修改软件的过程。适应性维护约占整个维护工作的 25%。例如，为现有的某个应用问题实现一个数据库管理系统；对某个指定代码进行修改，如在现有系统中更换新的打印设备；缩短系统的应答时间，使其达到特定的要求；修改两个程序，使它们可以使用相同的记录结构；修改程序，使其适用于另外的终端。

(3) 完善性维护(Perfective Maintenance)：为了满足用户在使用过程中对软件提出的新的功能或非功能需求，需要对原来的软件的功能进行修改或扩充，这种为了扩充软件功能、增强软件性能、提高软件运行效率和可维护性而进行的维护活动称为完善性维护。此维护活动约占整个维护工作的 50%。例如，对于一个工资管理软件，在使用中需要不断增加或删除新的功能以满足新需求；提高原来软件的查询响应速度；改变原来软件的用户界面或增加联机帮助信息；为软件的运行增加监控设施等。

(4) 预防性维护(Preventive Maintenance)：为了提高软件的可维护性和可靠性，采用先进的软件工程方法对需要维护的软件或软件中的某一部分重新进行设计、编码和测试，为以后的维护和运行打好基础，软件开发组织需要提前分析和确定发布的软件存在哪些近期可能变更的部分，做好变更它们的准备。由于人们对该类维护活动的必要性有争议，所以它在整个维护工作中占较小的比例，约占 4%。例如，当前正在顺利运行着的软件；在不久的将来，软件部分功能需要做重大修改或增强的程序。

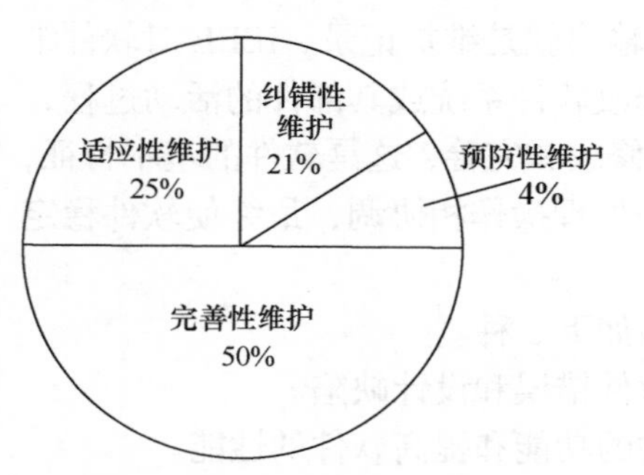

图 13-1　各类维护活动所占比例

实践经验表明，在这四类维护活动中，各类维护活动所占的比例如图 13-1 所示。根据这些比例可以看出，软件维护不仅仅限于纠错，大部分维护工作是围绕完善性维护展开的。

13.1.3 软件维护的成本

在过去的几十年中，软件维护的成本不断上升。20 世纪 70 年代，软件维护的成本约占软件总预算的 35%～40%。80 年代时，软件维护成本进一步增加，约占软件总预算的 60%。近年来，该值已上升到 80%左右。

随着软件复杂性的不断提高，软件的维护难度越来越大。这不仅会导致维护成本不断增加，软件生产率急剧下降，还会带来其他方面的负面影响。经费上的开支是最明显的，这是有形的代价。除了有形的代价，还有其他无形的代价，它是无法估量的，即要占用更多的硬件、软件和软件工程师等资源，这样一来，新的开发工作就因投入的资源不足而受到影响。

无形的代价有以下情况。

(1) 一些看起来合理的修改要求不能及时满足，使得用户不满意。

(2) 维护时产生的改动可能会带来新的潜在的故障，从而降低了软件的整体质量。

(3) 当必须把软件开发人员抽调去进行维护工作时，将在开发过程中造成混乱。

因此，如果原来的系统开发不好，那么软件维护工作量和成本将呈指数级增加。例如，1975 年美国的飞行控制软件中，每条指令的开发成本是 75 美元，而每条指令的维护成本大约是 4000 美元。

软件维护的工作量可以分为两部分：一部分是生产性活动，另一部分是非生产性活动。生产性活动包括分析评价、修改设计和编写程序代码等。非生产性活动包括理解程序代码功能，解释数据结构、接口特点和设计约束等。

下式是一个软件维护工作量的计算模型：

$$M = p + K \times e^{(c-d)}$$

其中，M 为维护的总工作量；p 为生产性活动工作量；K 为经验常数；c 为因缺乏好的设计和文档而导致的复杂性度量；d 为维护人员对软件的熟悉程度度量。

通过这个模型可以看出，如果使用了不合理的软件开发方法，且原开发人员不参加维护工作，那么维护工作量(及成本)将呈指数级增加。

上述这些问题在没有采用软件工程方法开发的程序中都或多或少地存在着。显然，如果在软件定义和软件开发时期重视采用软件工程方法，那么上述问题可以至少部分地解决。当然也不代表采用了软件工程方法就解决了所有的问题，因为有些影响因素是无法避免的，如人员(软件设计人员、用户)的思维方式、主观判断等，另外，目前的维护技术还不是很成熟、规范，因此维护工作量也较大。但是，软件工程确实可以减少软件维护的工作量，并为解决与维护有关的各种问题提供了帮助。

13.2　软件维护的特征

软件工程方法在软件开发中采用与否对软件维护工作有很大的影响。了解维护工作的特点，在软件维护过程中尽量避免一些问题的发生，将有利于维护工作的进行。

13.2.1　结构化维护和非结构化维护

在软件维护过程中，工作量很大，除了按照用户需求修改代码，相应地还要完成很多其他的工作，如对软件系统的全面理解，对各种文档的查看、记录和整理等活动。需要注意的是，维护文档与维护软件的可执行代码是同等重要的。随着维护活动的进展，从事维护活动的人员要不断适应新的环境和用户变更需求，这些都要花费大量的精力和时间。

根据维护申请可以判断出该维护是否采用了软件工程方法，因此需要分析维护申请可能出现的下面两种不同的情况：非结构化维护和结构化维护。

1. 非结构化维护

非结构化维护没有采用软件工程方法，只能从阅读、理解和分析程序代码开始。由于程序内部文档不足，没有测试方面的文档，因此不能进行回归测试，导致浪费人力物力。非结构化维护的极端例子是要维护的软件只有程序而无文档，使得维护工作非常困难，且维护成本高。

由于没有分析和设计文档，无法对程序的功能进行反向追踪，但是要彻底理解别人的程序是很困难的事情。

也就是说，如果软件配置的唯一成分是程序代码，那么维护工作从艰苦地评价程序代码开始，即对源程序进行阅读、理解、分析，并且常常由于程序内部文档不足而使评价更困难，对软件结构、全程数据结构、系统接口、性能和设计约束等经常会产生误解，而且对程序代码所做的改动的后果也是难以估量的：因为没有测试方面的文档，所以不可能进行回归测试(即指为了保证所做的改动没有在以前可以正常使用的软件功能中引入错误而重复过去做过的测试)。非结构化维护需要付出很大代价(浪费精力并且遭受挫折的打击)，这种维护代价是没有使用良好定义的软件工程方法开发出来的软件的必然结果。

要进行程序代码分析评价，需要先看用户需求，维护步骤如图13-2所示。

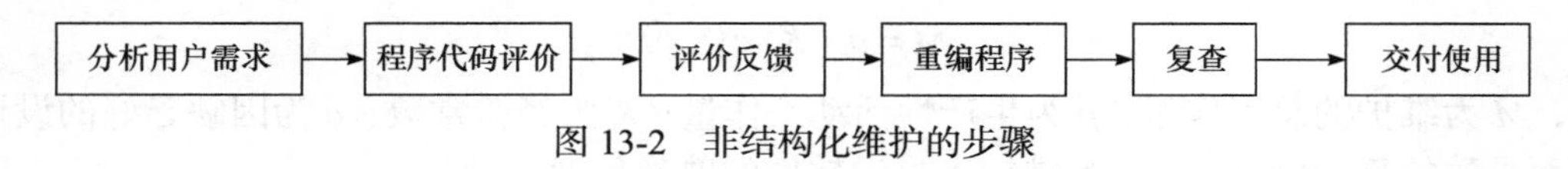

图 13-2　非结构化维护的步骤

2. 结构化维护

用软件工程方法开发的软件具有各个阶段的文档，这对于理解、掌握软件功能、软件性能、软件结构、数据结构、系统接口和设计约束等内容有很大帮助。

如果有一个完整的软件配置存在，那么结构化维护工作从评价设计文档开始，确定软件重要的结构特点、性能特点以及接口特点；估量要求的改动会带来哪些影响，并且规划实施途径。然后，修改设计并且对所做的修改进行仔细复查，编写相应的程序代码；使用在测试说明书中包含的信息进行回归测试。最后，把修改后的软件再次交付使用。相对来说，结构化维护所耗费的时间费用不高，且能提高软件维护的总体质量。维护步骤如图 13-3 所示。

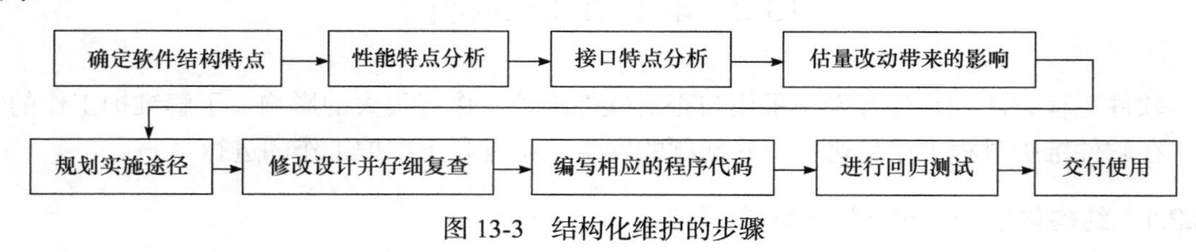

图 13-3　结构化维护的步骤

以上描述的事件构成结构化维护，它是在软件开发的早期应用软件工程方法的结果。虽然完整的软件配置并不能够保证维护中没有问题，但是却能减少精力的浪费，并且能提高维护的总体质量。

13.2.2　软件维护可能存在的问题

与软件维护有关的绝大多数问题源于计划阶段和开发阶段的工作失误。如果在软件生命周期的这两个阶段缺乏严格的规范和管理，就必然使维护阶段的工作十分困难。不按照科学的软件工程方法来开发软件造成的后果：维护是一项复杂而艰难的工作。

下面列出的是一部分软件维护中的比较典型问题。

(1) 无法追踪软件的整个创建过程。

(2) 无法追踪软件版本的进化过程。软件交付使用后对软件不断修复和完善的过程就是软件版本的进化过程，每一次进化都会使软件的主、次版本号增大。

(3) 理解别人的程序非常困难，特别是一些非结构化程序。如果只有程序代码而没有说明文档，那么一旦对某些地方的理解出现偏差，改写的程序就会出现错误，因此理解程序的困难程度会随着程序文档的减少而快速增加，导致维护工作更加艰难，对于这种情况，程序员宁愿选择自己重新编写程序也不愿修改别人的程序。

(4) 得不到开发人员的帮助。因为软件人员经常流动，所以当要求对软件进行维护时，不可能依靠原来的开发人员提供对软件的解释。

(5) 软件配置不完整或不正确。这是影响维护工作量的重要因素，因为在配置只有程序代码的情况下，理解的难度会加大。

(6) 分析和设计的缺陷。对于绝大多数软件，在设计的时候考虑不到以后可能要修改或对以后要修改的地方考虑不周，造成维护时候的困难。除非采用强调模块独立的设计方法，否则软件修改将举步维艰，而且还容易引入新的缺陷。

(7) 软件维护工作缺乏吸引力。形成这种观念的原因主要是软件维护的难度大导致工作量很大，常常付出很多但又很难出成果。

13.2.3 影响软件维护工作量的因素

在软件的维护过程中，工作量很大，从而直接影响了软件维护的成本，应当考虑有哪些因素影响软件维护的工作量，以及应该采取什么维护策略才能有效地维护软件并控制维护的成本。

在软件维护中，影响维护工作量的因素主要有以下6种。

1. 系统规模

系统规模直接影响维护工作量，系统规模越大，理解就越困难，维护的工作量就越大。系统规模主要由代码行数、程序模块数、数据接口文件数、使用的数据库的规模等因素衡量。

2. 程序设计语言

参与软件开发的人员都知道，解决相同的问题时，选择不同的程序设计语言，生成的程序的规模可能不同，因此应选择功能强且适用于解决问题的程序设计语言，这样可以使生成的程序指令数更少。生成的程序的模块化和结构化程度越高，所需的指令数就越少，程序的可读性就越好，维护的效率就越高。

3. 系统年龄

对于维护工作量来说，一个旧系统会比新系统需要更多的工作量，主要原因在于：旧系统可能经过了多次的修改致使系统结构变得混乱。在多次修改过程中，维护人员的变化也会导致系统代码变得越来越难以理解。此外，系统开发时文档不齐全，或是在长期的维护过程中文档在许多地方已经变得与具体实现不一致，都将导致整个维护过程变得十分困难。

4. 数据库的应用

使用数据库可以简单而有效地管理和存储用户程序中的数据，还可以减少生成用户报表应用软件的维护工作量。

5. 先进的软件开发技术

在软件开发过程中，如果采用先进的分析设计技术和程序设计技术，如面向对象技术、复用技术等，当错误出现或要修改软件时，可减少大量的维护工作量。

6. 其他一些因素

在具体对软件进行维护时，影响维护工作量的其他因素还有很多，如设计过程中应用的类型、数学模型、任务的难度、开关与标记、IF 嵌套深度、索引或下标数等。

13.3　软件维护实施

软件维护是一件复杂而困难的事，必须在相应的技术指导下按照一定的步骤进行。首先要建立一个维护组织，建立维护活动的登记、申请制度，以及对维护方案的审批制度，规定复审的评价标准。通过软件维护组织对维护过程进行有效的控制，例如，首先要对软件进行全面、准确、迅速的理解，这是决定维护工作成败和维护质量好坏的关键。

因此，软件维护和软件开发一样，要有严格的规范，才能保证软件的质量。一般软件维护的实施过程如下。

(1) 建立维护组织。

(2) 编写维护申请报告。

(3) 进行维护并做详细记录。

(4) 复审。

13.3.1　软件维护组织

通常在软件维护工作方面，除了较大的软件公司以外，很少有正式的维护组织。“抓着谁就是谁”不可取，有一个完备的软件维护组织模式极为重要。维护活动的进行往往没有计划，对于一般的软件开发部门，虽然不要求建立一个正式的维护组织，但是建立一个非正式的维护组织也是非常有必要的，同时，在维护活动开始之前需要明确整个维护组织中每个人的职责范围，这样可以大大减少在维护过程中可能出现的混乱。整个维护组织结构如图 13-4 所示。

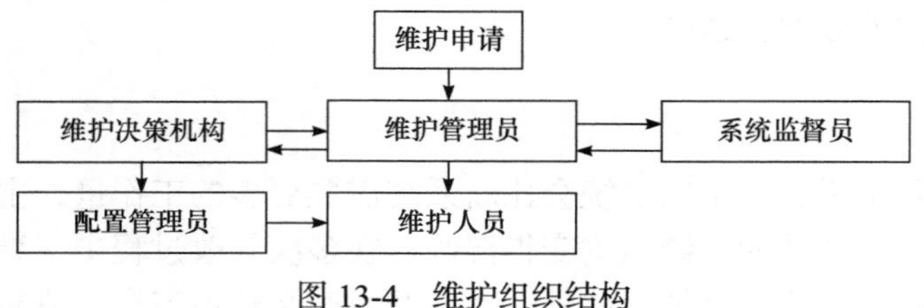

图 13-4　维护组织结构

每个维护申请都通过维护管理员提交给某个系统监督员，系统监督员一般都是对程序(某一部分)特别熟悉的技术人员，他们对维护申请可能引起的软件修改提出意见，并向维护决策机构报告，由该机构最后确定是否采取行动。一旦维护决策机构做出评价，则由维护人员进行修改，在维护人员修改软件的过程中，由配置管理人员严格把关，控制修改的范围，对软件配置进行审计。维护管理员、系统监督员、维护决策机构等均负责维护工作的某个职责范围。维护决策机构、维护管理员可以是指定的某个人，也可以是一个包括管理员、高级技术人员在内的小组。系统监督员可以有其他职责，但应该具体分管某一个软件包。

这种组织模式能减少维护过程的混乱和盲目性，避免因小失大的情况发生。维护团队根据时间的不同，可以分为短期团队和长期团队。短期团队一般是当需要执行相关具体任务时，临时组织起来以解决目前碰到的问题，如对程序排错的检查、检查完善性维护的设计和进行质量控制的审查等。无论临时团队的任务如何简单，明确团队成员的责任都是很重要的，以避免因为维护过程中的责任不明确而造成混乱。长期团队则更正式，对长期运行的复杂系统进行维护必须有一个稳定的维护团队才可以完成，并且维护团队自开发完成之前就应该成立，需要创建沟通渠道，且有严格的组织。特别地，无论短期团队还是长期团队，都要把有经验的员工和新员工混合起来。

13.3.2　软件维护申请

当有维护工作要进行时，应该以文档的方式提出所有软件维护申请。

所有软件维护申请都应采用标准格式，由申请维护的用户填写维护申请单(Maintenance Request Form, MRF)。用户必须完整地说明产生错误的情况，包括输入数据、错误清单以及其他有关材料。

如果是纠错性维护，应填写软件问题报告单(Software Problem Report, SPR)。在填写 SPR 时，用户必须完整地记录出错信息(什么错误)和出错场景(在什么情况下出现的错误，包括输入数据、全部输出数据以及其他有关信息)。如果是其他种类的维护，应填写 MRF。在 MRF 中应该附加简短的修改规格说明，也就是在需求规格说明书中应做哪些改动，如增加功能或修改功能等。

维护申请单将由维护管理员和系统监督员来研究处理。他们应相应地做出软件修改报告(Software Change Report, SCR)。MRF 是一个由外部产生的文件，由用户填写，它是计划维护活动的基础。而软件组织内部应该编写出一个软件修改报告，它给出下述信息：

(1) 满足维护申请单中提出的要求所需的工作量；

(2) 维护申请的性质；

(3) 这项申请的优先次序；

(4) 与修改有关的事后数据，也就是修改后的结果。

在拟定进一步的维护计划之前，把软件修改报告提交给变化授权人进行审查批准，将 SCR 提交给维护决策机构，作为进一步维护的依据。SCR 是保证软件版本进化可跟踪性所必需的文档。软件修改报告(SCR)如表 13-1 所示。

表 13-1　软件修改报告

软件名称	
源程序名称	备份程序名称
相关文档列表	

续表

维护描述：

日期	修改内容	修改原因	特别说明

增加代码行数		删除代码行数		修改代码行数	
注释修改		相关文档修改			
修改开始日期		修改完成日期		维护人员	

13.3.3 软件维护过程

软件维护过程从用户提出维护申请开始，如果是纠错性维护，则由系统监督员判断本次申请的严重性，如果非常严重，则必须安排人员，在系统监督员的指导下，进行问题分析，寻找错误发生的原因，进行“救火”性的紧急维护，将申请放入工作安排队列之首；如果并不严重，则按照评估后得到的优先级进行队列排序。对于纠错性维护，首先判断维护类型；对于适应性维护，按照评估后得到的优先级放入队列；对于改善性维护，还要考虑是否采取行动，如果接受申请，则同样按照评估后得到的优先级放入队列，如果拒绝申请，则通知申请者，并说明原因。对于工作安排队列中的任务，由修改负责人依次从队列中取出任务，按照软件工程方法规划、组织、实施工程。整个过程如图 13-5 所示。

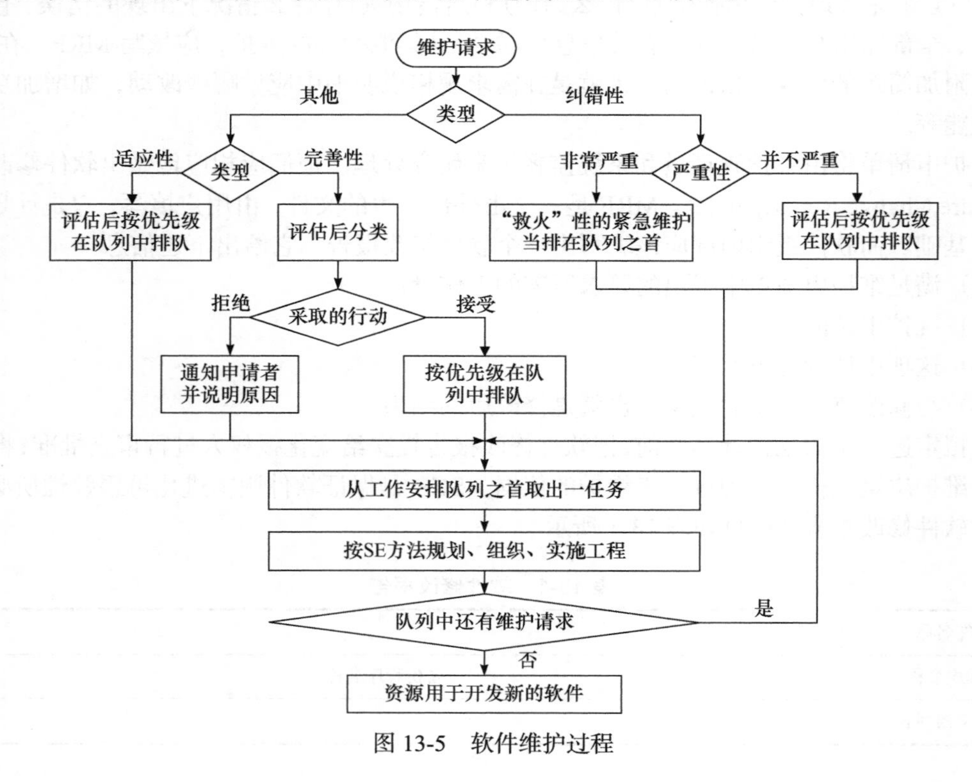

图 13-5　软件维护过程

虽然每种维护申请类型的着眼点不同，但总的维护方法是相同的，都要进行一系列几乎相同的工作：修改软件需求说明、修改软件设计、设计评审、必要时重新编码、单元测试、继承测试(包括回归测试)、确认测试等。维护工作的最后一步是复审，主要审查修改过的软件配置，以验证软件结构中所有部分的功能保证满足维护申请单中的要求。

复审时主要考虑以下问题。

(1) 依照当前状态，在设计、编码和测试的哪些方面还能用其他方法进行?

(2) 哪些维护资源可用但未用?

(3) 这次维护活动中主要(或次要)的障碍有哪些?

(4) 在维护申请中有预防性维护吗?

13.3.4 软件维护记录

在软件维护活动进行的同时，需要记录一些与维护工作有关的数据信息，这些信息可作为估计软件维护的有效程度、确定软件产品的质量、确定维护的实际开销等工作的原始数据。在维护人员对程序进行修改前要着重做好两个记录：维护申请单和软件申请报告。

为了能够很好地评价维护的有效性，必须详细记录软件维护过程中的各种数据，这些数据包括程序标识、源语句数、机器指令数、使用的程序设计语言、软件安装的日期、自安装以来软件运行的次数、自安装以来软件失败的次数、程序变动的层次和标识、因程序变动而增加的源语句数、因程序变动而删除的源语句数、每个改动所需的人时数、程序改动的日期、软件工程师的名称、维护要求的标识、维护类型、维护开始和完成的时间、用于维护的累计人时数、与完成的维护相关联的纯收益。软件维护记录如表 13-2 所示。

表 13-2 软件维护记录

<table>
<tr><td colspan="3">记录编号：eval_wh012</td><td colspan="2">日期：****年**月**日</td></tr>
<tr><td colspan="3">计划编号：eval_wh012</td><td colspan="2">项目名称：组卷系统</td></tr>
<tr><td colspan="5">初始状态描述：不同类型的人员可以进行交叉测评</td></tr>
<tr><td colspan="2">模块名称：测评控制管理
源程序行数：300
编码语言：Java　　失效次数：3</td><td colspan="3">编号：evalobject_01
机器指令长度：25KB　　程序运行时间：
程序安装日期：****年**月**日</td></tr>
<tr><td>日期</td><td>维护内容</td><td>增/删/改</td><td>工作量</td><td>维护人员</td></tr>
<tr><td>**月**日</td><td>查错，确定错误位置</td><td>修改部分源程序</td><td>2 个人月</td><td>****</td></tr>
<tr><td>…</td><td></td><td></td><td></td><td></td></tr>
<tr><td>…</td><td></td><td></td><td></td><td></td></tr>
<tr><td>…</td><td></td><td></td><td></td><td></td></tr>
<tr><td colspan="4">维护结果：经过对需求的进一步确认，对指定编号的模块进行了修改，纠正了源程序中出现的错误</td><td>维护人员：*****</td></tr>
</table>

对每项维护任务都应该收集数据，保存到维护数据库里，作为维护评价的依据。

13.3.5 软件维护评价

软件维护的最后一项工作是对整个维护活动进行评价，依赖前面的维护记录，对维护工作做一些度量。维护记录的保存和维护的评价是两个相关的过程，只有保存了软件维护的记录，才能对维护的过程进行评价，缺少维护记录将会造成维护活动评价工作变得艰难。维护过程的评价可以为以后项目的开发技术、编程语言，以及对维护工作量的预测和资源分配等诸多方面的决策提供参考。

保存维护记录的首要问题就是确定哪些数据是值得记录的。基于对每次维护活动的详细记录，可通过下面的指标对维护的有效性进行度量。

(1) 程序运行的平均失效次数(失效次数／运行的次数)。

(2) 每类维护活动所需的总人时数。

(3) 各种程序及语言、各种维护类型的程序的平均修改次数。

(4) 维护阶段修改每条语句所耗费的人时数。

(5) 维护每种语言的程序平均耗费的人时数。

(6) 一张 MRF 的平均周转时间。

(7) 各类维护申请的百分比。

根据上述指标提供的定量数据，可对此次维护活动中的制定维护工作计划、资源分配、选择开发技术和语言以及修改等工作进行评价，一方面，可判定此次维护活动的开展是否顺利、成功；另一方面，为今后的维护工作积累经验。

13.4 逆向工程和再工程

计算机技术的发展和软件应用环境的更新变化都可能使得软件出现前面所述的维护需求。同时，软件系统技术老化和维护次数增多都可能造成软件的系统结构混乱，致使软件的可维护性降低。然而，正在运行的软件又支撑着用户的关键业务，不可能完全废弃或重新开发。对于硬件系统，若其老化，则可能被丢弃，用户需要重新购买，但是对于软件系统，就需要重新构建一个产品，使它具有更多的功能、更好的性能以及更高的可靠性和可维护性，于是引出了逆向工程和软件再工程。

13.4.1 逆向工程

简单地说，逆向工程(Reverse Engineering)就是正向工程(Forward Engineering)的逆过程，是一个恢复软件设计结果的过程，通过逆向工程工具从现存的程序代码中抽取有关数据、体系结构和处理过程的设计信息。比如，已知某个 EXE 程序能够做出某种漂亮的动画效果，通过反汇编、反编译和动态跟踪等方法，分析出其动画效果的实现过程，这种行为就是逆向工程；不仅仅是使用反编译，还要推导出软件的设计并且将其文档化，逆向软件工程的目的是在分析原有系统的基础上，获取软件的结构、功能，为进一步研究该系统的功能、改善软件的性能、修复软件故障等提供支撑。

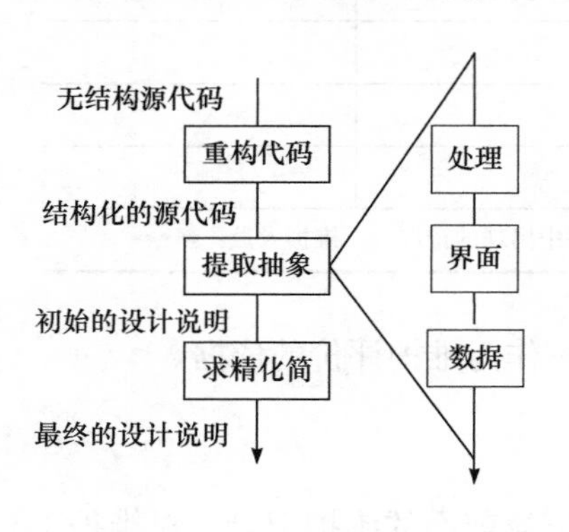

图 13-6　逆向工程过程

正向工程是指在软件开发时，由抽象的、逻辑性的、不依存代码的设计逐步展开，直至具体代码实现的开发活动，即从需求规格设计到产品初次发布的过程或子过程，而逆向工程是对原有设计进行恢复的过程。逆向工程的过程如图 13-6 所示。

逆向工程的过程从重构代码开始，将无结构（“脏的”）的源代码转换为结构化（“干净的”）的源代码，提高源代码的易读性。抽取是逆向工程的核心，内容包括处理抽取、界面抽取和数据抽取。处理抽取可在不同层次进行，如语句段、模块、子系统、系统。正向工程和逆向工程之间的关系如图 13-7 所示。

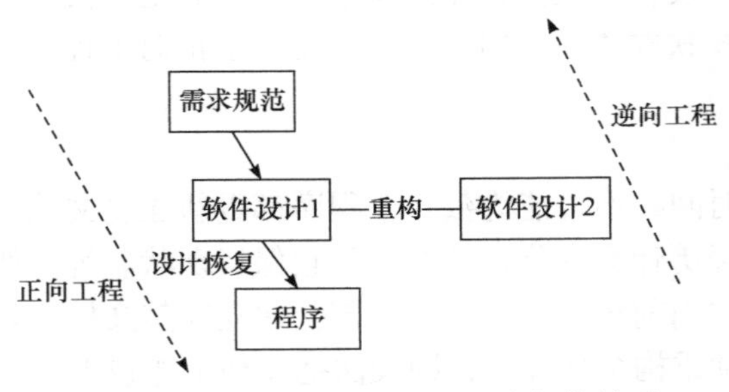

图 13-7　正向工程和逆向工程之间的关系

13.4.2　再工程

再工程(Reengineering)是指在逆向工程所获信息的基础上修改或重构已有的系统，产生的一个新版本，或者说利用这些信息修改或重构软件系统的工作。逆向工程从源代码中抽取出来的信息越多，抽象层次越高，越有利于程序员对软件的理解，有助于进行再工程过程。

再工程的主要目的是为遗留系统转化成可演化系统提供一条现实可行的途径。当实施软件的再工程时，软件理解是基础和前提。对于软件过程来说，需要进行再工程时，必须全面到位地理解该软件过程，这也是开展软件过程再工程的首要条件。

再工程是一个重新构建活动，这一活动需要消耗大量的时间和资源。再工程不可能在几个月或几年内就完成。软件系统的再工程如房子的重建一样，必须遵循一些原则，这里应用一个软件再工程模型，它定义了六类活动，即信息库分析、文档重构、逆向工程、代码重构、数据重构、正向工程，如图 13-8 所示。在某些情况下，这些活动以线性顺序发生，但并不总是这种情形。该模型是一个循环模型，这意味着作为该模型的一部分的活动可能被重复。在循环一定次数后，这些活动可以终止。

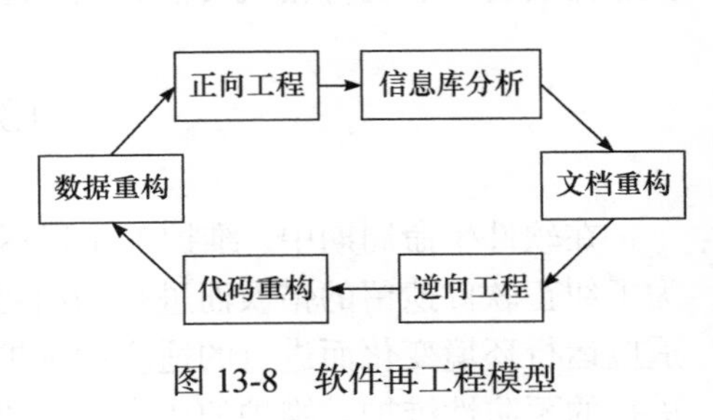

图 13-8　软件再工程模型

1. 信息库分析

信息库包括软件公司维护的所有软件的基本信息。例如，应用系统的名字；最初构建它的日期；已做过的实质性修改次数；过去 18 个月报告的错误；用户数量；安装它的机器数量；它的复杂程度；文档质量；整体可维护性等级；预期寿命；在未来 36 个月内的预期修改次数；业务重要程度等。下述 3 类程序有可能成为预防性维护的对象。

(1) 预计将使用多年的程序。

(2) 当前正在成功地使用着的程序。

(3) 在最近的将来可能要做重大修改或增强的程序。

仔细分析信息库存，按照业务重要程度、寿命、当前可维护性、预期的修改次数、标准，把库中的应用系统排序，从中选出再工程的候选者。

2. 重构

重构(Restructuring)是指在同一抽象级别上转换系统的描述形式。例如，把 C++程序转化为 Java 程序。软件重构是对源代码和或数据进行修改，使其易于理解和维护，以适应将来的变更。通常，重构并不修改整个软件程序的体系结构，而主要关注模块的细节。如果重构扩展到模块边界之外并涉及软件体系结构，则重构变成了正向工程。重构一般可以从以下几个方面理解。

1）文档重构

建立文档非常耗费时间，不可能为数百个程序都重新建立文档。如果一个程序是相对稳定的，而且可能不会再经历什么变化，那么，让它保持现状。为了便于今后的维护，必须更新文档，但只针对系统中当前正在修改的那些部分建立完整文档。如果某应用系统是完成业务工作的关键，而且必须重构全部文档，则设法把文档工作减少到必需的最小量。

2）代码重构

某些老程序具有比较完整、合理的体系结构，但是，个体模块的编码方式确实难以理解、测试和维护。在这种情况下，可以重构可疑模块的代码。

为了完成代码重构活动，首先用重构工具分析源代码，标注出和结构化程序设计概念相违背的部分；然后重构有问题的代码；最后，复审和测试生成的重构代码(保证代码无异常)并更新代码文档。

3）数据重构

数据重构发生在较低的抽象层次上，是一种全局的再工程活动。数据重构通常从逆向工程活动开始，先理解现存的数据结构，又称为数据分析，再重新设计数据，包括数据标准化、数据命名合理、文件格式转换、数据库格式转换等。

13.5　小　　结

在软件生命周期中，维护工作是不可避免的，按照不同的目标，维护活动可以分为 4 类：为了纠正软件遗留的错误而进行的纠错性维护；以加强软件功能为目标的完善性维护；为了适应运行环境变化而进行的适应性维护；为提高软件的可维护性、减少将来的维护工作量而进行的预防性维护。维护的成本通常要占软件总预算的一半以上。对于大型和复杂的软件，维护成本可以达到开发成本的数十倍。

软件的可维护性是软件开发各个阶段都努力追求的目标之一，且主要取决于开发时期的活动。用软件工程方法来开发软件，编制齐全的文档，严格进行软件测试和阶段复审，是提高软件可维护性、降低维护成本的关键。每个开发人员都应经常想到维护工作的需要，在开发中尽力提高软件的可维护性。

维护工作是开发工作的缩影，但又有自己的特点。要减少维护的副作用，应尽量避免引入新错误而影响软件质量；要加强对维护的管理，尤其是配置管理，有效地对软件配置进行跟踪和控制，避免造成文档的混乱。维护人员须知不适当和不充分的维护可能会使一个运行良好的软件变成一个不可维护的软件，造成灾难性的后果。明白了这个道理后，即使对于“微小的修改”，也要严格遵守规定的步骤和标准，决不能掉以轻心。

软件再工程作为一种新的预防性维护方法，近年来得到很大的发展。它通过逆向工程、软件重构和正向工程等技术，可有效地提高现有软件的可理解性、可维护性和复用性。

习 题 13

1. 为什么说软件维护是不可避免的？

2. 纠错性维护和纠错性维护是相同的吗？说明理由。

3. 有人说，提高软件的可维护性是软件生产工程化的根本目标之一，你同意这个观点吗？试说明理由。

4. 讨论高级语言对适应性维护的影响。改编一个程序以适应新的要求总是可能的吗？

5. 计算软件总预算时，应不应该把维护成本计入(即除去开发成本外，还要加上预防的维护成本)？为什么？

6. 什么是软件再工程？软件再工程的主要活动有哪些？

第 14 章　软件项目管理

从概念上讲，软件项目管理是为了使软件项目能够按照预定的成本、进度、质量等顺利完成，并对成本、人员、进度、质量、风险等进行分析和管理的活动。软件开发不同于其他产品的制造，软件开发的整个过程都是分析和设计过程(没有制造过程)；另外，软件开发需要使用大量人力资源，并且软件开发的产品只是程序代码和技术文件，并没有其他的物质结果。基于上述特点，软件项目管理与其他项目管理相比有很大的独特性。

14.1　软件项目管理概述

软件产品与其他任何产品都不同，它是无形的，完全没有物理属性。对于这样看不见、摸不着的产品，难以理解，且难以驾驭，但它确实把思想、概念、算法、流程、组织、效率、优化等融合在了一起。在许多情况下，用户一开始都无法给出所做产品的明确的需求。

在软件开发各阶段的一些产品(如程序与其他的文档)经常要修改，在修改的过程中有可能产生新的问题，并且这些问题很可能过了相当长的时间以后才被发现。文档编辑的工作量在整个项目研制过程中占有很大比重。然而，在实践中，人们并没有对其加以重视，相反，一些开发人员认为文档编辑是苦差事，工作枯燥且需对软件有较深的认知，从而不愿意做文档编辑，这直接影响了软件的质量。

此外，在人员管理方面，软件开发工作技术性强，要求参加的人员具有一定的技术水平和实际工作经验。然而，IT 人员的流动性远远高于其他行业，高流动性对软件项目的进展有一定的影响。

软件项目管理和其他的项目管理相比有相当的特殊性。首先，软件是纯知识产品，其开发进度和质量很难估计和度量，生产效率也难以预测和保证；其次，软件系统的复杂性也导致了开发过程中各种风险的难以预见和控制。例如 Windows 操作系统有 1500 万行以上的代码，同时有数千名程序员在进行开发，项目经理都有上百名。这样庞大的系统如果没有得到高质量的、有效且完备的管理，其软件质量是难以想象的。

软件项目管理的主要职能包括以下几点。

(1) 制订计划：确定需要完成的任务、要求，所需资源、人力和进度等事项。

(2) 建立组织：为实施计划，保证任务的完成，需要建立分工明确的责任制机构。

(3) 配置人员：任用各种层次的技术人员和管理人员。

(4) 指导：鼓励和动员软件人员完成所分配的工作。

(5) 检验：对照计划或标准，监督和检查实施的情况。

14.2　人员的组织与管理

小型软件项目成功的关键是高素质的软件开发人员。然而，大多数软件产品的规模都很大，依靠单个软件开发人员无法在合理的时间内完成软件产品的生产，因此必须把许多软件开发人员组织起来，并分工协作，共同完成开发工作。因而大型软件项目成功的关键除了高素质的开发人员以外，还必须有高水平的管理。缺乏高水平的管理，软件开发人员的素质再高，也无法保证软件项目的成功。

为了成功地完成大型软件的开发工作，项目组的人员必须以一种有意义、有效的方式彼此交互与通信。如何安排项目组的人员是一个管理问题，管理者必须合理地组织项目组，知人善任，使项目组提高研发效率，能够按照预定的进度计划完成所承担的工作。经验表明：影响项目进展和质量的最重要因素是组织管理水平，项目组组织得越好，研发效率就越高，产品质量也越好。本节介绍几种常见的项目组结构。

14.2.1　软件项目组

1. 民主制程序员组

构成民主制程序员组的基本概念是“无私编程”。这种项目组改变评价程序员价值的标准，每名程序员都应该鼓励该组其他成员找出自己编写的代码中的错误。不要认为存在错误是坏事，而这本身就是正常的事情，应该把找出代码中的一个错误看作取得了一次突破。任何人都不能嘲笑程序员所犯的编码错误。程序员组作为一个整体，将培养一种平等的团队精神，坚信“每个模块都是属于整个程序员组的，而不是属于某个人的”。民主制程序员组的一个重要特点是小组成员完全平等，享有充分民主，通过协商做出技术决策。一般说来，民主制程序员组的规模应该比较小，以 2～8 名成员为宜。

2. 主程序员组

美国 IBM 公司在 20 世纪 70 年代初期开始采用主程序员组的组织方式。采用这种组织方式主要出于下述几点考虑。

(1) 软件开发人员多数比较缺乏经验。

(2) 程序设计过程中有许多事务性的工作，如大量信息的存储和更新。

(3) 多渠道通信很费时间，将降低程序员的生产率。

典型的主程序员组由主程序员、后备程序员、秘书以及 1～3 名程序员组成。其中，主程序员负责软件体系结构的设计和关键部分的详细设计，并指导程序员完成其他部分的详细设计和编程工作；后备程序员协助主程序员工作，参与研究设计方案，详细了解所有代码，设计测试方案和分析测试结果，代表项目组与其他团队进行交流讨论，在主程序员不在位时接替其领导小组工作；秘书负责完成与项目有关的事务性工作，维护项目的资料、文档、代码和数据；程序员在主程序员的指导下，完成指定部分的详细设计和编程工作。

这种项目组的优点主要体现在两个方面：其一是实现了项目人员的专业化分工，所有人员在主程序员的领导下协同工作，从而确保了工作概念的完整性；其二是降低了管理的复杂性，由于组内成员都是面向主程序员的，因此简化了成员之间的沟通和协作，提高了工作效率。

3. 现代程序员组

结合民主制程序员组和主程序员组的优点，有学者提出了现代程序员组的组织结构，“主程序员”由两个人共同担任：一个是技术组长，负责小组的技术活动；另一个是行政组长，负责所有非技术性事务的管理决策。技术组长自然要参与全部代码审查工作，因为他要对代码的各方面质量负责；相反，行政组长不可以参与代码审查工作，因为他的职责是对程序员的业绩进行评价。行政组长应该在常规调度会议上了解每名队员的技术能力和工作业绩。

由于程序员组人员不宜过多，当软件项目规模较大时，应该把程序员分成若干个小组，采用图 14-1 所示的组织结构。该图描绘的是技术管理组织结构，非技术管理组织与此类似。由图 14-1 可以看出，产品开发作为一个整体，是在项目经理的指导下进行的，程序员向他们的组长汇报工作，而组长则向项目经理汇报工作。当产品规模更大时，可以适当增加中间管理层次。

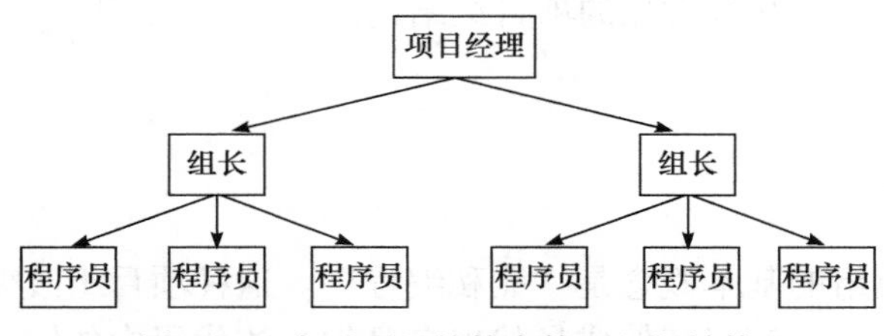

图 14-1　大型项目的技术管理组织结构

14.2.2　人员的配置和管理

从软件进行开发的那一刻起，要合理地配置人员，根据项目的工作量、所需要的专业技能，再参考各个人员的能力、性格、经验，组织一个高效、和谐的项目组。一般来说，一个项目组的人数为 8～10 最为合适，如果项目规模很大，可以采取层级式结构，配置若干个这样的项目组。

在选择人员的问题上，要结合实际情况来决定是否选入一个项目组人员，并不是一群高水平的程序员在一起就一定可以组成一个成功的小组。作为考察标准，技术水平、与本项目相关的技能和开发经验，以及团队工作能力都是很重要的因素。一名一天能写一万行代码但却不能与同事有效沟通的程序员，未必适合一个对组员之间沟通交流要求很高的项目。除此之外，还应该考虑具体分工的需要，合理组织各个专项的人员配比。例如，对于一个网站开发项目，项目涉及页面美工、后台服务程序、数据库几个部分工作。例如，对于一个中型导购网站，对数据采集量要求较高，一个人员配比方案可以是 2 个美工、2 个后台服务程序编写人员、3 个数据采集整理人员。

可以用如下公式来对候选人员能力进行评分，达到一定分数的则可以考虑进入项目组，但这个公式不包含对人员配比的考虑：

$$\text{Score}=\sum W_i C_i\ ,\ i=1,2,\cdots,8$$

式中，C_i 是对项目组候选人员各项能力的评估，其值含义如表 14-1 所示；W_i 是权重值，对应 C_i 描述的能力在本项目中的重要性，其值含义如表 14-2 所示。

表 14-1　对人员的各项能力 C_i 要求

能力项	要求描述
C_1	代码编写能力，可以用单位时间内无错代码行数量按比例映射到 C_i 的取值范围来衡量
C_2	对新技术的适应、学习能力，即当项目需要开发人员学习新技术时，是否可以很快地进入应用阶段
C_3	开发经验，特指从事开发的项目的数量

续表

能力项	要求描述
C_4	相关开发经验，特指参加过开发的相关项目的数量
C_5	承受压力的能力，即是否能在高压力下完成工作
C_6	独立工作的能力，即在缺乏同事合作，需要独立工作的情况下完成工作的能力
C_7	合作能力，即与同伴沟通，协同完成工作的能力
C_8	对薪水的要求

表 14-2　W_i的取值的含义

W_i的取值	0	1	2	3
含义	本项目中不要求此项能力，或此项能力对目前的候选人来说都是认定满足的	本项目对此项能力有一定要求，但不作为普遍要求	此项能力在本项目中比较重要，要求所有人员都要达到一定的水准	此项能力在本项目中非常重要，要求所有人员都必须达到比较好的水准

在确定一个软件开发小组的开发人员数量时，不仅要考虑候选人的素质，还要综合考虑项目规模、工期、预算、开发环境等因素的影响。下面是一个基于规模、工期和开发环境的人员数量计算公式：

$$L=C_k\times K^{1/3}\times \mathrm{td}^{4/3}$$

式中，L 为开发规模，以代码行 LOC 为度量；td 为开发时间；K 为人员数；C_k 为技术常数，表示开发环境的优劣。C_k 取值 2000 表示开发环境差，没有系统的开发方法，缺乏文档规范化设计；取值 8000 表示开发环境较好；取值 11000 表示开发环境优。

在组建项目组时，还应充分估计开发过程中的人员风险。由于工作环境、待遇、工作强度、公司的整体工作安排和其他无法预知的因素，一个项目尤其是开发周期较长的项目几乎无可避免地要面临人员的流入流出。如果不在项目初期对可能出现的人员风险进行充分的估计，并做必要的准备，一旦风险转化为现实，将有可能给整个项目开发造成巨大的损失。以较低的代价进行及早的预防是降低这种人员风险的基本策略。具体来说，可以从以下几个方面对人员风险进行控制。

(1) 保证项目组中全职人员的比例，且项目核心部分的工作应该尽量由全职人员来完成，以减少兼职人员对项目组人员不稳定性的影响。

(2) 建立良好的文档管理机制，包括项目组进度文档、个人进度文档、版本控制文档，整体技术文档、个人技术文档、源代码管理等。一旦出现人员的变动，如某个组员因病退出，替补的组员能够根据完整的文档尽早接手工作。

(3) 加强项目组内的技术交流，比如，定期开技术交流会，或根据组内分工建立项目组内部的项目组，使项目组内的成员能够相互熟悉对方的工作和进度，在必要的时候顶替对方工作。

(4) 可以从一开始就指派一个副经理在项目中协同项目经理管理项目开发工作，如果项目经理退出项目组，副经理可以很快接手。但是只建议在项目经理这样的高度重要的岗位采用这种冗余复制的策略来预防人员风险，否则将大大增加项目成本。

(5) 为项目开发提供尽可能好的开发环境，包括工作环境、待遇、工作进度安排等，同时，一个优秀的项目经理有责任为整个项目组营造一种负责、信任和奉献的工作氛围，良好的开发环境对于稳定项目组人员以及提高开发效率都有不可忽视的作用。

14.3　成本的估计与控制

软件开发项目成本的估算应以从软件计划、需求分析、设计、编码、单元测试、组装测试到确认测试即整个软件开发全过程所付出的代价为依据。

14.3.1　软件开发项目成本估算方法

对于一个大型的软件开发项目，由于项目的复杂性，开发成本的估算不是一件简单的事，要进行一系列的估算处理。

1. 类比估算法

类比估算法是一种在软件开发项目成本估算精确度要求不高的情况下使用的项目成本估算方法，也称为自上而下法，它是指通过比照已完成的类似项目的实际成本估算出新项目成本。相比较而言，类比估算法简便易行、费用低。但很多时候类似项目的实际成本数据不容易获得，且由于每个软件项目的独特性，多个项目之间常常不具备可比性，容易导致估算的准确性不高。类比估算法常应用在以下两种情况：一是以前完成的项目与新项目非常相似；二是项目成本估算专家或小组具有必需的专业技能。

2. 参数估算法

参数估算法是利用项目特性参数建立数学模型来估算项目成本的方法，也称为参数模型法。参数估算法很早就开始使用了，例如，赖特于1936年在航空科学报刊中提出了基本参数的统计评估方法后，又针对批量生产飞机提出了专用的参数估算法的成本估算公式。参数估算法使用一组估算关系式对整个项目的成本或其中大部分的成本进行一定精度的估算。参数估算法的重点集中在成本动因(即影响成本的最重要的因素)的确定上，这种方法并不考虑众多的项目成本细节，因为是项目成本动因决定了项目成本总量的主要变化。参数估算法能针对不同项目成本元素分别进行计算。参数估算法是许多国家规定采用的一种项目成本的估算和分析方法，它的优点是快速并易于使用，只需要一小部分信息，并且其估算结果在经过模型校验后能够达到较高的精度。这种方法的缺点是如果不经校验，参数估算模型可能不精确，估算出的项目成本与实际的差距会较大。

3. 软件工具法

软件工具法是一种运用现有的计算机成本估算软件确定项目成本的方法。计算机的出现及其运算速度的迅猛提升使得使用计算机估算项目成本变得可行以后，涌现出了大量的项目成本估算软件。经过近20年的发展，目前项目成本管理软件根据功能和价格水平被分为两个档次：一个是高档项目成本管理软件，这是供专业项目成本管理人员使用的软件，这个档次的软件功能强大、价格高，能够较好地估算项目的成本；另一个是低档项目成本管理软件，这个档次的软件虽然功能不是很齐全，但价格较便宜，可用于做一些中小型项目的成本估算。

大部分项目成本管理软件都有项目成本估算的功能，但是这种功能在很大程度上还要依靠人的辅助来完成，而且人的辅助仍然占据主导地位，这是这种方法的关键缺陷。

14.3.2　专家判断法

专家判断法指由项目成本管理专家根据经验和判断去确定和编制项目资源计划的方法。这种方法通常又有两种具体的形式。

1. 专家小组法

专家小组法是指组织一组有关专家，在调查研究的基础上，通过召开专家小组座谈会的方式，共同探讨，提出项目资源计划方案，然后制定出项目资源计划的方法。

2. 特尔斐法

特尔斐法是由一名协调者通过组织专家进行资源需求估算，然后汇集专家意见，整理并编制项目资源计划的方法。为了消除不必要的迷信权威和相互影响，一般协调者只起联系、协调、分析和归纳结果的作用，专家互不见面，只与协调者联系，并做出自己的判断。

专家判断法的优点：主要依靠专家经验判断，基本不需要历史信息资料，适用于全新的项目；它的缺点：如果专家的水平不一，或专家对项目的理解不同，就会造成项目资源计划出现问题。

14.3.3　成本估算模型

软件的成本估算模型使用由经验导出的公式来预测软件开发的工作量，工作量是功能点(FP)或代码行数(LOC)的函数，工作量的单位通常是人月(pm)。

1. 估算模型的结构

一个典型的估算模型是通过对以前的软件项目中收集到的数据进行回归分析而导出的。这种模型的总体结构具有下列形式：

$$E=A+B\times \mathrm{ev}^{C}$$

其中，A、B 和 C 是由经验导出的常数；E 是以人月为单位的工作量；ev 是估算变量(LOC 或 FP)。除了等式所标明的关系之外，大多数估算模型均有某种形式的项目调整成分，使得 E 能够根据其他的项目特性(如问题的复杂性、开发人员的经验、开发环境等)加以调整。

面向 LOC 的估算模型：

$E=5.2\times \mathrm{KLOC}^{0.91}$，　Walston-Felix 模型

$E=5.5+0.73\times \mathrm{KLOC}^{1.16}$，　Bailey-Basili 模型

$E=3.2\times \mathrm{KLOC}^{1.05}$，　Boehm 的简单模型

$E=5.288\times \mathrm{KLOC}^{1.047}$，　Doty 模型，$\mathrm{KLOC}>9$

其中，KLOC 表示千行代码数。

面向 FP 的估算模型：

$E=-13.39+0.0545\mathrm{FP}$，　Albrecht 和 Gaffney 模型

$E=60.62\times 7.728\times 10^{-8}\mathrm{FP}^{3}$，　Kemerer 模型

E=585.7+5.12FP, Maston、Barnett 和 Mellichamp 模型

从上述的模型中可以看出：每一个模型对于相同的 LOC 或 FP，会产生不同的结果(部分原因是这些模型一般都是从若干应用领域中相对很少的项目中推导出来的)。其含义很清楚，估算模型必须根据当前项目的需要进行调整。

2. COCOMO 模型

构造性成本模型(Constructive Cost Model, COCOMO)是众多成本估算模型中最具代表性的一种，最早由 Barry Boehm 于 1981 年在其经典著作《软件工程经济学》一书中首次提出，是 Barry Boehm 在对 TRW 公司的大量软件工程数据进行详细的研究后得出的。COCOMO 模型分为以下三个层次。

(1) 基本 COCOMO 模型：将软件开发工作量(及成本)作为程序规模的函数来进行计算，程序规模以估算的代码行来表示。

(2) 中级 COCOMO 模型：将软件开发工作量(及成本)作为程序规模及一组“成本驱动因素”的函数来进行计算，其中“成本驱动因素”包括对产品、硬件、人员及项目属性的主观评估。

(3) 高级 COCOMO 模型：包含了中级 COCOMO 模型的所有特性，并结合了成本驱动因素对软件工程过程中每一个步骤(分析、设计等)的影响的评估。

下面对基本 COCOMO 模型和中级 COCOMO 模型进行介绍。

COCOMO 模型是为三种类型的软件项目开发而定义的。使用 Boehm 的术语来说，它们是：①组织型——较小的、相对简单的软件项目，有良好应用经验的小型项目组，针对一组不是很严格的要求开展工作，如开发一个简单的库存系统或为一个热传输系统编写一个热分析程序；②半分离型——介于组织型和嵌入型之间的中间方式，通常指中等规模的软件项目，开发小组可能由经验不同的混合人员组成，如开发一个事务处理系统；③嵌入型——项目必须在一组严格的硬件、软件及操作约束下开发，要解决的问题很少见，如开发一个超大规模操作系统或宇航控制系统。

基本 COCOMO 模型具有以下形式：

$$E=a(\mathrm{KLOC})^{b}$$

$$D=cE^{d}$$

其中，E 是以人月为单位的工作量；D 是以月表示的开发时间；KLOC 是估算的项目代码行数(以千行为单位)。表 14-3 给出了不同类型软件项目对应的系数 a、b、c、d 的取值情况。

表 14-3 基本 COCOMO 模型

软件项目	a	b	c	d
组织型	2.4	1.05	2.5	0.38
半分离型	3.0	1.12	2.5	0.35
嵌入型	3.6	1.20	2.5	0.32

基于上面介绍的基本 COCOMO 模型，就可以快速估算出软件开发成本和进度等信息。但基本 COCOMO 模型只能进行快速且简略的估算，结果往往不够精确。中级 COCOMO 模型引入了 15 个成本驱动因素，进一步扩展了基本 COCOMO 模型。成本驱动因素分为四个主

要类型：产品属性、硬件属性、人员属性及项目属性。根据重要性或价值，这些类型在 6 个级别上取值（从“很低”到“很高”）。中级 COCOMO 模型具有以下形式：

$$E=a(\mathrm{KLOC})^{b}\times \mathrm{EAF}$$

其中，E 是以人月为单位的工作量；KLOC 是估算的项目代码行数(以千行为单位)；参数 a、b 的取值见表 14-3。EAF(Effort Adjustment Factor)表示工作量调整因子，它的具体取值是由 Boehm 软件开发工作量乘数表格中的驱动因子取值乘积来确定的。通常，EAF 的典型值是 0.9～1.4。

14.4　进度计划

项目管理者的目标是定义全部项目任务，识别出关键任务，跟踪关键任务的进展状况，以保证能及时发现拖延进度的情况。为实现目标，管理者必须制定一个足够详细的进度表，以便监督项目进度并控制整个项目。软件项目的进度安排是这样一项活动：它通过把工作量分配给特定的软件工程任务并规定完成各项任务的起止时间，将估算出的项目工作量分配于计划好的项目持续期内。

14.4.1　甘特图法

甘特(Gantt)图法是由美国学者甘特发明的一种使用条形图编制项目工期计划的方法，是比较简便的工期计划和进度安排方法。该方法是在 20 世纪早期发展起来的，因为它简单明了，所以到今天仍然被人们广泛使用。甘特图把工期计划和进度安排两种职能组合在一起。项目活动纵向排列在图的左侧，横轴则表示活动与工期时间。每项活动的预计时间用线段或横棒的长短表示。另外，在图中也可以加入一些表明每项活动由谁负责等方面的信息。

Gantt 图能很形象地描绘任务分解情况，以及每项子任务(作业)的开始时间和结束时间，因此是进度计划和进度管理的有力工具。它具有直观简明和容易掌握、容易绘制等优点，但是，Gantt 图有三个缺点：

(1) 不能显式地描绘各项作业彼此之间的依赖关系；

(2) 进度计划的关键部分不明确，难以判定哪些部分应当是主攻或者主控的对象；

(3) 计划中有潜力的任务部分及潜力的大小不明确，往往造成潜力的浪费。

当把一个工程项目分解成许多子任务，并且它们彼此间的依赖关系又比较复杂时，仅仅把甘特图作为安排进度的工具是不够的，因为这样不仅难以做出既节省资源又保证进度的计划，还容易发生差错。

14.4.2　工程网络

工程网络是制订进度计划时另一种常用的图形工具，它能同时描绘任务分解情况以及每项工作的开始时间和结束时间，此外，它还显式地描绘各项作业彼此之间的依赖关系。因此，工程网络成为系统分析和系统设计的强有力的工具，主要有以下两种类型。

1. 顺序图法

顺序图法(Precedence Diagramming Method, PDM)也称为节点法(Activity-on-Node,

AON)、前导图法，是一种编制项目网络图的方法，它用节点表示一项活动，用节点之间的箭线表示项目活动之间的相互关系。图 14-2 是使用顺序图法给出的一个简单项目活动排序结果的项目网络图。这种项目活动排序和描述的方法是大多数项目管理中使用的方法。这种方法既可以用人工实现，也可以用计算机软件系统实现。

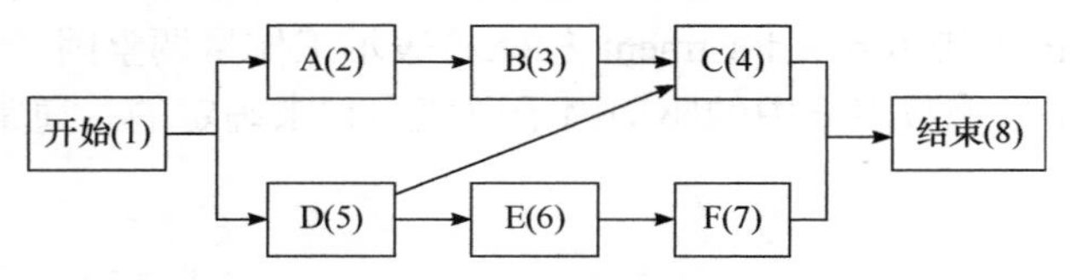

图 14-2 用顺序图法绘制的项目网络图

顺序图中有四种项目活动的顺序关系：①“结束-开始”的关系，即必须在前面的甲活动结束以后，后面的乙活动才能开始；②“结束-结束”的关系，即只有甲活动结束以后，乙活动才能够结束；③“开始-开始”的关系，即甲活动必须在乙活动开始之前就已经开始了；④“开始-结束”的关系，即甲活动必须在乙活动结束之前就要开始。在项目网络图中，最常用的逻辑关系是前后依存活动之间具有的“结束-开始”的关系，而“开始-结束”的关系很少用。在现有的项目管理软件中，多数使用的也是“结束-开始”的关系，甚至有些软件只有“结束-开始”的关系的描述方法。

在用节点表示活动的项目网络图中，每项活动由一个方框或圆框表示，对活动的描述(命名)一般直接写在框内。每项活动只能用一个框表示，如果采用项目活动编号，则每个框只能指定唯一的活动编号。项目活动之间的顺序关系则可以使用连接活动框的箭线表示。例如，对于“结束-开始”的关系，箭线箭头指向的活动是后序活动(后续开展的活动)，箭头离开的活动是前序活动(前期开展的活动)。一项后序活动只有在与其联系的全部前序活动完成以后才能开始，这可以通过使用箭线连接前后活动的方法来表示。例如，在信息系统开发项目中，只有完成了“用户信息需求调查”后，“信息系统分析”工作才能开始，如图 14-3 所示。

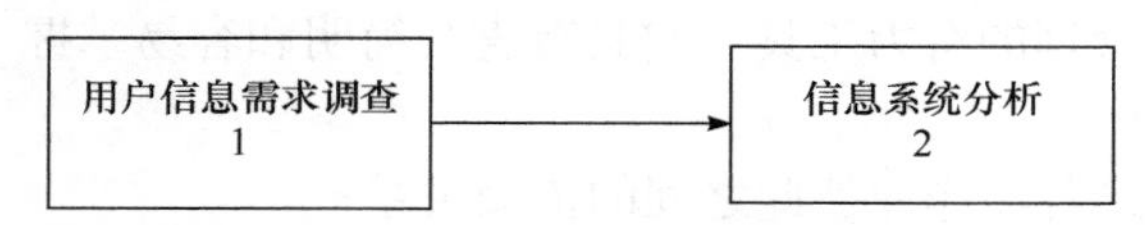

图 14-3 用节点和箭线表示的项目活动顺序示意图

另外，有些项目活动可以同时进行，虽然它们不一定同时结束，但是只有它们全部结束以后，下一项活动才能够开始。例如，在信息系统开发过程中，企业中的计划部门、营销部门等相关用户信息需求调查工作可以同时开展，这两项活动的完工时间不一定相同，但只有所有的需求调查工作全部完成后，才能够启动信息系统分析的活动。等信息系统分析结束后，信息系统设计的活动才能开展，如图 14-4 所示。

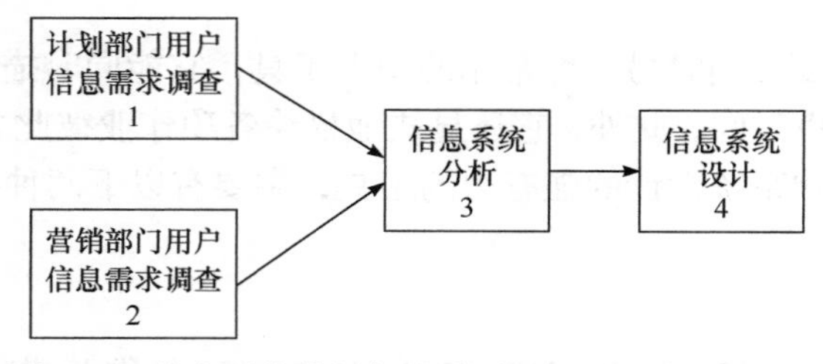

图 14-4 信息系统分析与设计项目活动顺序关系图示

2. 箭线图法

箭线图法(Arrow Diagramming Method, ADM)也是一种描述项目活动顺序的网络图方法。这一方法用箭线代表活动，用节点代表活动之间的联系。图 14-5 是用箭线图法绘制的一个简单项目的网络图。这种方法虽然没有顺序图法流行，但是在一些应用领域中仍不失为一种可供选择的项目活动顺序关系描述方法。在箭线图法中，通常只描述项目活动间的“结束-开始”的关系。当需要给出项目活动的其他逻辑关系时，就需要借用“虚活动”来描述了。箭线图法同样既可以用人工实现，也可以用计算机软件系统实现。

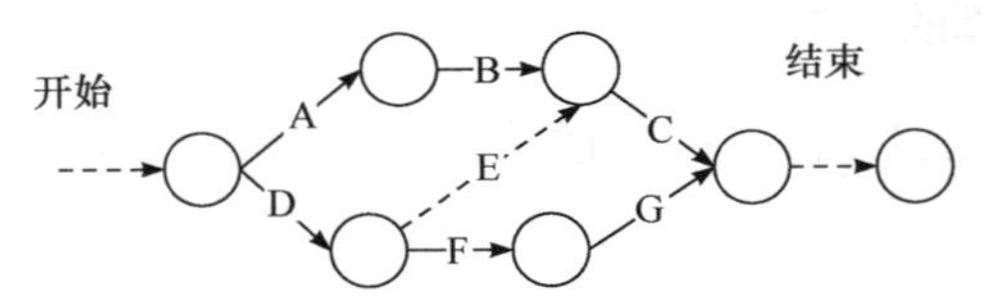

图 14-5 用箭线图法绘制的项目网络图

在箭线图中，有关活动的描述(命名)可以写在箭线上方。描述一项活动的箭线只能有一个箭头，箭线的箭尾代表活动的开始，箭线的箭头代表活动的结束。箭线的长度和斜度与项目活动的持续时间或重要性没有任何关系。在箭线图法中，代表项目活动的箭线通过圆圈连接起来，这些连接用的圆圈表示具体的事件。箭线图中的圆圈既可以代表项目的开始事件，也可以代表项目的结束事件。当箭线指向圆圈时，圆圈代表该活动的结束事件，当箭线离开圆圈时，圆圈代表活动的开始事件。在箭线图法中，需要给每个事件确定唯一的代号。例如，在图 14-6 给出的项目网络图中，“用户信息需求调查”和“信息系统分析”之间就存在一种顺序关系，二者由“事件 2”联系起来。“事件 2”代表“用户信息需求调查”活动结束和“信息系统分析”活动开始这样一个事件。

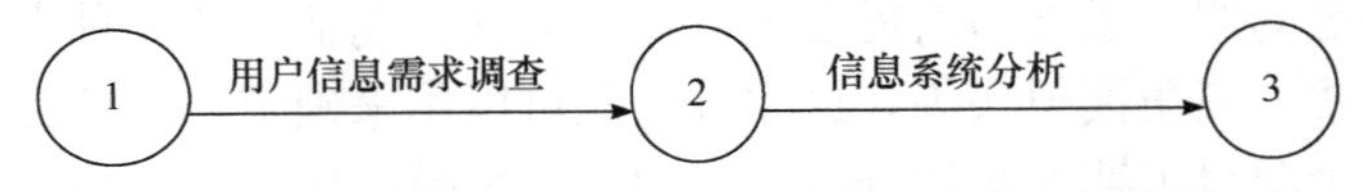

图 14-6 箭线图法中的“活动”与“事件”示意图

项目活动的开始事件(箭尾圆圈)也称为该项活动的“紧前事件”，项目活动的结束事件(箭头圆圈)也称为该项活动的“紧随事件”。例如，对于图 14-6 中的项目活动“用户信息需求调查”而言，它的紧前事件是“事件 1”，而它的紧随事件是“事件 2”；但是对于项目活动“信息系统分析”而言，它的紧前事件是“事件 2”，而它的紧随事件是“事件 3”。在箭线图法中，有以下两个基本规则用来描述项目活动之间的关系。

(1) 图中的每一个事件(圆圈)必须有唯一的代号，图中不能出现重复的代号。

(2) 图中的每项活动必须由唯一的紧前事件和唯一的紧随事件组合来予以描述。

根据项目活动清单等信息和上述网络图方法的原理就可以安排项目活动的顺序，绘制项目活动的网络图了。这一项目时间管理工作的具体步骤是：首先选择使用顺序图法或箭线图法去描述项目活动的顺序安排，然后按项目活动的客观逻辑顺序和人为确定的优先次序安排项目活动的顺序，最后使用网络图方法绘制出项目活动顺序的网络图。在决定以何种顺序安排项目活动时，需要对每一个项目活动明确回答以下三个方面的问题：①在该活动可以开始之前，哪些活动必须已经完成？②哪些活动可以与该活动同时开始？③哪些活动只有在该活动完成后才能开始？

明确回答每项活动的这三个问题后，就可以安排项目活动的顺序并绘制出项目网络图，从而全面描述项目所需各项活动之间的相互关系和顺序了。

另外，在决定一个项目网络图的详细程度时，还应考虑下列准则：①项目不但需要有工作分解结构，而且必须有明确的项目活动界定。②先根据项目工作分解结构绘制一份概括性的网络图，然后根据项目活动界定把它扩展成详细的网络图。有些项目只要有概括性的网络图就可以满足项目管理的要求。③项目网络图的详细程度可以根据项目实施的分工或项目产出物的性质决定。

14.4.3 项目活动工期估算的方法

项目活动工期估算的主要方法包括下述几种。

1. 专家评估法

专家评估法是由项目时间管理专家运用他们的经验和专业特长对项目活动工期做出估算和评价的方法。由于项目活动工期受许多因素的影响，所以使用其他方法进行计算和推理的是很困难的，但专家评估法却十分有效。

2. 类比法

类比法是以过去相似项目活动的实际活动工期为基础，通过类比的办法估算新项目活动工期的一种方法。当项目活动工期方面的信息有限时，可以使用这种方法来估算项目的工期，但是这种方法的结果不够精确，一般用于最初的项目活动工期估算。

3. 模拟法

模拟法是以一定的假设条件为前提去进行项目活动工期估算的一种方法。常见的这类方法有蒙特卡洛模拟法、三角模拟法等。这类方法既可以用来确定每个项目活动工期的统计分布，也用来确定整个项目工期的统计分布。其中，三角模拟法相对比较简单，这种方法的具体做法如下。

(1) 单项活动的工期估算。

对于活动持续时间存在高度不确定性的项目活动，需要给出活动的三个估计时间：乐观时间 t_o（这是在非常顺利的情况下完成某项活动所需的时间）、最可能时间 t_m（这是在正常情况下完成某活动所需的时间）、悲观时间 t_p（这是在最坏的情况下完成某项活动所需的时间），以及这些项目活动时间所对应的发生概率。通常，对于这三个时间，还需要假定它们都服从 β 概率分布。然后，用每项活动的这三个估计时间就能确定每项活动的工期期望（平均数或折中值）了。这种项目活动工期期望的计算公式如下：

$$t_e = \frac{t_o + 4t_m + t_p}{6}$$

例如，假定一项活动的乐观时间为 1 周，最可能时间为 5 周，悲观时间为 15 周，则该项活动的工期期望为

$$t_e = \frac{1 + 4 \times 5 + 15}{6} = 6(\text{周})$$

(2) 项目整体的工期期望的计算方法。

在项目的实施过程中，一些项目活动耗费的时间会比它们的工期期望少，另一些会比它们的工期期望多。对于整个项目而言，这些多于工期期望和少于工期期望的项目活动耗费的时间中有很大一部分是可以相互抵消的。因此所有工期期望与实际工期之间的净总差额值同样符合正态分布。这意味着在根据项目活动排序给出的项目网络图中，关键路径上的所有活动的总概率分布也是一种正态分布，其均值等于各项活动工期期望之和，方差等于各项活动工期的方差之和。依据这些就可以确定出项目总工期的期望了。

(3) 项目工期估算实例。

现有一个项目的活动排序及其工期估算数据如图 14-7 所示。假定项目的开始时间为 0，并且必须在第 40 天之前完成。

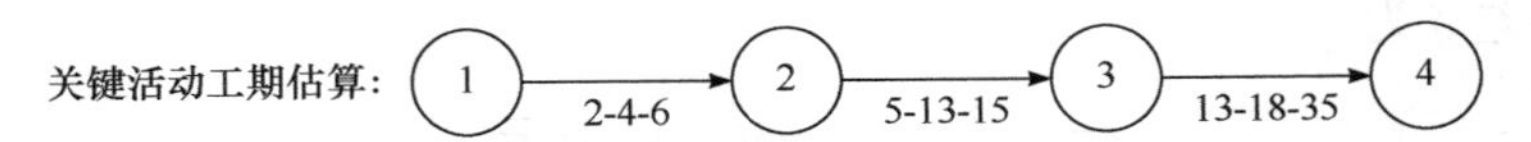

图 14-7　项目工期估算示意图

结合表 14-6，图 14-7 中每项活动的工期期望计算如下。

A 活动：

$$t_e=\frac{2+4\times4+6}{6}=4(天)$$

B 活动：

$$t_e=\frac{5+4\times13+15}{6}=12(天)$$

C 活动：

$$t_e=\frac{13+4\times18+35}{6}=20(天)$$

把这三个项目活动估算工期的期望相加，可以得到一个总平均值 36，即项目整体的工期期望。具体做法可以见表 14-4。

表 14-4　项目活动工期估算汇总表　单位：天

活动	乐观时间 t_o	最可能时间 t_m	悲观时间 t_p	工期期望 t_e
A	2	4	6	4
B	5	13	15	12
C	13	18	35	20
项目整体	20	35	56	36

由表 14-4 可以看出，这三项活动的乐观时间为 20 天，最可能时间为 35 天，而悲观时间为 56 天，据此计算出的项目整体的工期期望与这三项活动的工期期望之和(4+12+20=36)是相同的，这表明对整个项目而言，那些多于工期期望和少于工期期望的项目活动所耗时间是可以相互抵消的，因此项目整体工期估算的时间分布等于三项活动消耗的时间的平均值或期望值之和。另外，这一工期估算中的方差有如下关系。

A 活动：

$$\delta^2=\left(\frac{6-2}{6}\right)^2=0.444$$

B 活动：

$$\delta^2=\left(\frac{15-5}{6}\right)^2=2.778$$

C 活动：

$$\delta^2=\left(\frac{35-13}{6}\right)^2=13.444$$

由于总概率分布是一个正态分布，所以它的方差是三项活动的方差之和，即 16.666。总概率分布的标准差 δ 为

$$\delta=\sqrt{\delta^2}=\sqrt{16.666}=4.08\text{（天）}$$

14.4.4　关键路径法

在项目的工期计划编制中，目前广为使用是关键路径法。关键路径法（Critical Path Method, CPM）是一种运用特定的、有顺序的网络逻辑来估算项目的活动工期，确定项目中每项活动的最早与最晚开始和结束时间，并做出项目工期网络计划的方法。这种方法的几个基本概念如下。

1. 项目的开始和结束时间

为建立一个项目中所有活动的工期计划安排的基准，就必须为整个项目选择一个预计的开始时间（Estimated Start Time）和一个要求的结束时间（Required Completion Time）。这两个时间的间隔规定了项目完成所需的时间周期（或称为项目的时间限制）。整个项目的预计开始时间和要求结束时间通常是项目的目标之一，需要在项目合同或项目说明书中明确规定。然而，在一些特殊情况下可能会使用时间周期的形式来表示项目的开始和结束时间（如项目要在开始后 90 天内完成）。

2. 项目活动的最早与最晚开始和结束时间

为了使项目在要求的时间内完成，还必须根据项目活动的工期和先后顺序来确定各项活动的时间。这需要给出每项活动的具体时间表，并在整个项目的预计开始时间和要求结束时间的基础上确定出每项活动开始和结束的最早时间和最晚时间。其中，一项活动的最早开始时间是根据整个项目的预计开始时间和所有紧前活动的工期估计得来的；一项活动的最早结束时间是用该活动的最早开始时间加上该活动的工期估算得来的。项目活动的最晚完工时间是用项目的要求结束时间减去该项目活动的所有紧随活动的工期估算出来的，而项目活动的最晚开始时间是用该活动的最晚结束时间加上该活动的工期估算出来的。

3. 关键路径

关键路径法关注的核心是项目活动网络中关键路径的确定和关键路径总工期的计算，其目的是使项目工期最短。关键路径法通过反复调整项目活动的计划安排和资源配置方案使项目活动网络中的关键路径逐步优化，最终确定出合理的项目工期计划。因为只有时间最长的项目活动路径完成之后，项目才能够完成，所以一个项目中最长的活动路径称为“关键路径”

(Critical Path)。

14.5　软件配置管理

软件项目进行过程中面临的一个主要问题是项目持续不断的变化，变化是多方面的，包括项目本身的版本升级、项目的不同阶段，以及需求、设计、技术实施等变化。有效的项目管理能够控制变化，以最有效的手段应对变化，不断命中移动的目标；无效的项目管理则是被变化所控制的，而配置管理是有效管理变化的重要手段。

14.5.1　软件配置

1. 软件配置管理的定义

软件过程的输出信息可以分为三个主要的类别：①计算机程序(源代码和可执行程序)；②描述计算机程序的文档(针对技术开发者和用户)；③数据(包含在程序内部或程序外部)。这些类别包含了所有在软件过程中产生的信息，总称为软件配置。

随着软件过程的进展，软件配置项(Software Configuration Items, SCI)迅速增长。系统规约产生了软件计划和软件需求规约(以及硬件相关的文档)，然后又产生了其他的文档，从而形成了一个信息的层次。如果每个 SCI 仅仅只是简单地产生其他 SCI，不太容易发生变化。不幸的是，变化可能随时发生。事实上，不管在系统生命周期的什么阶段，系统都会发生变化，并且变化将持续于整个生命周期中。变化的起源就像变化本身一样多变，通常有四种基本的变化源：

(1) 新的商业或市场条件，引起产品需求或业务规则的变化；

(2) 新的客户需要，要求修改信息系统产生的数据、产品提供的功能或基于计算机的系统提供的服务；

(3) 改组和/或企业规模减小，导致项目优先级或软件工程队伍结构的变化；

(4) 预算或进度的限制，导致系统或产品的重定义。

软件配置管理(Software Configuration Management, SCM)是一套管理软件开发和软件维护以及各种中间软件产品的方法和规则。SCM 可被视为应用于整个软件过程的软件质量保证活动。

2. 基线

变化是软件开发中必然的事情。客户希望修改需求，开发者希望修改技术方法，管理者希望修改项目方法。随着时间的流逝，所有相关人员越来越熟知更多信息(他们需要什么、什么方法最好，以及如何实施并赚钱)，这些信息是大多数变化发生的推动力，并导致这样一个对于很多软件工程实践者而言难以接受的事实：大多数变化是合理的。

基线是一个软件配置管理的概念，帮助人们在不严重阻碍合理变化的情况下控制变化。IEEE 定义基线为：已经通过正式复审和批准的某规约或产品。因此它可以作为进一步开发的基础，并且只能通过正式的变化控制过程的改变。

在软件工程的范围内，基线是软件开发中的里程碑，其标志是有一个或多个软件配置项的交付，且这些 SCI 已经经过正式复审而获得认可。例如，某设计规约的要素已经形成文档并通过复审，错误已被发现并纠正，一旦规约的所有部分均通过复审、纠正，然后获得认可，则该设计规约就变成了一个基线。任何对程序体系结构(包含在设计规约中)进一步的变化只能在每个变化被评估和批准之后方可进行。

软件配置项定义为在部分软件工程过程中创建的信息，在极端情况下，一个 SCI 可被考虑为在某个大的规约中的某个单独段落，或在某个大的测试用例集中的某个测试用例，更实际地，一个 SCI 是一个文档、一个全套的测试用例或一个已命名的程序构件。

以下的 SCI 成为配置管理技术的目标并形成一组基线。

(1) 系统规约。

(2) 软件计划。

(3) 软件需求规约。包括图形分析模型、处理规约、原型、数学规约等。

(4) 初步的用户手册。

(5) 设计规约。包括数据设计描述、体系结构设计描述、模块设计描述、界面设计描述对象描述(如果使用面向对象技术)等。

(6) 源代码清单。

(7) 测试规约。包括测试计划和过程、测试用例和结果记录等。

(8) 操作和安装手册。

(9) 可执行程序。包括模块的可执行代码、链接的模块等。

(10) 数据库描述。包括模式和文件结构、初始内容等。

(11) 联机用户手册。

(12) 维护文档。包括软件问题报告、维护请求、工程变化命令等。

(13) 软件工程的标准和规程。

除了上面列出的 SCI，很多软件工程组织也将软件工具列入配置管理之下，即特定版本的编辑器、编译器和其他 CASE 工具被“固定”作为软件配置的一部分。因为这些工具用于生成文档、源代码和数据，所以当对软件配置进行改变时，必然要用到它们。虽然问题并不多见，但某工具的新版本(如编译器)可能产生和原版本不同的结果。为此，工具就像它们辅助生产的软件一样，可以被基线化，并作为综合的配置管理过程的一部分。在现实中，SCI 被组织成配置对象，它们有自己的名字，并被归类到项目数据库中。一个配置对象有名字、属性，并通过关系和其他对象“联结”。

14.5.2 软件配置管理过程

软件配置管理是软件质量保证的重要一环，其主要责任是控制变化。然而，SCM 也负责个体 SCI 和软件的各种版本的标识、软件配置的审计(以保证它已被适当地开发)，以及配置中所有变化的报告。

任何关于 SCM 的讨论均涉及一系列复杂问题。

(1) 一个组织如何标识和管理程序(及其文档)的很多现存版本，以使变化可以高效地进行？

(2) 一个组织如何在软件被发布给客户之前和之后控制变化？

(3) 谁负责批准变化，并给变化确定优先级？

(4) 如何保证变化已经被恰当地进行？

(5) 采用什么机制去告知其他人员已经进行的变化？

这些问题涉及 SCM 5 个方面的任务：标识、版本控制、变更控制、配置审计和配置状态报告。

1. 标识

为了控制和管理软件配置项，每个配置项必须被独立命名，然后用面向对象的方法组织。有两种类型的对象可以被标识：基本对象和聚集对象(聚集对象可作为一个代表软件配置完整版本的机制)。基本对象是软件工程师在分析、设计、编码或测试中创建的“文本单元”(Unit of Text)，例如，一个基本对象可能是需求规约的一个段落、模块的源程序清单或一组用于测试代码的测试用例。一个聚集对象是基本对象和其他聚集对象的集合。

每个对象均具有唯一地标识它的独有的特征：名字、描述、资源表以及“现实”。对象名是无二义性地标识对象的一个字符串；对象描述是一个数据项的列表，它们标识：

(1) 该对象所表示的 SCI 类型(如文档、程序、数据)；

(2) 项目标识符，以及变化和/或版本信息。

资源是“由对象提供的、处理的、引用的或其他所需要的一些实体”；配置对象的标识也必须考虑存在于命名对象之间的关系，一个对象可被标识为某聚集对象的 <part-of>，关系 <part-of> 定义了一个对象层次。

在设计标识软件对象的模式时，必须认识到对象在整个生命周期中一直都在演化，因此，所设计的标识模式必须能够无二义性地标识每个对象的不同版本。

2. 版本控制

版本控制结合了规程和工具以管理在软件工程过程中所创建的配置对象的不同版本。版本控制使得用户能够通过对适当版本的选择来指定可选的软件系统的配置，这一点的实现是先将属性关联到每个软件版本上，然后通过描述一组所期望的属性来指定(和构造)配置。

3. 变更控制

对于大型的软件开发项目，无控制的变更将迅速导致混乱。变更控制过程如下：一个变更请求被提交和评估，以评价技术指标、潜在副作用、对其他配置对象和系统功能的整体影响，以及对于变化的成本预测。评估的结果以变更报告的形式给出，该报告被变更控制审核者(Change Control Authority, CCA)——对变更的状态及优先级做最终决策的小组使用。对每个被批准的变更生成一个工程变更命令(Engineering Change Order, ECO)，ECO 描述了将要进行的变更、必须注意的约束，以及复审和审计的标准。将被修改的对象从项目数据库“提取”出来，进行修改，并应用于合适的 SQA 活动，然后，将对象“提交”进数据库，并使用合适的版本控制机制去建立软件的下一个版本。

“提交”和“提取”过程实现了两个主要的变更控制要素——访问控制和同步控制。访问控制管理哪个软件工程师有权限去访问和修改某特定的配置对象，同步控制帮助保证由两个不同的人员完成的并行修改不会互相覆盖。

4. 配置审计

标识、版本控制和变更控制帮助软件开发者维持软件开发秩序，避免整个研发过程混乱和不固定。然而，即使是最成功的控制机制，也只能在 ECO 产生后才可以跟踪变更。如何保证变更被合适地实现呢？回答是两方面的：①正式复审；②软件配置审计。

正式复审关注已经被修改的配置对象的技术正确性，复审者评估 SCI 以确定它与其他 SCI 的一致性、是否存在遗漏或潜在的副作用，正式的复审应该对所有变更进行，除了那些最琐碎的变更之外。

软件配置审计通过评估配置对象的通常不在正式复审中考虑的特征来形成正式复审的补充。审计询问如下问题。

(1) 在 ECO 中说明的变更已经完成了吗？加入了任意附加的修改吗？

(2) 是否已经进行了正式复审以评估技术的正确性？

(3) 是否适当地遵循了软件工程标准？

(4) 变化在 SCI 中被“显著地强调”了吗？是否指出了变更的日期和变更的作者？配置对象的属性反映了变更吗？

(5) 是否遵循了标注变化、记录变化并报告变化的 SCM 规程？

(6) 所有相关的 SCI 被适当修改了吗？

在某些情况下，审计问题被作为正式复审的一部分而被询问，然而，当 SCM 是一个正式的活动时，SCM 审计由质量保证组单独进行。

5. 配置状态报告

配置状态报告(Configuration Status Reporting，有时称为 Status Accounting)是一个 SCM 任务，它回答下列问题。

(1) 发生了什么事？

(2) 谁做的此事？

(3) 此事是什么时候发生的？

(4) 将影响别的什么吗？

配置状态报告在大型软件开发项目的成功中扮演了重要角色，当涉及很多人员时，有可能会发生“左手不知道右手在做什么”的综合征。两个开发者可能试图以不同的或冲突的意图去修改同一个 SCI；软件研发队伍可能需要花费几个月的时间去更新修改软件以适应新的要求；能认识到被建议的修改有严重副作用的人并不知道该修改已经进行。CSR 通过改善所有相关人员之间的通信来帮助排除这些问题。

14.6 小　　结

软件工程包括技术和管理两方面的内容，是技术与管理紧密结合的产物。只有在科学而严格的管理下，先进的技术方法和优秀的软件工具才能真正发挥出威力。因此，有效的管理是大型软件工程项目成功的关键。

软件工程项目管理问题的解决涉及系统工程学、统计学、心理学、社会学、经济学乃至法学等方面，需要用到多方面的综合知识，特别是要涉及社会的因素、人的因素、精神的因素，比技术问题复杂得多。有些问题仅靠技术、效率、质量、成本和进度等很难得到较好的解决，必须结合工作条件、人员和社会环境等多种因素才行。因此，简单地照搬外国技术往往不一定能够奏效。

大型软件项目成功的关键除了要有高素质的开发人员以外，还必须有高水平的管理。合理的项目组结构对软件项目的成功有重要的影响。比较典型的软件项目组的组织方式有民主制程序员组、主程序员组和现代程序员组等 3 种，这 3 种组织方式各有特点，且适用场合不同。

对于一个大型的软件开发项目，由于项目的复杂性，开发成本的估算不是一件简单的事，要进行一系列的估算处理。本章介绍了 3 种典型的成本估算方法。

管理者必须制定出一个足够详细的进度表，以便监督项目进度并控制整个项目。常用的制订进度计划的工具有甘特图法、工程网络、关键路径法等。

软件配置管理是应用于整个软件过程的保护性活动，是在软件整个生命周期内管理变化的一组活动。软件配置管理是软件质量保证的重要一环，其主要责任是控制变化。软件风险分析与管理是软件生命周期活动中一项重要的活动。

项目管理软件为项目管理提供了强大的技术支撑，能够帮助管理人员对项目进行多方面、全方位的有效管理，包括项目的进度、成本、资源等要素。

习　题　14

1. 软件项目管理的职能包括哪些内容？

2. 假设自己被指派为一个小组项目负责人，任务是开发一个应用系统，该系统类似于自己小组以前做过的那些系统，但是规模更大且更复杂一些，而且客户已经写出了完整的需求文档，应选用哪种项目组结构？假设自己被指派为一个软件公司的项目负责人，任务是开发技术上具有创新性的产品，该产品把虚拟现实硬件和最先进的软件结合在一起，由于家庭娱乐市场的竞争非常激烈，工作的压力很大，应选择哪种项目组结构？假设自己被指派为一个大型软件公司的项目负责人，任务是管理该公司已广泛应用的字处理软件的新版本开发，由于市场竞争激烈，公司规定了严格的完成期限且已对外公布，应选择哪种项目组结构？

3. 为什么推迟关键路径上的任务会延迟整个项目？

4. 软件开发项目成本的估算方法有哪些？

5. 软件配置管理的作用是什么？基线在软件配置管理中有什么作用？

6. 针对一个具体系统，编制其配置管理方案。

7. 假设要开车去机场赶一趟从未坐过的航班，那么这次旅行有什么风险？哪些风险可以作为一般风险来处理？

参 考 文 献

阿曼, 奥法特, 2010. 软件测试基础[M]. 郁莲, 等译. 北京: 机械工业出版社.

常晋义, 宋伟, 高婷玉, 2020. 软件工程与项目管理: 在线作业版[M]. 北京: 清华大学出版社.

达斯汀, 加瑞特, 高夫, 2010. 自动化软件测试实施指南[M]. 余昭辉, 等译. 北京: 机械工业出版社.

刁成嘉, 2007. UML 系统建模与分析设计[M]. 北京: 机械工业出版社.

杜庆峰, 2021. 软件测试技术[M]. 2 版. 北京: 清华大学出版社.

科维茨, 2005. 实用软件需求[M]. 胡辉良, 张罡, 等译. 北京: 机械工业出版社.

李代平, 等, 2008. 软件工程[M]. 2 版. 北京: 清华大学出版社.

梁立新, 郭锐, 2020. 软件工程与项目案例教程[M]. 北京: 清华大学出版社.

梁正平, 毋国庆, 袁梦霆, 等, 2020. 软件需求工程[M]. 北京: 机械工业出版社.

孙家广, 2005. 软件工程——理论、方法与实践[M]. 北京: 高等教育出版社.

刘伟, 庄达民, 柳忠起, 2011. 人机界面设计[M]. 北京: 北京邮电大学出版社.

骆斌, 2013. 人机交互: 软件工程视角[M]. 北京: 机械工业出版社.

麻志毅, 2008. 面向对象分析与设计[M]. 北京: 机械工业出版社.

麦查萨克 L A, 2009. 需求分析与系统设计(原书第 3 版)[M]. 马素霞, 等译. 北京: 机械工业出版社.

普雷斯曼, 2011. 软件工程: 实践者的研究方法(原书第 7 版)[M].郑人杰, 马素霞, 等译. 北京: 机械工业出版社.

齐治昌, 谭庆平, 宁洪, 2004. 软件工程[M]. 2 版. 北京: 高等教育出版社.

乔根森, 2003. 软件测试(原书第 2 版)[M]. 韩柯, 杜旭涛, 译. 北京: 机械工业出版社.

邵维忠, 杨芙清, 2006. 面向对象的系统分析[M]. 2 版. 北京: 清华大学出版社.

沙赫查, 2009. 面向对象软件工程[M]. 黄林鹏, 徐小辉, 伍建焜, 译. 北京: 机械工业出版社.

斯皮勒, 林茨, 谢弗, 2009. 软件测试基础教程[M]. 2 版. 刘琴, 周震漪, 马均飞, 等译. 北京: 人民邮电出版社.

覃征, 徐文华, 韩毅, 等, 2009. 软件项目管理[M]. 2 版. 北京: 清华大学出版社.

佟伟光, 2015. 软件测试[M]. 2 版. 北京: 人民邮电出版社.

王帆, 2011. 软件维护中的成本估算和质量保证技术研究[D]. 杭州: 浙江大学.

吴建, 郑潮, 汪杰, 2004. UML 基础与 Rose 建模案例[M]. 北京: 人民邮电出版社.

谢星星, 2011. UML 基础与 Rose 建模实用教程[M]. 北京: 清华大学出版社.

休斯, 考特莱尔, 2010 . 软件项目管理(原书第 5 版)[M]. 廖彬山, 周卫华, 译. 北京: 机械工业出版社.

张海藩, 2008. 软件工程导论[M]. 5 版. 北京: 清华大学出版社.

张京, 2008. 面向对象软件工程与 UML[M]. 北京: 人民邮电出版社.

赵池龙, 杨林, 孙伟, 2006. 实用软件工程[M]. 2 版. 北京: 电子工业出版社.

赵英新, 2011. 人机界面设计[M]. 济南: 山东大学出版社.

郑炜, 刘文兴, 杨喜兵, 等, 2017. 软件测试(慕课版)[M]. 北京: 中国工信出版集团, 人民邮电出版社.

朱洪军, 2018 软件设计模式(慕课版)[M]. 北京: 人民邮电出版社.

BOOCH G, MAKSIMCHUK R A, ENGLE M W, et al., 2008. 面向对象分析与设计(英文版)[M]. 3 版. 北京: 人民邮电出版社.